JN409109

비교군사전략론

비교군사전략론

발행일 2014년 01월 31일 **발행인** 정상철 **지은이** 군사학연구회 집필
펴낸곳 충남대학교출판문화원 **주소** 대전광역시 유성구 대학로 99
전화 042-821-6045 **홈페이지** cnupress.cnu.ac.kr **E-mail** cnupress@cnu.ac.kr

ISBN 978-89-7599-499-9 93390
정가 25,000원

비교군사전략론

군사학연구회 집필

충남대학교출판문화원

머리말

군사학을 연구하는 학자들은 그동안 군사학의 학문적 공동체 육성과 학문적 권위를 드높이기 위한 노력을 기울여왔다. 특히 군사학의 개론과 총론차원의 서지가 많이 축적된 것은 사실이나 보다 구체적으로 각론 부분에 해당되는 영역에 대한 연구가 필요하다는 의견이 많이 대두되었다.

비교군사전략론은 이러한 군사학자들의 연구와 논의의 결과로 만들어진 것이다. 국방대 박창희 교수, 대전대 박용현 교수, 건양대 이종호 교수, 충남대 길병옥 교수 등이 주된 산파역할을 하였고 전국의 군사학 관련 전문가들의 참여로 학문적 공동체 형성은 물론 이론적 분석 틀을 공고화하는 계기가 마련되었다.

비교군사전략론의 참고교재를 발간하고자 하는 의도에서 비롯된 본서의 주된 목적은 한국을 비롯하여 미국, 중국, 일본, 러시아, 유럽, 아세안, 북한 등의 군사전략 및 주요 군사동향을 집필하여 비교군사전략론의 군사학 학문체계를 정립하는 것이다. 구체적으로 동북아 주요국 및 지역차원에서의 군사전략과 군사동향 전반에 대한 내용을 총론적 차원에서 비교분석하는 것이 목적이다. 또한 비교군사전략론 개관, 동북아 주요국들의 비교군사전략, 세계 지역차원의 비교군사전략, 남북한의 비교군사전략 등이 수록되어 있다.

본서는 또한 비교군사전략론을 정립하면서 논란이 되고 있는 학문적 정체성과 방법론적 분석 틀 등에 대해 논의하고 향후 과제와 전망에 대해 고찰한다. 비교군사전략론은 군사학을 공부하는 학생들에게 동북아 각국과 세계적인 차원에서의 비교군사전략에 관한 참고문헌을 활용할 수 있도록 제공하고자 한다. 또한 동북아 주요국 및 지역차원에서의 군사전략과 군사동향을 비교분석하여 군사학 연구의 활성화와 학문적 발전을 위한 토대를 마련하는데 있다.

본서를 출간하는데 많은 분들의 도움과 조언이 있었다. 먼저 군사학의 태두이신 서라벌군사연구소 이종학 교수님께 깊은 존경과 감사를 드립니다. 또한 처음부터 글이 완성되기까지 편집과 교정에 도움을 준 충남대 국방연구소 송영일 연구위원과 미래군사학회 회원분들께 감사를 드립니다.

본서의 출간을 흔쾌히 허락해주신 충남대출판문화원 정순모 원장님과 교정 및 편집에 도움을 주신 출판문화원 양광준, 김현순, 김보라 등 직원분들께 심심한 감사의 말씀을 드립니다. 본 졸서를 통해 비교군사학을 공부하는 학도들에게 작은 힘이 되길 희망합니다.

2014년 1월

저자 일동

목차

chapter 01 비교군사전략론

chapter 02 미국의 군사전략

chapter 03 중국의 군사전략

chapter 04 일본의 군사전략

chapter 05 러시아의 군사전략

chapter 06 NATO의 군사전략

chapter 07 아세안의 군사전략

chapter 08 북한의 안보군사전략

목차

chapter 09 한국의 군사전략

chapter 01

비교군사전략론

chapter 01

비교군사전략론

길병옥(충남대학교)

1. 서론

군사학이 학문적 시민권을 부여받은 것은 2000년대 초반이다. 군사학 연구의 활성화와 학문적 공동체 육성을 위한 일환으로 비교군사전략론 참고교재를 발간하고자 하는 논의가 군사학 학자들간의 화두로 대두된지 어느덧 10여 년이 지났다. 주된 목적은 한국을 비롯하여 미국, 중국, 일본, 러시아, 유럽, 아세안, 북한 등의 군사전략 및 주요 군사동향을 집필하여 비교군사전략론의 군사학 학문체계를 정립하는 것이다.

구체적으로 동북아 주요국 및 지역차원에서의 군사전략과 군사동향 전반에 대한 내용을 총론적 차원에서 비교분석하는 것이 목적이다. 또한 비교군사전략론 개관, 동북아 주요국들의 비교군사전략, 세계 지역차원의 비교군사전략, 남북한의 비교군사전략 등이 수록되어 있다. 비교군사전략론을 정립하면서 논란이 되고 있는 학문적 정체성과 방법론적 분석 틀 등에 대해 논의하고 향후 과제와 전망에 대해 고찰한다.

비교군사전략론은 군사학을 공부하는 학생들에게 동북아 각국과 세계적인 차원에서의 비교군사전략에 관한 참고문헌을 활용할 수 있도록 제공하고자 한다. 또한 동북아 주요국 및 지역차원에서의 군사전략과 군사동향을 비교분석하여 군사학 연구의 활성화와 학문적 발전을 위한 토대를 마련하는데 있다.

본서는 다음과 같이 구성되었다. 비교군사전략론에 대한 개관을 바탕으로 비교대상과 방법론적 분석틀에 대한 논의를 한다. 그런 다음 동북아 주변국인 미국, 중국, 일본, 러시아 등의 군사전략을 고찰하고 지역으로 유럽과 아세안의 군사전략에 대해 기술한다. 마지막으로 북한과 한국의 군사전략을 제시한다.

먼저 미국의 군사전략에서는 제2차 세계대전 이후 현재에 이르기까지 군사전략의 내용과 변천과정을 살펴본다. 냉전시대의 군사전략은 봉쇄라는 목표를 고정시키고 이를 달성하기 위한 군사전략의 수단과 방법의 변천과정을 중심으로 고찰하고자 한다. 탈냉전시대의 군사전략은 각 행정부 별로 목표, 방법, 수단 등을 조금 더 세부화하여 고찰하되 특히 현 오바마 행정부의 군사전략에 초점을 맞추어 분석한다.

중국의 군사전략은 중국이 1949년 국가를 수립한 이후 추진한 주요 군사정책과 핵심군사정책의 하나인 핵전략 결정에 영향을 미친 요인을 분석한다. 이러한 영향을 국제적 수준과 국내적 수준 그리고 개인적 수준으로 구분했을 때 각 수준별 영향요인은 무엇인지 살펴본다. 또한 중국의 군사정책과 핵전략 결정시 영향을 미친 외부적 영향 이외에 내부적으로 중국이 국가정책결정시 견지해 온 사상적 배경은 무엇인지를 논의하고 중국의 군사전략의 특성과 향후 진행과정에 대해 고찰한다.

일본의 군사전략은 20세기 초반 군국주의를 향해 질주하던 시대에 일본의 군사전략은 과연 어떠한 것인지 그리고 1945년 제2차 세계대전에서 패전국으로 전락하고 새롭게 평화헌법을 제정하면서 변화하게 된 일본에서 나타난 안보정책과 군사전략은 어떤 성격을 갖고 있는지를 포괄적으로 살펴보고 논의를 전개한다. 마지막으로 일본의 군사정책에 대한 객관적인 이해를 도모하는데 있어서 중요한 시사점을 도출해낸다.

러시아의 군사전략은 푸틴 3기를 출범시킨 러시아가 급격히 변화하는 국제정세 하에서 강대국으로 자리매김하려고 적극적인 행보를 취하고 있는 현재의 상황을 바탕으로 군사외교적인 정책 전반에 걸쳐 살펴본다. 러시아는 2013년 2월 발표한 신 "외교정책개념"에서 세계 정치 · 경제에서 서방의 역량이 감소하는 반면 주요한 국제무대가 아시아-태평양지역으로 이동하고 있으며 다중심적 국제질서가 형성되고 있다고 평가하고 있다. 러시아가 취하고 있는 다원적 세력구도와 국제적 역할범위 확대에 대한 분석을 하고 러시아의 군구조의 재편과 "상설 즉응군" 체제로의 변혁 추진 등 변화된 전장환경에 적절한 군사력 현대화에 대한 논의를 구체화한다.

유럽연합의 군사전략은 주로 북대서양조약기구(NATO)의 군사전략을 바탕으로 논의를 전개한다. 구체적으로 NATO의 창설 및 발전과정을 우선적으로 살펴보고 난 후 NATO의 전략변화 중 냉전이후 보여준 세 번의 전략변화에 대해 집중적으로 고찰한다. 다시 말하면, 1991년, 1999년, 2010년에 발표된 전략개념들에 대해서 알아보고 이를 바탕으로 미래 유럽안보에 있어서 NATO의 역할은 어떻게 될 것인지를 예측해보고자 한다. 지역적으로는 아세안의 군사전략과 동북아지역에서 북한의 군사전략이 포함된다.

아세안의 군사전략은 중국의 남진정책의 실체적 진실을 규명하고 향후 지역질서의 형성과 관련한 중국과 아세안 관계를 전망해 보는데 초점을 두고 살펴본다. 우선 아세안의 실체에 대하여 고찰하고 중국의 남진정책이 어떠한 배경과 목적을 갖고 있으며 그 구체적 실상은 어떠한 것인지를 규명한다. 이어서 중국의 남진정책에 대해서 아세안은 어떠한 인식을 하고 있으며 그에 따라 어떠한 대응전략을 모색하고 있는가를 대내외적 차원에서 종합적으로 검토해 본다. 마지막으로 중국의 남진정책을 둘러싼 아세안의 군사전략에 대하여도 향후 어떠한 방향으로 전개될 것인지를 전망해 본다.

북한의 군사전략은 김정은 정권하의 안보전략 및 군사전략적 관점과 행태적 특징을 분석하는데 주된 목적을 두고 있다. 또한 북한의 군사전략이 한국의 안보에 미치는 영향과 관련한 시사점을 얻고자 한다. 따라서 다음과 같은 흐름 전개에 따라 논지를 전개한다. 우선, 탈냉전 이후 북한의 안보전략적 행태의 전반적 흐름의 기조 하에서 김정은 정권의 안보전략적 관점과 행태의 특징적 측면에 대해서 살펴보도록 한다. 그럼 다음, 김정은 정권의 군사전략적 관점과 행태의 특징적 측면들을 북한의 고전적인 군사전략기조와의 비교적 관점에서 살펴본다. 끝으로, 김정은 정권하에 나타나고 있는 안보군사전략적 관점과 행태적 특징들이 갖는 남북관계상과 우리의 정책과제상의 시사점을 언급한다.

본 졸서의 마지막 장은 한국의 군사전략을 비교분석한다. 한국의 군사전략의 발전이 지속적으로 발전되어야 한다는 필요성을 전제로 군사전략에 대한 기본 개념과 함께 한국의 군사전략 변천과정을 살펴보고 새로운 관점에서의 한국 군사전략을 논의한다. 결론에서 한국에 요구되는 군사전략적 대응책을 고기술적 군비증강 뿐만 아니라 낮은 수준의 재래식 전쟁에서의 대비방안, 방법의 비대칭성에 관한 관심도 증대, 그리고 교육기관에서의 비대칭 교육 활성화에 대한 부분을 강조한다.

위와 같이 비교군사전략론에 대한 전체적인 내용을 지역적 차원에서 그리고 전세계적인 차원에서 전개하고자 한다. 본 장에서는 먼저 비교군사전략에 대한 개념적 정립을 하고 비교대상을 구체적으로 기술한다. 그런 다음 비교군사전략론에서 논의가 되고 있는 방법론적 비평에 대한 부분을 상세히 설명하고 비교군사전략론이 추구해야 될 방향과 과제를 고찰한다. 추가적으로 비교군사전략론에 관한 연구의 활성화를 위해 군사전략의 개념과 목록을 첨부한다.

2. 비교군사전략론 개관

통섭의 학문체계로 군사학은 범학제적인 성격과 내용을 함유하고 있다. 다시 말하면, 지식체계의 축적이나 학문적 성격에 있어서 정치, 경제, 역사, 법/제도, 사회문화는 물론 군사사상, 군사사, 군사전략, 군제사, 작전술 등을 투영한 산물이라는 측면에서 "통섭"(統攝, consilience)의 학문체계라고 할 수 있다(길병옥 2012, 247; Little 1991, 3-25).[1] 통섭이라는 용어는 범학문적 통합이나 융합의 단계를 초월하여 학문적 경계를 넘어서는 종합학문으로서 군사학의 학문적 정체성을 제시하는 것이다.

군사학의 정체성이 다양한 패러다임 또는 이론들이 모여 새로운 학문체계가 성립되는 과정에서 비롯되었다면 군사학은 학문과 학문 그리고 학문과 현실의 경계를 뛰어넘는 진리탐구로서 존재한다고 보는 것도 타당할 것이다. 최근 많은 대학들이 복수전공, 융합/연합/복합전공이라는 용어를 여러 학문분야에서 활용되고 있는 것으로 보면 더욱 그러하다(길병옥 2012, 248).

군사학이 군사(軍事)에 관련된 제반사항을 연구하는 객관적이고 과학적 지식체계를 의미한다면 군사학은 사실상 그 태동에서부터 범학문적인 성격을 지니고 있다고 해도 과언이 아니다. 따라서 비교군사전략론 마찬가지로 다양한 분야의 군사전략을 비교분석하는데 기본특성을 지니고 있다고 본다.

일반적으로 군사학은 "전쟁의 본질과 성격 및 무력전(武力戰)의 준비와 수행에 관한 통일된 지식체계"라는 점에서 전쟁철학(philosophy of war), 군제와 용병의 전쟁학(science of war), 군사사학(military history), 군사기술(military technology), 군사교육학(military pedagogy), 해양학과 기상학을 포함한 군사지리학(military geography), 군법, 위생학 등의 군사 보조학문이 그 범위에 속한다(이종학 2006, 20-40). 또한

1 통섭주의 이론체계는 지식의 통합뿐만 아니라 방법론적인 병합주의(triangulation)를 총괄한다. 이와 반대로 전체를 부분으로 나누어 설명하는 방법론을 환원주의(reductionism)라 한다.

군사학은 전쟁 및 분쟁의 본질과 성격을 연구대상으로 군사력 건설, 운용 및 유지, 그리고 기타 군사에 연관된 분야를 연구범위로 하여 이를 경험적, 정책적, 규범적으로 연구하는 학문이라고 정의할 수 있다(육군사관학교 2004, 20-22; 김열수 2004, 21).

군사학의 연구범위와 정체성에 대한 가장 기초적인 논의를 규명하는 구절은 "군사력의 건설, 사용, 운용 및 지원"에 관한 부분이라는 것이 통용되고 있다. 군사전략은 통상 "군사적인 목표, 방법 및 수단을 최적으로 혼합하는 술"로서 인식되고 "군사력 건설, 사용, 운용 및 지원"에 관한 전략을 기초로 한다. 비교군사전략론은 이러한 전제를 바탕으로 각국의 군사전략을 비교하여 연구하는 것이다.

그러면 여기서 전략과 군사전략에 대한 개념적 논의를 구체적으로 살펴보기로 하자. 전통적으로 전략은 전시 군사활동으로 전쟁에 승리하기 위한 부대를 운용하는 방법으로 간주되어 왔다. 전략의 개념적 변천과정을 살펴보면 다음과 같다(박창희 2013, 65-178). 그리스 로마시대의 전략은 "전장에서 병력을 운용하는 용병술, 즉 양익포위, 사선대형, 배수의 진 등 전장에서 군사령관의 병력 운용에 관한 문제"에 대한 것이었다. 중세시대 전략의 개념에서는 중기병과 성곽의 등장으로 고전적 전략의 의미를 상실하였고 화약의 발명과 화포, 소총 등의 등장으로 지리적 여건과 화력운용이라는 새로운 환경에서의 병력운용 등이 주된 고려요소이었다. 절대왕정 시대의 전략은 부대의 기동성 향상, 병력모집과 선발, 제병협동 차원의 작전과 연계되었고 전역계획은 전략으로, 부대배치는 전술적인 개념으로 인지하게 되었다. 근대 이후에는 전략 개념이 용병술 차원을 넘어 경제 · 사회 · 군수적 차원으로 확대되었다.

전략의 사상적 기원과 이론적 배경에 대해 살펴보면 다음과 같다. 손자는 손자병법에서 "전쟁은 국가의 중대사"라고 강조학고 모든 군사작전의 기본은 상대를 기만하는 것으로서 적과 정공법(正攻法)으로 대치하고 기공법(奇攻法)에 의해 승리를 취하며 적의 충실한 곳은 피하고 허약한 점을 공격하여야 한다는 비대칭전을 주창하였다(노병천 1996, 36).

클라우제비츠는 "전략은 전쟁의 목적(purpose of war)을 위하여 교전을 사용하는 방법(use of engagement)으로 해석하고 정부, 군대, 국민의 삼위일체론을 전개하였다. 사실상 클라우제비츠의 전략은 군사적 요소만 다루므로 전략이라기보다는 오늘날의 작전술 수준이라고 볼 수 있다(Clausewitz 1976, 177). 군사이론가인 조미니는 "전략은 지도 위에서 전쟁을 하는 술(art of making war)"이라고 정의하고 전체 전구(whole theatre of war)에서의 기동방법과 전투방법(how to maneuver and fight)에 대한 설명을 강조하였다(Jomini 1971, 62). 군사역사가인 리델 하트는 전략을 "정책의 목표(end of policy)를 실행하기 위하여 군사적 수단을 분배하고 적용하는 술"로 정의하고 "전략의 성공을 위하여 무엇보다 중요한 것은 목표(ends)와 수단(means)을 건전하게 계산하고 조정하는데 있다는 점을 지적하였다(Lidell Hart 1991, 335-336).

전통적인 군사전략가들의 논리를 바탕으로 현대에 이르러서는 전략의 범위를 상당히 포괄적이고 광범위하게 적용하고 있다. 미국은 전략은 "전구, 국가 및 다국(multinational)의 목표를 달성하기 위하여 동시화되고 통합된 방식으로 국력의 수단들을 이용하기위한 사려 깊은 아이디어 또는 일련의 아이디어들이다"(A prudent idea or set of ideas for employing the instruments of national power in a synchronized and integrated fashion to achieve theater, national, and/or multinational objectives)라고 정의하고 있다(US DoD 2007).

여기서 전략은 국가목표와 군사목표(objectives; ends), 국가정책과 군사개념(concepts; ways), 그리고 국가자원과 군대 및 군용물자(means)를 통합한다. 미국은 국가안보에 초점을 맞추고 국력의 모든 방법과 수단을 동시 통합적으로 활용하기 위하여 국가안보전략, 국가방위전략 및 국가군사전략을 정부의 계층적 구조와 연계시킴으로써 각 부처와 군이 실질적으로 국가의 안보업무를 분장하여 국가안보를 확립해나가고 있다(최기출 2013, 4-7).

우리나라는 "승리에 대한 가능성과 유리한 결과를 증대시키고, 패배의 위험을 감소시키기 위해 제수단과 잠재역량을 발전 및 운용하는 술과 과학"으로 전략을 기술하고 있고 전략개념(strategic concept)은 "전략판단의 결과로 채택된 방책으로서 그 개념으로부터 발전된 기본계획을 구상할 수 있도록 충분히 융통성이 있으며 광범위한 용어로 표현함"으로 정의하고 있다.[2]

개념적으로 국가대전략(national grand strategy)은 "국가목표의 달성, 특히 전쟁의 정치적 목표를 달성하기 위하여 국가의 모든 자원 또는 국가群의 모든 자원을 조정하고 통제하여 가장 효과적으로 사용하는 방법"으로; 국가전략(national strategy)은 "국가목표를 구현하기 위하여 국력의 제 수단을 발전시키고 운용·조정하는 술(術)과 과학(科學)"으로; 국가안보전략(national security strategy)은 "대내외 안보정세 속에서 국가안보목표를 달성하기 위해 국가의 가용자원과 수단을 동원하는 종합적이고 체계적인 구상"으로; 군사전략(military strategy)은 "국가목표를 달성하기 위하여 군사력을 건설하고 운용하는 술과 과학"으로 정의하고 있다.[3] 위와 같은 논의를 종합하면 다음 그림과 같이 표현할 수 있다.

2 합참 군사용어해설 참조(http://www.jcs.mil.kr; 검색일 2013년 10월 1일).

3 합참용어해설서에 전략정보(Strategic Intelligence)는 국가 및 국제적 수준의 정책 및 군사 기획수립에 요구되는 정보, 전략지시(Strategic Directives)는 합참의 군령권 보좌 및 국가전쟁지도 주요 기능수행을 위해 전략상황 평가 및 판단결과 도출로 전략적인 지침을 지시화한 것으로서, 합참의 국가통수 및 군사지휘기구 승인 하에 연합사에 전략지시를 하달함, 전략지침(Strategic Guidance)은 정치지도자들이 설정한 정치적 목표를 구현하기 위하여 군사전략 차원의 군사력운용에 관한 일반적인 지침으로서 전략목표, 자원의 사용, 제한사항 및 고려되는 적의 위협요소가 포함된 전략지시와 이전의 기준 또는 방향을 제시하는 기본방침으로 정의하고 있다(http://www.jcs.mil.kr; 검색일 2013년 10월 1일).

〈그림 1〉 군사전략과 안보전략 그리고 외부환경과의 관계

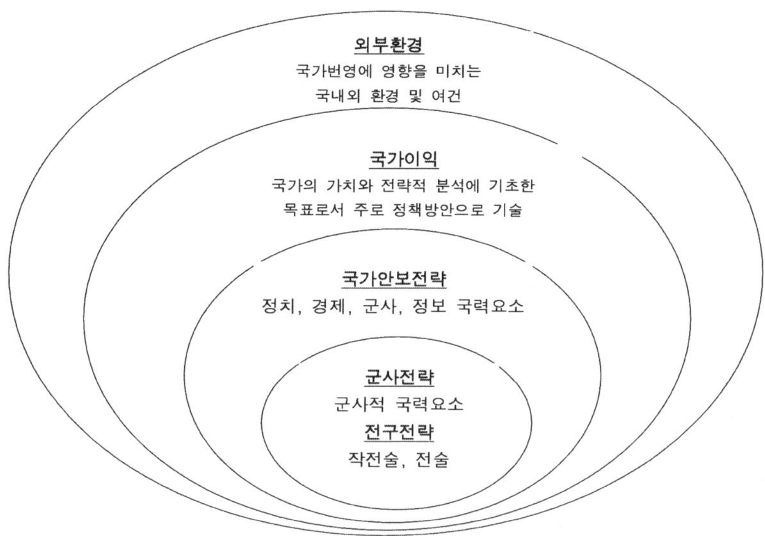

출처: Harry R. Yarger, "Toward a Theory of Strategy: Art Lykke and the U.S. Army War College Strategy Model," J. Boone Bartholomees, ed., Theory of War and Strategy, Washington, DC: Strategic Studies Institute, 2008, p. 46.

〈그림 2〉 군사전략의 체계와 상호관계

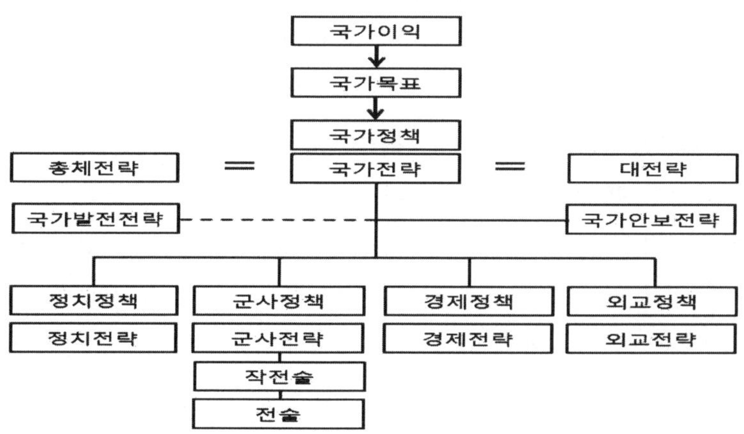

출처: 박창희, 『군사전략론』, 서울: 플래닛미디어, 2013, p. 107.

개념적인 이해와 더불어 중요한 것은 하나의 군사전략이 실제 적용하는데 있어서 적합성(suitability), 용인성(acceptability), 실현 가능성(feasibility) 등을 가지고 있는지 검증하는 것이 관건이다. 군사전략은 전략적 계산의 본질으로서 부분적으로는 주관적이면서도 객관적 평가기준이라고 할 수 있는 적합성, 용인성, 실현 가능성, 응용 가능성 등을 사용하여 군사적인 목표, 방법 및 수단을 최적으로 혼합하는 술(art of mixing)이라고 평가할 수 있다(이종학 2008, 122-125). 일반적으로 전략은 특정사안에 대해 사전대책을 강구하는 예방적(proactive)이고 예측적(anticipatory)인 면이 두드러진다.

종합하면 군사전략은 전쟁의 과정에 관한 것이고 전쟁의 억제 또는 평화유지에 관한 결과론과 연계된 것이라기보다는 전쟁을 수행하는 과정적인 수단과 방법에 더 많은 연관성이 있다. 군사사상가들 중 클라우제비츠(Carl von Clausewitz)는 전략을 "전쟁의 목적을 달성하기 위해 전투(또는 교전)를 수행하는 것" 으로 전술은 "전투에서 군사력을 사용하는 것" 으로 정의하였다(박창희 2013, 80 85).

조미니(Antoine-Henri Jomini)는 전략을 6가지 전쟁술 중 하나로 간주하여 전쟁술을 전략, 정치지도술, 대전술, 군수, 공병술, 병과별 전술로 구분하였다(Jomini 1971, 61). 여기에서 전략은 전구 내의 병력을 적절하게 지휘하는 기술로 해석된다. 리델 하트(Liddell Hart)는 전략을 광범위하게 정의하여 "정치적 목표를 달성하기 위해 군사적 수단을 배분하고 운용하는 술"로 보았다(Liddell Hart 1991, 321-322). 전략이론가인 콜린 그레이(Colin S. Gray)는 "정책목표를 달성하기 위한 군사력 또는 군사적 위협의 사용"으로, 앙드레 보르프는 "전평시를 망라하여 정치, 경제, 심리, 군사분야의 제 역량을 포괄하는 것" 으로 제시하였다(박창희 2013, 90). 지금까지 논의된 전략 개념의 역사적 변화와 발전과정을 정리하면 아래와 같이 정리할 수 있다.

〈표 1〉 군사전략 개념의 변천과정

시기	주요개념	
그리스 로마 시대		군 지휘관의 용병술
중세		군 지휘관의 용병술
근대	클라우제비츠	전략: 전쟁 목적을 달성하기 위해 전투를 사용 전술: 전투에서 군사력을 사용
	리델 하트	대전략: 정치적 목적 달성을 위한 국가차원의 전략 전략: 군사적 수단을 배분하고 운용 전술: 하위 차원에서 전략의 적용
	스베친	전략: 목표 달성을 위해 작전을 조합 작전술: 전장에서의 작전 준비 및 수행 전술: 하위 차원에서의 작전술 이행
현대 (전쟁 위주의 정의)	앙드레 보르프	전략을 총체전략, 부문전략, 작전전략으로 구분 전략은 정치, 외교, 경제와 같은 비군사적 수단에 의한 강제력까지 포함
	미 합참	전평시 요구되는 제 역량 개발 및 사용
	콜린 그레이	정책목표 달성 위한 군사력 또는 군사적 위협 사용
	마틴 에드먼즈	전략은 전반적으로 전쟁의 수행을 의미
현대 (포괄적 의미)	와일리	목적을 달성하기 위해 고안된 행동 계획
	미 육군 지참대	목표, 방법, 수단 간의 관계

출처: 박창희, 『군사전략론』, 서울: 플래닛미디어, 2013, p. 89.

오늘날의 군사전략은 개념적으로 전통적인 군사목적을 달성하기 위한 수단의 형태에서 다차원적이고 다양한 국가이익을 확보하기 위해 사용되는 모든 수단의 총체적인 합으로 확대되었다. 전략 개념은 종적으로 대전략, 군사전략, 작전술, 전술로 구분되었고 횡적으로는 정치전략, 경제전략, 외교전략, 군사전략, 사회전략, 문화전략으로 분화되었다; 즉, 전략의 수행 주체, 시간의 변화, 공간의 변화, 수단의 성격 변화, 추구하는 결과의 변화 등이 고려되어 정의되어야 한다(박창희 2013, 94-101). 전략을 정의하는 데 반드시 필요한 요소는 목적 또는 목표, 자원 또는 수단, 그리고 개념 또는 방법이다.[4] 포괄적인 의미에서 군사전략이란 정치적 목적 또는 전쟁의 목적을 달성하기 위해 가용한 군사적 자산을 운용하는 술과 과학이다. 비교군사전략론은 이러한 국가전략을 국가별로 비교하여 분석하는 이론체계라고 할 수 있다.

3. 비교군사전략론 비교대상

비교군사전략론의 연구대상은 군사학 연구분야인 군사학(military studies or military art and science), 전쟁학(studies of/on war), 방위학(defense studies), 군사연구(studies of military affairs), 군사이론(military theory) 등이 일반적으로 포함된다(정성 2005, 89). 군사학의 연구범위와 내용에 따라 그 비교대상의 고유성과 독립적 특성에 대한 논의는 지속되어 왔다.

비교학적인 관점에서 견주어 본다면, 군사학의 학문적 공동체가 육성되면서 군사전략론은 총론에 해당되는 거대이론(grand theory) 보다는 중범위 이론(middle-range theory)을 주된 연구대상으로 하는 각론에 있다고 본다. 군사학의 학문적 정체성 만큼이나 비교군사전략론의 비교대상에 대한 논의 또한 군사학의 주변 학문과 구별되는 고유한 영역 및 독특한 연구대상의 존재여부에 대한 질의에서부터 비롯된다(길병옥 2009, 576-582; 박휘락 2007, 3-30).

군사학이 비교대상에 대한 접근방법에 있어서 범학문적(interdisciplinary)이고 문제지향적(problem-oriented)이며 처방적(prescriptive)인 대안을 제시하고자 노력해 왔다는 점에서 비교군사전략론 또한 같은 맥락에서 연구가 되어 왔다. 더불어 이론적 그리고 방법론적인 적용의 측면에 있어서 그 범위를 확장시키려는 시도를 지속하여 왔다.

4 오늘날 전략연구 학자들 대다수는 전략에 대한 포괄적 정의를 인정하는 경향이 두드러진다.

따라서 이론적으로 고유한 연구대상 및 영역에 대해 어떻게(how: 실용성, 처방성, 기술성 강조), 왜(why: 설명성, 인과성, 객관성 강조) 연구되어야 하는지를 규명해야 한다고 본다. 앞으로 방법론적으로 현안문제 해결중심의 정태적 연구로부터 벗어나 거버넌스 환경 하에 적용되는 복합적 행위자들간의 상호작용적(interactive) 다층분석(multi-layered analysis)을 활용해 보는 것도 필요하다. 비교대상에 있어서도 비교군사전략론은 한국의 군사안보현상에 접목되어 현실적인 적합성이 높은 분석의 틀을 개발하는 연구로 구체적인 결실을 맺어야 한다.

비교군사전략론의 기본적인 비교대상은 특정 국가의 군사전략이다. 다시 말하면 특정 국가가 취하고 있는 군사전략과 국방정책결정과정을 통해 귀결된 군사전략이 그 것이다. 여기에 추가적으로 포함되는 부분이 국가, 국력, 군사력, 국가이익 등에 대한 비교분석이다. 근접학문체계인 정치학, 행정학, 사회학 등의 분야에서도 비교분석의 핵심단위는 국제기구, 국제NGOs, 지구촌사회라는 전체적인 것보다는 국가를 선택하는 경우가 일반적이다. 물론 사례에 따라 다르지만 통상 국가를 기본단위로 하여 비교분석하는 경우가 많다. 그러면 여기에서 비교군사전략론에서 가장 많이 대두되는 비교대상에 대하여 구체적인 논의를 하기로 하자.

먼저 국가는 한 나라가 가지는 정체 또는 통치조직을 바탕으로 일정한 영토에 거주하는 사람들이 그들의 고유한 주권을 행사하는 공동체이다. 즉, 일정한 지역(영토) 내에 거주하는 사람들로 구성되고, 그 구성원들에 대해 최고의 통치권을 행사하는 정치단체이자 개인의 욕구와 목표를 효율적으로 실현시켜 줄 수 있는 가장 큰 제도적 사회조직으로서의 포괄적인 강제단체이다(길병옥 외 2013, 14-15).

국가의 역사는 인류의 역사만큼이나 오래되었고 구성요소는 영토, 국민, 주권으로 대별된다(Pierson 2011, 7-25).[5] 국가의 역할과 형태는 각 시대별로 차이

5 주권은 국가의 뜻을 최종적으로 결정하는 힘을 의미한다. 즉, 다른 나라의 간섭 없이 자신의 나라와 관련된 중요한 일들을 국민 스스로 결정할 수 있는 권리이며 국가 밖에서는 나라의 독립을 주장하는 권리를 의미한다.

가 나는데 국가 구성원들의 가치관이나 문화 그리고 통치유형에 따라 고대도시국가, 로마제국, 몽고제국, 중세 봉건국가, 근세 전제군주국가, 근대 자유주의국가, 현대 민주주의 또는 사회주의 국가 등 다양한 모습으로 변화되어 왔다. 소극적인 의미에서 국가의 역할은 국민의 생명과 재산 그리고 안전을 책임지는 역할을 수행해야 한다는 야경국가론과 적극적인 의미에서 국민 모두의 행복과 복지를 책임져야 한다는 복지사회국가론 등으로 구분할 수 있다.

국가를 구성하는 가장 큰 단위로서 정부, 경제, 사회 등으로 구분하기도 하는데 사회중심적 분석을 하는 경우 국가를 사회에 배태된 것으로 보는 경향이 일반적인데 반해 국가중심적 접근을 하는 경우 사회를 국가 자체에 의해 규정되는 형태의 부분으로 본다. 경제중심적 사고를 바탕으로 하는 견해 또한 마찬가지로 국가를 경제사회의 일부분으로 보는 경우도 있지만 근대이후의 국가에서는 국가의 범위를 가장 큰 범주로 해석이 많다.

기본적으로 모든 국가는 세 가지 기본 기능을 수행한다(Rueschemeyer and Skocpol 1996, 3-13). 첫째, 국가는 사회의 생산수단을 통제하는 사람들의 기본적인 필요와 이해관계를 방어한다. 이와 밀접하게 연관되어 있는 두 번째 국가의 기능은 자신의 정당성을 획득하고 사회적 조화를 달성하는 것이다. 마지막으로 국가 자신과 경제와 사회의 지배적 권력을 외부의 공격으로부터 적절하게 막아내지 못한다면 어떠한 국가도 생존할 수 없다.

국가를 비교의 분석단위로 보는 경우 국가의 내부적인 요소들 권력, 정치체제, 관료제도 등은 상수로서 역할을 하는 것이 아니라 변수로 작용하는 것으로 여겨진다. 국가 이성적이고 합리적인 행위자로 해석되는 경우와 그렇지 못한 경우로 보는 견해 등이 다양한 해석과 더불어 상존한다. 국가가 가지고 있는 외부환경과 내부질서 등이 특정국가의 군사전략을 특성화하는 중요한 요소로 작용한다.

두 번째로 국력에 대한 비교이다. 한 국가의 국력은 특정국가가 주권적 가치 또는 정책적 목표를 달성하기 위해 보유하고 있는 능력을 의미한다. 통상

국가의 생존력과 지속가능한 발전 가능성 등을 포함하여 가지고 있는 능력을 의미하지만 국제관계에서는 무력외교적(武力外交的) 관점의 국력과 한 국가가 다른 국가에 대해서 영향을 끼칠 수 있는 능력으로 보는 견해도 있다(길병옥 외 2013, 61-70).

일반적으로 국력은 유형의 물리적인 요소와 무형의 정신적인 요소가 결합된 복합적이고 다원적인 것으로 표현되고 국력의 기본요소는 인구, 영토, 자원 등이다. 이러한 유·무형의 국력을 바탕으로 국제사회는 약소국, 중간국, 강대국, 초강대국 등으로 분류하기도 하고 최빈국 또는 후진국, 개발도상국, 중위권 국가, 중상위권 국가, 선진국 등으로 구분하기도 한다. 보다 구체적으로 본다면 국제정치에서 국력의 대표적인 요소를 군사력, 경제력 그리고 정신전력 등으로 구분하여 분석하기도 한다.

국력은 또한 양적으로나 질적으로 고정적인 것으로 해석되지는 않는다. 측정지표나 기준에 따라 가변적이고 유동적인 것으로 보여진다. 예를 들면, 군사력을 평가하는데 있어서는 육·해·공군의 규모, 무기체계의 질적인 그리고 양적인 수준과 성능, 국방예산, 국방R&D 비율 등이 주요한 기준이 된다. 경제력은 국민총생산(GDP), 1인당 국민소득, 외환보유고, 경제성장률, 산업경쟁력, 과학기술력, 경제사회 인프라 등이 지표이다. 정신전력은 정치가의 리더십, 국민들의 의지, 국가에 대한 애국심이나 헌신정도 등이 기준이다.

국제사회에서는 독자적인 것이든 국제협력을 통해서든 힘의 분배구조에 대한 것이 국력에 포함되는 경우가 일반적이다. 국력의 제반요소는 자연환경, 지리정치학적 위치, 지리경제학적 위치, 인구, 군사력, 경제력, 과학기술력, 정치적인 리더십, 국민들의 의지 등 국가의 유·무형 자산이 포함된다. 국가의 총체적인 역량의 정도에 따라 다양한 형태의 국력을 비교하고 분류하기도 한다.

국제관계에서 국력과 영향력의 정도에 따라 패권적 지위와 영향력을 행사하는 극초강대국(極超强大國, hyperpower), 양극체제에서 미국과 구소련을 대상으로 가리켰던 초강대국(超强大國, superpower), 경제적 군사적 영향력이 세계적 범위에 이르는 강대국(强大國, great power), 국제사회에서의 영향력이 있는 중견국 또는 중간국(中堅國, 中間國, middle power), 한정된 지역에서 영향력을 행사하는 지역 강국(地域强國, regional power) 등으로 분류된다(길병옥 외 2013, 61-70). 또 다른 분류로 중동의 산유국과 같은 천연자원과 에너지를 보유하고 있는 에너지 초강대국(energy superpower) 등이 있다.

국력을 보다 포괄적인 의미에서 사용하면 세력권역 또는 영향권역 등으로 분류가 가능하다. 국제안보환경에 따라 국가는 세력권(sphere of influence) 또는 국가가 영향력을 현저하게 행사할 수 있는 권역(bloc)으로 분류되기도 한다. 역사적인 예는 유럽협정(Concert of Europe)을 통해 승인을 받은 세력권이나 서구권이나 동구권과 같이 얄타 회담(Yalta Conference) 이후 냉전 기간에 이루어진 세력권역 등을 들 수 있다. 북대서양조약기구(NATO) 그리고 바르샤바 조약 기구와 같은 군사 동맹은 영향력을 발휘하는 또 따른 형태의 세력권역이다.

세 번째로 비교가 되는 부분은 군사력이다. 앞서 주지한 바와 같이 군사력은 육 · 해 · 공군의 규모, 무기체계의 질적인 그리고 양적인 수준과 성능, 국방예산, 국방R&D 비율 등 이 포함된다. 군사력을 평가하는데 있어서 경제적 능력은 항상 불가분의 관계로 지적되고 평가대상으로 국민총생산(GDP), 1인당 국민소득, 외환보유고, 경제성장률, 산업경쟁력, 과학기술력, 경제사회 인프라 등의 지표를 활용하는 것이 일반적이다.

군사력은 국가이익을 추구하는데 있어 활용되는 군사적 총량을 의미하고 제1차 세계대전을 통해 총력전의 개념이 도입되면서 잠재적 군사력(potential military power)의 개념까지 포함하게 되었다(길병옥 외 2013, 109-113). 군사력은 대체로 국가에 의해 독점되어 있고 국내 · 외적 안보의 목적으로 사용되는 법적으로 허용된 폭력수단으로 규정하고 있다(최병갑 1988, 49). 군사력은 "가상적국과의 관계에서 한 나라가 갖는 실질적인 군사적 힘이며 전쟁의 목적 달성을 위하여 국가가 현재 보유하고 있거나 동원할 수 있는 모든 유형적, 무형적 자산과 잠재적 역량의 총결집"이라고 보는 견해가 일반적이다(Lider 1985, 56).

구체적으로 국방대학원에서 발행된 「안보관계용어집」에 따르면 군사력이란 "전 · 평시를 막론하고 국가안전보장을 위한 직접적이며 실질적인 물리적 수단으로서 적을 가장 실효성 있게 강제작용을 하는 힘이며 적을 설복시키거나 침략을 억제하여 적을 무력화 또는 격멸 및 포획하는 힘"으로 해석되어 있다. 이 힘은 국력의 일부로서 국가이익의 국제적인 충돌을 해결하는 수단이며 국가가 지향하는 정치적 목적을 달성하기 위한 직접적인 물리적 수단이고 국제정치의 궁극적인 제재수단임과 동시에 비군사적 수단인 경제전력, 정치전력 및 사상전력의 효용을 높여주는 배경이라고 설명하고 있다(국방대학원 1998, 45).

오늘날 국제관계에서 군사력에 부여된 기능과 임무는 다양하다. 국제관계는 모든 국가가 자국의 이익을 추구하고 극대화 하려 하기 때문에 국제사회는 항상 불안정하고 힘의 관계에 의해서 지배되기 쉬운 속성을 가지고 있고 역사적으로 발생한 국가간의 전쟁사례가 이를 증명하고 있다. 국가가 보유한 군사력은 대외 정치적 수단들 중 가장 폭력적이며 위협적인 도구일 뿐 만 아니라 국가의 이익을 과시하며 의지를 표현하는 적극적인 수단이라고 할 수 있다.

군사력의 운용방식에 관한 분류는 학자에 따라 다르게 구분하고 다양화 되었지만 크게는 세 가지 범주로 대별된다(Art 1993, 3-11; Lider 1983, 25).[6] 즉, 전쟁수단, 억제수단 그리고 강압외교를 위한 수단이 되는 것이다. 전쟁은 군사력을 그대로 사용하는 것이고 억제는 군사력을 사용하지 않는다는 데에 초점을 두고 있으며 강압외교는 군사력의 사용개념과 불사용 개념이 결합된 것이라 할

6 줄리안 라이더(Julian Lider)는 군사력 사용의 대외적 기능을 4가지 범주로 구분했는데 그것은 첫째, 적 침공에 대한 방어(전쟁 수행을 포함함); 둘째, 다양한 형태의 전쟁을 억제; 셋째, 어떤 형태의 협상에서 보이지 않는 협상 수단으로서의 강압; 넷째, 대외정책으로 외교, 경제, 정치 등이 포함된다. 로버트 아트(Robert J. Art)는 평시 군사력의 역할을 세분화 하여 '방위, 억제, 강압, 거들먹거림(swaggering)' 등 네 가지 형태를 제시했으나 핵심은 '방위, 억제, 강압'으로 설명한다.

수 있다(윤영식 2005, 474). 결국 군사력이란 전쟁수행 도구일 뿐만 아니라 평시 국제관계 속에서 대외 정치적 목적을 달성하기 위해서 군사력을 과시하고 제한적인 힘도 사용하는 정치·외교적 도구라 할 수 있다는 의미로 사용된다.

네 번째는 국가의 내부적인 요소인 제도적인 부분이다. 실제로 모든 나라들이 행정부, 입법부, 사법부를 갖고 있기 때문에 이러한 제도들은 비교군사전략론의 자연적인 비교대상이다. 일반적으로 제도는 정부의 주요기관 등을 나타내는데 구체적으로는 헌법에서 정의된 법률적인 구조를 의미한다. 비교군사전략론에서 비교대상으로 보는 경우 주요 정책결정자들을 포함하여 제도적 차원에서의 과정과 절차 그리고 조직 전체를 연구하는 경우가 많다.

통상 제도라 함은 특정 사회 구성원들 사이의 상호작용을 통해 만들어진 규칙으로 해석된다. 또한 제도는 국가정체나 사회의 기본적 가치와 전통 그리고 역사문화와 연계되어 구성되고 재구성되어온 것이다. 국가제도의 관점에서 보면 정부의 관료조직 이나 기구, 입법부, 법원 등은 사회세력들의 경쟁의 장이지만 그것들은 또한 서로의 이해관계를 정의하고 방어하는 표준화된 작동 절차와 구조들의 집합체들이다(윤영식 2005, 474).

해석상의 차이는 있지만 정책결정자들의 정치행위 또는 외교적 수사는 제도의 표면적인 목적과는 다른 목적인 조직과 제도의 내적인 요소들이 많이 포함되어 있다. 예를 들면, 대통령의 국제적인 피해지역의 방문이 국제외교의 상징성을 나타내는 경우가 있다. 정치적 행위의 상징적이거나 의례적 측면에 대한 제도적 틀은 정책결정자들이 대표하는 기구들의 합리적인 행위자라는 부분과는 상치되는 사례이다. 이러한 제도들은 정책결정자가 행동하는 행위 이상의 것으로 그 또한 법률적인 요소가 포함되어 있다.

국내정치상황에서 정치체제는 사회에서 "가치의 권위적 배분"에 포함된 모든 제도들과 과정으로 구성된다(Easton 1965). 특별히 정치체제는 사회로부터 특별한 정책에 대한 요구와 지지의 표현으로 구성된 투입을 받는다. 그리고 정치체제는 이러한 투입을 산출로 전환한다. 제도적 절차와 과정을 거친 산출은 다음 번 투입 사이클에 영향을 주기 위해 사회로 다시 환류된다. 이러한 견해는 관료제도, 조직, 이해당사자들의 다양한 유형의 관계 등을 통해 제도가 만들어진다고 본다.

따라서 군사전략은 국가의 합리적이고 이성적인 판단에 의한 결과라기보다는 내부적으로 다양한 제도적 절차와 과정을 거친 정체제도의 틀을 통해 귀결된 결과로서 해석된다. 최근의 견해는 국내 정치제도와 국제환경이 분리되어 특정국가의 군사전략이 표출되는 것이 아니라 다차원적인 변수들의 종합으로 보는 경우가 많다. 비교군사전략을 연구하는데 있어서도 합리적 행위자, 관료제도, 국제정치현상 등을 비교하여 분석한다.

마지막으로 국가이익에 해당하는 부분이다. 국가이익의 개념은 전통적으로 물리적인 면에서 가시적인 부분과 상징적이고 형상화된 또는 정당화된 국가의 공동이익을 의미하는 것으로 정의되어 왔다(길병옥 외 2013, 54-58). 특히 국가의 핵심적 가치에 해당되는 정치적 주권, 경제적 번영, 국민의 생명과 재산의 보호라는 측면에서 국가이익의 개념은 특정국가의 안보상황과 정책결정자들의 외부위협인식에 따라 가변적으로 적용되었다.

일반적으로 국가이익은 생존, 독립, 영토보존, 군사안보, 그리고 경제발전, 복지향상 등과 같은 국가의 강력한 욕구를 구성하는 요소들을 일컫는 지극히 일반화된 개념으로 인식된다. 국가이익을 국가권력이라는 측면에서 해석한다면, 국가이익은 현상을 유지하는 것, 제국주의적 팽창을 추구하는 것, 국가권위를 높이는 것 등으로 해석이 가능하다(Waltz 1959, 1-15). 국가는 "힘에 의해 정의된 이익"을 추구하는 존재이며 안전보장을 중핵으로 하는 국익이 국가의 외교정책의 기본 지침이 되어야 한다는 견해도 있고 다양한 협력에 의한 국익추구를 주창하는 견해도 있다.

국가안보의 개념은 외부의 위협으로부터 국가의 생존과 번영 및 주권 그리고 국민의 생명과 재산을 보호하는 것으로 국가이익의 안전확보를 위한 정책과 전략을 총칭하는 것으로 여겨져 왔다. 하지만 국가안보를 정의하는데 있어 외부위협에 대한 국가안전보장이라는 협의의 개념과 인간 및 환경위협에 대한 안보를 포괄하는 광의의 개념을 적용하는 등 많은 논란이 되어온 것은 사실이다. 국가를 구성하는 개개인의 이해를 초월한 공적인 이익이 존재한다고 가정한다면 그러한 이익을 국가간에 조정하는 것이 가능하고 국제사회의 공동번영을 위한 노력을 기울어야한다는 주장도 있다. 국익은 생존, 사활, 중요, 부차적 이익으로 구분이 가능하다.

〈표 2〉 국가이익의 구분

구분	내용
생존 이익 (survival interest)	국가존망에 관한 기본이익으로 적의 공격이나 공격위협으로부터 국가를 수호하는 이익
사활 이익 (vital interest)	국가가 양도할 수 없는 이익으로 국가에 중대한 위해를 초래할 경우 군사력을 사용해서라도 지켜야 하는 이익
중요 이익 (major interest)	확보하지 않을 경우 국가의 정치, 경제, 사회복지에 부정적 영향을 줄 수 있는 이익이나, 군사력을 사용할 정도는 아님
부차적 이익 (peripheral interest)	국가이익에 해당하나, 전반적으로 국가에 미치는 영향이 미미한 것

출처: Dennis M. Drew and Donald M. Snow, Making Twenty-First-Century Strategy: An Introduction to Modern National Strategy Processes and Problems (Maxwell AFB: Air University Press, 2006), pp. 31-34.

국가이익의 구분에 따라 국가의 안보전략, 군사교리, 군사전략 및 작전, 전술적인 부분이 계층적으로 그리고 순위적으로 구성된다고 보는 경우가 많다. 하지만 복잡하고 다양한 국가이익의 우선순위에 대한 비판이 지속적으로 제기되어 왔고 국익을 완전히 객관적으로 정의하는 것은 불가능하다는 견해도 있다. 우선 이익이라는 개념이 주관적 요소를 갖기 때문에 또한 이익을 분석할 때 단기적 시점을 취하는지 장기적 시점을 취하는지에 따라 결과가 크게 달라지기 때문이다.

오늘날 국제사회는 지구촌 사회의 일반적 이익을 보호하기 위해 어떠한 일탈도 허용되지 않는 강행규범의 관념이 국제규범의 상위법으로 인정하고 있다. 국제법에 의해 보호된 이익은 국가간의 개별적 이익뿐만 아니라 국제사회 전체에 공통하는 기본적 이익도 포함된다는 인식이 더욱 확산되고 있는 것이다. 국제테러와 조직적인 인권억압 그리고 대규모의 환경파괴를 경험한 국제사회는 그 극복을 가장 중요한 과제로 국제평화, 인권과 지구환경의 보호가 지구촌 사회의 기본적 이익이며 그것에 대한 위반은 국제범죄행위로 간주하는 경향이 있다. 비교군사전략을 연구하는데 있어서도 이러한 최근의 경향과 추세를 바탕으로 연구가 되어야 한다.

4. 비교군사전략론의 방법론적 논의

방법론적으로 비교군사전략론의 목표는 국가간 중요한 정치군사적 유사점과 차이점을 비교분석하는 것이다. 군사전략의 세계적, 지역적 그리고 국가적 맥락을 고려하면서 군사전략의 결과에 대한 상수와 변수들의 조합을 이해하는 것이다. 군사전략의 원인과 결과를 도출해내기 위한 사례연구, 역사비교학적 연구, 실험적 분석, 통계학적 추론 등 다양한 방법론적 분석 틀을 활용하여 국내외적인 결정변수들에 대한 설명력을 증진시키는 것이다.

방법론의 발전은 구체적으로 실증주의, 해석학, 비평적 접근방법의 공통된 점은 객관적이고 과학적인 이론체계를 검증(verification), 확증(confirmation) 및 반증(falsification)의 과정과 자기반성적(self-reflective) 사유(思惟)를 통해 지속적으로 반복하는데 있다. 자기비평적이고 개방적이며 객관적인 분석 틀을 바탕으로 신뢰성과 타당성이 확보된 자료와 경험에 투영하여 새로운 패러다임과 이론적 기반을 다져나가는 것이 정상과학의 학문이 추구하는 방향이다(길병옥 2012, 246).

비교군사전략론의 가장 핵심적인 논의는 왜 비교하는지에 대한 질의에서부터 비롯된다. 비교분석의 근본적인 이유는 원인과 결과 그리고 미래전망과 추론에 대한 설명력을 증진시키고 이해를 넓혀주고자 하는데 있다. 특히 비교대상의 차이점과 유사점을 통해 역사적 사실과 이해를 돕는데 일조하고 비교를 통해 자기비평적 사유와 기존 연구의 반증이 가능하도록 방법론적 분석 틀을 제공한다는데 장점이 있다.

또한 비교연구는 설명과 이해의 가능성을 높여주고 설명력 있는 기본 자료를 제공하는데 긍정적인 면이 있다(Dickovick and Eastwood 2012, 3-7). 더불어 기존 연구의 가설에 대한 확증과 검증이 가능하도록 하는데 도움을 준다. 따라서 사례연구를 통한 일반화는 일단 증명이 되면 미래예측과 전망의 가능성을 가지게 되는 것이다(Yin 2013). 미래예측을 통한 교훈은 특정국가의 사례에 대한 적용성을 높이고 향후 발전적 연구의 기본 틀을 제공한다는 측면에서 효과적인 면이 있다.

다음은 비교군사전략론의 방법론적 문제점에 대한 논의를 전개하고자 한다(김계동 외 2007, 139-171).[7] 먼저 사례를 바탕으로 한 비교분석에서 나타나는 위험성에 대한 질의가 많다. 특히 연구자가 구하고자 하는 원인과 결과에 대한 해석에서 같은 조건과 환경을 가진 동일한 국가가 거의 없다는 점에 사례연구의 객관화가 어렵다는 점이 주요 지적사항이다. 이러한 이유 때문에 군사전략을 비교하는데 있어서 자연과학자가 실험실에서 수행하는 실험과 같은 결과를 도출해내기는 어렵다. 비교할 수 있는 국가는 많은데 실제 비교분석할 수 있는 사례는 적고 오히려 변수는 과다한 경우를 의미한다.

사례연구의 문제점은 연구분석의 타당성이나 신뢰성 제고에서도 나타난다. 즉 다른 각도에서 같은 문제를 비교분석할 경우 국가간의 전략적 차이점이나 유사점에 대해 모든 가능한 범주에서의 설명이 어렵다는 것이다. 어떤 사례에서는 국가이념이나 정체성에 대한 해석이 가능한데 다른 사례에서는 법적인 제도가 결정변수로 작용하는 경우가 있다. 두 가지 설명이나 해석 모

7 방법론적 비평에 대한 부분은 비교정치학 관련 비교대상, 연구범위, 방법론적 분석 틀에 대한 논란과 일맥상통하는 부분이 있다.

두 역사적 사실에 연관되어 논리적 설득력이 있으나 결국 일관되게 객관화하기는 어려운 점이 있다.

두 번째의 질의는 표본선정의 대표성에 대한 부분이다. 비교군사전략론은 근본적으로 소수의 사례를 연구하는 경향으로 인해 내재된 대표성의 문제를 안고 있다. 논란의 여지는 있지만 편중된 표본을 선택하게 됨으로서 연구대상과 연구방법의 선택이 비대표적인 결과가 나타나는 것을 지적한다. 의도하진 않은 표본의 선택으로 객관성에 문제가 발생하는 사례연구도 있고 변수의 비대표적인 선택으로 인한 한계점도 드러나고 있다.

심각한 오류 중의 하나로 지적되는 점은 표본과 변수 선정의 비대표성에만 한정되는 것이 아니라 연구자의 의도된 그리고 선택된 비교분석에서 오는 위험성에 있다. 다시 말하면, 비교분석의 사례연구 대부분이 연구자가 추구하는 긍정적인 결과를 도출해내고자 하기 때문에 다른 군사현상에 대한 이해가 부족하다는 점이다. 예를 들면, 전쟁의 원인을 설명하려는 연구는 오직 전쟁만을 연구하고 군비증강을 연구하는 사례는 국가들의 군사력 증진에만 초점을 두는 경향이 있어서 다른 변수들에 대한 해석이 불충분한 것을 지적한다.

역사적 사례를 설명하는데 있어서 단편적 시각에 기초한 결론이 과정상의 인과관계에 대한 설명을 무시하게 되는 연구도 있다. 예를 들면, 탈냉전 이후 자유민주주의의 역사적 승리에 대한 논의와 더불어 역사의 종말(end of history)에 대한 논의가 많았다. 역사에서 자유 민주주의가 승리했다고는 하지만 논란은 아직 끊이지 않았고 민주주의와 자본주의는 아직도 진화과정에 있다는 시각이 주를 이룬다. 따라서 빈익빈 부익부와 같은 자본주의 시장경제 체제에서 오는 필연적인 외부성(externalities) 또는 국가정책을 집행하는데 있어 오는 정책적 배타성(exclusiveness) 등이 문제가 되는 것이다.

세 번째의 질의는 특정 국가의 행태에 대한 이해와 설명력에 대한 부분이다. 국가간 군사현상을 비교하는데 있어서 그 특정행위의 의미가 어디에 있는지 객관적 기준을 바탕으로 비교분석해야 한다. 선진국에서의 군사훈련의 의미와 개도국에서의 군비증강의 의미를 구체적이고 객관적인 분석 틀을 바탕으로 비교하는 것이 중요하다. 따라서 비교군사전략론 학자들은 정치체제와 군사적 능력이 서로 다른 나라들에서 그들이 추구하는 전략의 유사점과 차이점을 이해하는 독립된 분석 틀이 있어야 한다는 것이다. 그들의 행위는 독립된 국가들의 것이지만 세계화 과정을 거치면서 나오는 상호의존성을 어떻게 해석할 것인지 그런 부분에 대한 객관적 잣대가 필요한 것이다.

특정 사례에 대한 비교분석을 위해 사용하는 방법론이 최대유사체계 분석방법(most similar design), 최대상이체계 분석방법(most different design) 등이 있다(Little 1991, 13-38). 역사와 문화 그리고 정치제도 등에 있어서 유사한 분야가 많은 나라들 그리고 차이점이 많은 나라들을 비교함으로서 공통적으로 설명해주는 요인들을 도출해내는 방법이다. 변수들간의 연관성이나 설명력에 대한 비교분석을 하는데 충분한 의미해석이 있어야 한다. 또한 마찬가지로 가능한 유사성이 많은 나라들을 연구하든 차이점이 많은 나라들을 연구하든지 간에 사례선택의 한계와 그리고 과다 변수의 문제점은 상존한다.

마지막으로 통계학적 해석의 문제 해당되는 부분이다. 비교군사전략론에서 통계학적 연구는 사실상 다른 정상과학(normal science)에서 추구하는 것보다는 덜하지만 방법론적 접근에 있어서 대단히 중요한 면을 띄고 있다. 통계연구는 정량적인 수치에 대한 측정과 분석이 주를 이루기 때문에 사례 그 자체보다는 변수들에 대한 자료수집과 분석에 초점을 두고 있다. 하지만 한계점은 변수들간의 상관관계에서 나타나지 않는 부분에 대한 해석이다. 물론 연구되지 않는 다른 변수들에 대한 통제가 전제로 되어 있지만 측정되지 못한 변수들의 해석이 불가능한 경우도 나타나고 있다.

또한 변수들 간의 비교분석을 통해서 나온 결과가 해답을 제시하는데 한계가 있다는 점도 문제이다. 예를 들면, 군비경쟁의 원인이 권위주의 정권에 의한 것인지 아니면 민주주의 정부에서 나타나는 것인지에 대한 해답을 하는데 있어서도 해석의 차이가 있다. 어느 것이든 사례로서 연구의 가치는 있지만 변수들간의 상관관계만으로는 객관적 해답을 제시하지는 못한다. 군사전략을 비교하는데 있어서 수집할 수 있는 자료의 한계도 문제로 지적되고 있다. 정확하지 않은 자료도 문제이거니와 정확하지 않은 자료를 바탕으로 통계분석을 하여 도출해낸 결과에 대한 객관성도 미흡한 점이 많다.

다만 통계분석이 전부인 것은 아니지만 중요하다는 것은 분명하다. 이론검증을 위한 선행연구와 문헌고찰보다 직접적인 자료수집과 통계분석에서 더 많은 것을 얻을 수 있기에 군사전략을 연구하는데 있어서도 계량적인 분석이 최근 들어 활성화되고 있다. 통계에 의한 변수분석이 객관화된 사례연구로 발전하고 비교분석에서 나오는 방법론적 분석 틀을 활용하여 검증된 이론들이 축적되면 비교군사전략론 또한 정상과학(normal science)으로 발전할 수 있을 것으로 기대된다. 정상과학(normal science)은 연구자들이 어떻게 명백한 가설들이 주류 학문체계와 지배적인 학문적 전통 속에서 해결될 수 있는지를 보여주는 방식을 통해 발전하기 때문에 더욱 그러하다(Kuhn 1970).

5. 결론 및 과제

비교군사전략론을 연구하는데 있어 결론에서 제기하고자 하는 바는 비교군사학 분야의 연구 전반에 걸친 학문적 역할에 해당되는 부분이다. 군사학의 학문적 역할을 숭덕광학(崇德廣學, 덕을 숭상하고 학문을 넓힌다), 경세제민(經世濟民, 세상을 잘 다스려 백성을 구제한다)으로 정의하고자 한다(길병옥 2012, 273). 원래 주역(周易)에 있는 말로 덕을 숭상하면 널리 복을 받고 사업이 번창한다는 뜻이지만 비교군사학의 학문적 발전과 앞으로의 방향을 의미하는 글로 대신하고자 한다. 왕통이 편찬한 책, 문중자(文中子)에 나오는 의미 그리고 실학사상에서 바라보는 경국제민(經國濟民, 나라 일을 잘 다스리고 백성을 구제한다)의 뜻보다 더 큰 지구촌 평화와 안정을 이끌어내고 홍익(弘益)의 군사학이 되길 희망한다.

마지막으로는 비교군사학 분야의 학문적 정체성을 확립하기 위한 연구방향에 대한 제언과 과제에 해당되는 부분이다(길병옥 2009, 589-591). 군사학은 학문적 정체성, 연구내용과 수준 그리고 범위, 연구방향 및 방법론, 이론의 체계화, 학문적 성립요건의 충족여부 등에서 많은 논란이 제기되어 왔다. 학문체계의 방향적인 면에서 다른 정상과학과 비교되는 독창적인 영역이 거의 없고 방법론적인 특성에서도 양적방법(quantitative methodology), 질적방법(qualitative methodology), 병합주의(triangulation) 등을 취사선택하여 객관성을 부여하려는 경향이 있다는 점이 문제로 지적되어 왔다.

이러한 비평적 견해에 대하여 과연 비교군사학의 학문적 성립여건이 어느 정도인지 분석해 보고 그 학문적 위상을 강화하는 방안을 제시해야 되는 과제는 남아있다. 이론적 패러다임의 축적은 물론 고유한 방법론적 분석 틀을 객관화하는 작업이 중요한 관건이다. 또한 비교군사학의 비평적 사유를 통해 기존연구를 검증하여 설명력을 높이고 학문적 공동체를 육성하는 것이 앞으로의 방향이다.

향후 비교군사학의 학문적 정체성은 물론 성숙도 제고를 위해 지향해야 될 방향을 다음과 같이 정리하고자 한다(길병옥 2009, 592-593; 이종학 2008, 374-434). 첫째는 학문적 독립성 확보이다. 고유한 학문적 연구대상, 범위, 이론체계, 공동체 등을 체계화하는 작업에서부터 외국의 사례에 적용하는 것까지 지속적인 노력이 필요하다.

둘째는 현실 적용성 강화이다. 국가 대전략 또는 비전의 제시와 같은 큰 틀에서의 해결능력을 발휘하는 것과 더불어 작전과 전술적인 차원에서의 다양한 시나리오의 개발이 필요하다. 군사전략 연구의 실효성 증진과 더불어 현실문제를 해결할 수 있는 능력을 구비하는 것이 중요하다.

셋째는 객관적이고 과학적인 분석 틀의 지속적인 개발이다. 방법론적인 타당성과 신뢰성의 제고를 통해 비교군사학의 분석역량과 정책대안 제시능력을 강화해 나가는 것이 필요하다. 방법론적으로 비평이 되어온 비교대상의 문제점을 개선해나가고 사례연구를 통한 이론적 검증이 축적되어 정상과학으로 자리매김할 수 있도록 연구역량을 강화하는 것이 방향이다.

넷째는 타 학문과의 교류협력의 활성화와 학문적 공동체의 육성이다. 여타 학문과의 교류를 통해 학문적 정체성을 확보하고 경쟁력을 강화해 나가는 것이 바람직하다. 범학문적인 국내외 협력의 장을 만드는 것도 향후 학문적 성숙도 제고를 위해 희망하는 바이다. 특히 국제교류 활성화 차원에서의 학술세미나 개최는 물론 비교군사학 연구가 객관적인 공인을 받을 수 있도록 국제적으로 저명한 서지에 많은 글을 게재하는 것이 필요하다.

결론적으로 비교군사학의 발전을 위한 방법론적 대안을 다음과 같이 정리하여 제시하고자 한다. 먼저 사례연구와 비교분석의 문제점을 개선하기위해서는 다양한 방법론적 분석 틀을 개발하는 것이 필수적이다. 또한 미래예측능력을 제고하는 방향에서 다차원적인 변수들간의 역학관계에 대한 설명력과 이해도를 높이는 노력을 강구해야 한다. 더불어 국내외 변수들의 연계성 강화, 인과관계의 체계적 분석, 사례연구의 객관성 증대 및 이론의 정립을 통해 비교군사학 패러다임을 구축해나가는 것이 방향이다.

부록: List of Military Strategies and Concepts

This article is a list of military strategies and concepts that are commonly recognized and referenced. Military strategies are methods of arranging and maneuvering large bodies of military forces during armed conflicts.

Source: http://en.wikipedia.org/wiki/List_of_military_strategies,
list of military strategies and concepts, Wikipedia,
The Free Encyclopedia

1. Offensive Strategies

Air superiority - Essential to a successful air campaign. It is achieved by 1) mastery of the air, 2) attacking the means of production, 3) maintain battle ourselves, 4) prevent the enemy from battle

Attrition warfare - A strategy of wearing down an enemy to the point of collapse through continuous loss of personnel and matériel

Bait and bleed - A military strategy similar to the concept of divide and conquer

Battle of annihilation - The goal of destroying an opposing army in a single planned pivotal battle

Bellum se ipsum ale - A strategy of feeding and supporting an army with the potentials of occupied territories

Blitzkrieg - An attack that uses concentrated force and rapid speed to break through enemy lines, named after the German World War II strategy

Blockade / Siege / Investment - An attempt to cut off food, supplies, war material or communications from a particular area by force, usually taking place by sea

Clear and hold - A counter-insurgency strategy

Coercion - Compelling an enemy to involuntarily behave in a certain way by targeting the leadership, national communications, or political-economic centers

Command of the sea - The naval equivalent of air superiority

Counter-offensive - A strategic offensive taking place after an enemy's front line troops and reserves have been exhausted, and before the enemy has had the opportunity to assume new defensive positions

Counterforce - A strategy used in nuclear warfare of targeting military infrastructure (as opposed to civilian targets)

Countervalue - The opposite of counterforce; targeting of an opponent's cities and civilian populations

Decapitation - Achieving strategic paralysis by targeting political leadership, command and control, strategic weapons, and critical economic nodes

Deception - A strategy that seeks to deceive, trick, or fool the enemy and create a false perception in a way that can be leveraged for a military advantage

Denial - A strategy that seeks to destroy an enemy's ability to wage war

Distraction - An attack by some of the force on one or two flanks, drawing up to a strong frontal attack by the rest of the force

Encirclement - Both a strategy and tactic designed to isolate and surround enemy forces

Ends, Ways, Means, Risk - Strategy is much like a three legged stool of ends, ways, means balanced on a plane of varying degree of risk

Exhaustion - A strategy that seeks to erode the will or resources of a country

Feint - To draw attention to another point of the battle where little or nothing is going on

Flanking maneuver - Involves attacking the opponent from the side, or rear

Heavy force - A counterinsurgency strategy that seeks to destroy and insurgency with overwhelming force while it is still in a manageable state

Human wave attack - An unprotected frontal attack where the attacker tries to move as many soldiers as possible into engaging close range combat with the defender

Incentive - A strategy that uses incentives to gain cooperation

Indirect approach - Dislocation is the aim of strategy. Direct attacks almost never work, one must first upset the enemy's equilibrium, fix weakness and attack strength, Seven rules of strategy: 1) adjust your ends to your means, 2) keep your object always in mind, 3) choose the line of the least expectation, 4) exploit the line of least resistance, 5) take the line of operations which offers the most alternatives, 6) ensure both plans and dispositions are flexible, 7) do not throw your weight into an opponent while he is on guard, 8) do not renew an attack along the same lines if an attack has failed

Interior lines - Placing ones forces in between the enemy forces and attacking each in turn in order to allow ones forces to have better communications and allows one to mass all of ones forces against a part of the enemies

Limited war - A war in which the survival of a nation is not at stake

Penetration - A direct attack through the enemy lines, then an attack on the rear once through

Periclean strategy - The two basic principles of the "Periclean Grand Strategy" were the rejection of appeasement (in accordance with which he urged the Athenians not to revoke the Megarian Decree) and the avoidance of overextension

Persisting strategy - A strategy that seeks to destroy the means by which an enemy sustains itself

Pincer ambush - A "U"-shaped attack with the sides concealed and the middle held back until the enemy advances, at which point the concealed sides ambush them

Pincer maneuver - Allowing the enemy to attack the center, sometimes in a charge, then attacking the flanks of the charge

Punishment - A strategy that seeks to push a society beyond its economic and physiological breaking point

Rapid Decisive Operations - Compelling an adversary to undertake certain actions or denying the adversary the ability to coerce or attack others.

Raiding - Attacking with the purpose of removing enemy's supply or provisions

Refusing the flank - Putting the minimal number of troops required to hold out against an enemy attack while the rest of the army launches a counterattack through the enemy flank

Separation of insurgents - A counterinsurgency strategy should first seek to separate the enemy from the population, then deny the enemy reentry, and finally execute long enough to deny the insurgent access

Scorpion attack - A pincer attack that is supplemented by an air strike

Shape, Clear, Hold, Build - The counterinsurgency theory that states the process of winning and insurgency is shape, clear, hold, build

Siege - Continuous attack by bombardment on a fortified position, usually by artillery

Shock and awe - A military doctrine using overwhelming power to try and achieve rapid dominance over the enemy

Swarming - Military swarming involves the use of a decentralized force against an opponent, in a manner that emphasizes mobility, communication, unit autonomy and coordination/synchronization.

Theater strategy - Concepts and courses of action directed toward securing the objectives of national and multinational policies and strategies through the synchronized and integrated employment of military forces and other instruments of national power

Total war - War in which a nation's survival is at stake

Turning maneuver - An attack that penetrates an enemy flank, then curls into its rear to cut it off from home

Win without fighting - Sun Tzu argued that a brilliant general was one that could win without fighting

2. Defensive Strategies

Defence in depth - A strategy to delay rather than prevent the advance of an attacker by buying time and causing additional casualties by yielding space so that the momentum of the attack is lost

Boxing maneuver - A strategy used to "box in" and force and attack on all sides at once

Withdrawal - A retreat of forces while maintaining contact with the enemy

Fortification

Fabian strategy - Wearing down an enemy by using attrition warfare and indirection, while avoiding pitched battles or frontal assaults

Military district, also known as Wehrkreis in German

Scorched earth - Destroying anything that might be of use to the enemy while retreating, or advancing

Turtling - Continuous reinforcement of an army until it has reached its full strength, then an attack with the now-superior force

3. Strategic Concepts

Centers of gravity - The hub of all power and movement on which everything depends, the point at which all energies should be directed

Decisive point - A geographic place, specific key event, critical system, or function that allows commanders to gain a marked advantage over an enemy and greatly influence the outcome of an attack

DIME(FIL) - The elements of national power diplomacy, information, military, and economics, often included are financial, intelligence, and law enforcement see MIDLIFE

Expediency - War is a matter of expedients - von Moltke

Fog, friction, chance - War is characterized by fog, friction, and chance

Golden Bridge - To leave an opponent an opportunity to withdraw in order to not force them to act out of desperation - Sun Tzu

Iron Calculus of War - Resistance = Means x Will - Clausewitz

MIDLIFE - The elements of national power diplomacy, information, military, and economics, often included are financial, intelligence, and law enforcement, see DIME(FIL)

Moral ascendancy - Moral force is the trump card for any military event because as events change the human elements of war remain unchanged - Du Piq

OODA loop - Decision-making occurs in a recurring cycle of observe-orient-decide-act. An entity (whether an individual or an organization) that can process this cycle quickly, observing and reacting to unfolding events more rapidly than an opponent, can thereby "get inside" the opponent's decision cycle and gain the advantage - Boyd

Paradoxical nature - The nature of strategy is a paradoxical and does not follow a linear pattern - Luttwak

Positive ends - The possibility of taking advantage of a new security environment to create conditions for long-term peace - Wass de Czege

Primary Trinity - (1) primordial violence, hatred, and enmity; (2) the play of chance and probability; and (3) war's element of subordination to rational policy - Clausewitz

Secondary Trinity - People, Army, and Government - Clausewitz

Principles of war: Objective (Direct every military operation towards a clearly defined, decisive, and attainable objective); Offensive (Seize, retain, and exploit the initiative); Mass (Concentrate combat power at the decisive place and time); Economy of Force (Allocate minimum essential combat power to secondary efforts); Maneuver (place the enemy in a disadvantageous position through the flexible application of combat power)

Unity of Command (For every Objective, ensure Unity of effort under one responsible commander); Security (Never permit the enemy to acquire an unexpected advantage); Surprise (Strike the enemy at a time, at a place, or in a manner for which he is unprepared); Simplicity (Prepare clear, uncomplicated plans and clear, concise orders to ensure thorough understanding) - US Army FM 3.0

Systems approach - Nation-states operate like biological organisms composed of discrete systems. These systems included: leadership, organic essentials, infrastructure, population, and the military - Warden

Tipping point - The point at which "the momentum for change becomes unstoppable." - Gladwell

VUCA - Volatility, uncertainty, complexity and ambiguity characterize the strategic environment - U.S. Army War College

Weinberger-Powell Doctrine - A list of questions have to be answered affirmatively before military action is taken by the United States:

Is a vital national security interest threatened?

Do we have a clear attainable objective?

Have the risks and costs been fully and frankly analyzed?

Have all other non-violent policy means been fully exhausted?

Is there a plausible exit strategy to avoid endless entanglement?

Have the consequences of our action been fully considered?

Is the action supported by the American people?

Do we have genuine broad international support?

참고문헌

국방대학원. 1998.「안보관계용어집」. 서울: 국방대학원.

길병옥. 2012. "군사학: 통섭의 학문체계와 정상과학에 관한 논고."「군사연구」. 제133집. 육군군사연구소.

길병옥. 2009. "군사학 학문체계에 대한 비평." 이종학 · 길병옥 편저,「군사학개론」. 대전: 충남대학교 출판부.

길병옥 · 박재필 · 조차현. 2013.「국가안보론」. 대전: 충남대학교 출판문화원.

김계동 외. 2007.「현대비교정치론」. 서울: 명인문화사.

노병천. 1996.「도해 손자병법」. 서울: 가나출판사.

박창희. 2013.「군사전략론」. 서울: 플래닛미디어.

박휘락. 2007. "군사학의 '학문화' 와 과제." 한국군사학회 군사학술세미나 논문집.

윤영식. 2005. "군사력의 의의와 건설 방향." 차영구 · 황병무(편),「국방정책의 이론과 실제」. 서울: 오름.

이종학. 2008.「군사전략론」. 대전: 충남대학교 출판부.

이종학. 2006.「한 군사학도의 발자취」. 대전: 충남대학교 출판부.

정성. 2005. "군사학의 기원과 이론체계."「군사논단」. 통권 제41호. 한국군사학회.

최기출. 2013. 전략이론(Theory of Strategy), 충남대 평화안보대학원 강의자료

최병갑 외. 1988.「현대 군사전력 대강 I」. 서울: 을지서적.

Art, Robert J. 1993. "The Four Functions of Focus." Robert J. Art & Kenneth N. Waltz(eds.). *The Use of Focus: Military Power and International Politics*. Lanham: University Press of America.

Clausewitz, Carl von. 1976. *On War*. Michael Howard and Peter Paret(ed.). Princeton, NJ: Princeton University Press.

Department of Defense. 2007. Joint Publication 1-02, *Department of Defense Dictionary of Military and Associated Terms*. Washington, DC: Government Printing Office.

Dickovick, J. Tyler and Jonathan Eastwood. 2012. *Comparative Politics: Integrating Theories, Methods, and Cases*. London: Oxford University Press.

Drew, Dennis M. and Donald M. Snow. 2006. *Making Twenty First Century Strategy: An Introduction to Modern National Strategy Processes and Problems*. Maxwell AFB: Air University Press.

Eason, David. 1965. *A Systems of Analysis of Political Life*. New York: John Wiley & Sons.

Jablonsky, David. 2010. "Why Is Strategy Difficult?" J. Boone Bartholomees(ed.). *Theory of War and Strategy*, Carlisle: Strategic Studies Institute.

Jomini, Antoine Henri Baron de. 1971. *The Art of War*, Thomas E. Griess and Jay

Luvass(ed.). Westport, CT: Greenwood Press.
Kuhn, Thomas S. 1970. *The Structure of Scientific Revolutions*. Chicago, IL: University of Chicago Press.
Lidell Hart, Basil H. 1991. *Strategy*. New York: Meridian Books.
Lider, Julian. 1983. *Military Theory*. Aldershot: Gower Publishing Company.
Little, Daniel. 1991. *Varieties of Social Explanation*. Boulder, CO: Westview Press.
Pierson, Christopher. 2011. *The Modern State*. London: Routledge.
Rueschemeyer, Dietrich and Theda Skocpol. 1996. *States, Social Knowledge, and the Origins of Modern Social Policies*. Princeton, NJ: Princeton University Press.
Yarger, Harry R. 2008. "Toward a Theory of Strategy: Art Lykke and the U.S. Army War College Strategy Model." J. Boone Bartholomees(ed.). *Theory of War and Strategy*, Washington, DC: Strategic Studies Institute.
Yin, Robert K. 2013. *Case Study Research: Design and Methods*, Thousand Oaks, CA: Sage.
Waltz, Kenneth. 1959. *Man, the State and War: A Theoretical Analysis*. New York: Columbia University Press.

합참 군사용어해설(http://www.jcs.mil.kr; 검색일 2013년 10월 1일).

비교군사전략론

chapter 02

미국의 군사전략

chapter 02

미국의 군사전략

김열수(성신여자대학교)

1. 서론

미국이라는 나라는 참 이상하다. 탈냉전 이후 국가전략, 국방전략, 군사전략을 모두 공개하기 때문이다. 전략이라는 것이 공개되는 순간 전략으로서의 가치를 잃어버리는 것이 상식임에도 불구하고 미국은 국가로부터 군사에 이르기까지 다양한 수준의 전략을 공개하고 있다. 이데올로기 전쟁에서 승리한 미국이 더 이상 적이 없을 것이라는 자신감 때문에, 또는 미국의 각종 전략이 미국민으로부터 지지를 받아야 할 필요성과 특히 군사분야에서 문민통제를 강화할 필요성 때문에 공개할 수도 있다. 그러나 이런 전략 공개가 아무나 할 수 있는 것이 아니다. 강대국, 그 중에서도 미국이라는 나라만이 가능한 일이고 현실도 그러하기 때문이다.

전략은 목표(objectives/ends), 수단(resources/means), 방법(concepts/ways)으로 구성

된다(Lykke 1969, 1; Lykke 1989). 목표가 정해지면 이를 달성하기 위한 수단과 방법이 마련되어야 한다. 흔히 전략 개념으로 불리는 방법은 목표와 수단을 연결하는 고리 역할을 한다. 서로 비슷한 목표와 비슷한 수단을 가지고 있다면 방법이 결정적인 역할을 수행한다. 그러나 수단에서 현격한 차이가 존재한다면 방법은 그렇게 중요한 역할을 수행하지 못한다.

군사전략은 국방전략의 하위 개념이고, 국방전략 또한 국가안보전략의 하위 개념이다. 따라서 국가안보전략에서 목표가 정해지면, 이것이 국방 전략에서 조금 구체적인 모습으로 나타나게 되고 군사전략에서는 더욱 구체화된 모습으로 나타나게 된다. 백악관이 대통령의 임기와 비슷한 4년 주기로 『국가안보전략』(NSS: The National Security Strategy)[1]을 발표하면, 국방부는 이를 기초로 『국가국방전략』(NDS: *The National Defense Strategy*)[2], 『4년주기국방검토보고서』(QDR: *Quadrennial Defense Review Report*)[3]를 발표하고, 합참은 『국가군사전략』(NMS: *The National Military Strategy*)[4]을 발표한다. 미국은 이런 보고서 이외에도 필요에 따라 『테러와의 전투』(*National Strategy for Combating Terrorism*), 『대량살상무기와의 전투』(*National Strategy to Combat Weapons of Mass Destructon*), 『핵태세 검토』(*Nuclear Posture Review*), 『탄도탄 미사일 방위 검토』(*Ballastic Missile Defense Review*), 『우주태세 검토』(*Space Posture Review*) 등의 보고서도 발표한다. 이런 보고서들은 분야별 전략에 초점을 맞추고 있는데 이것들은 국방전략이나 군사전략을 더 세분화한 것

---

1 미국에 대한 위협요소와 주변 상황을 분석하고 대응전략을 제시한 문서로써 백악관에서 발표한다. 전지구적 차원에서 미국의 안보 전략이 핵심 내용이다. 것이다. 다른 나라와 어떤 관계를 맺을지에 대한 전략방침을 제시한다는 점에서 글로벌 안보개념이 포함된다. 1986년 로널드 레이건 대통령의 국방개혁 과정에서 시작되어 1987년 처음으로 NSS가 발표되었다. 1987~'91년까지는 매년 발표되다가 이후 격년으로 발표되었다. 최근에는 4년에 1회 정도 발표된다.

2 NSS 목표를 실현하기 위한 미 국방부의 장기 전략 목표 및 지침이다. 2년마다 발행되기도 했지만 현재는 거의 4년 단위로 발표된다.

3 중 · 장기 안보정책 및 군사전략을 제시한 문서이다. 1996년, QDR 관련 법안(일명 Liberman법)이 의회를 통과하면서 미 국방부는 정기적으로 QDR을 의회에 보고하도록 되었다. 국방부는 4년마다 QDR을 의회에 제출하되 보고서는 20년 후까지의 전망을 토대로 작성한다. 1997년에 최초로 QDR이 작성되었다.

4 합참이 NSS와 NDS를 바탕으로 마련하는 군사전략에 관한 문서이다. 군사전략의 3대 요소라고 할 수 있는 미국에 대한 위협을 바탕으로 전략 목표, 전략 수단 및 방법 등이 포함된다.

이다.

사실 미국의 군사전략은 NSS, QDR, NDS 등에도 나타나 있지만 구체적으로는 NMS을 통해 발표된다. 보고서의 제목이 말해주듯이 NMS가 다른 보고서와는 달리 미국의 군사전략만을 다루고 있기 때문이다. NMS는 전략환경 평가를 기초로 군사전략의 3가지 핵심 요소인 목표, 수단, 방법을 적시하는 순으로 기술되어 있다. 따라서 대통령의 임기와 거의 비슷한 주기로 발간되는 NMS를 분석해 보면 각 행정부 별로 미국의 군사전략 내용과 군사전략의 변천과정을 도출해 낼 수 있다.

미국이 공식적으로 발간하는 문서들을 통해 군사전략과 군사전략의 변천과정을 추적할 경우 다음과 같은 3가지 문제점이 있다. 우선, 탈냉전 이후에는 이것이 가능하지만 냉전 시대는 한계가 있다는 것이다. 전략과 관련된 각종 보고서들이 탈냉전이 되어서야 발간되기 시작했기 때문이다. 둘째, 수단, 즉 군사력 건설과 관련된 부분은 주로 향후 15-20년을 내다보고 작성하는 QDR에서 제시되고 또 NDS에도 적시되기 때문에 NMS에는 수단 제시가 제한되는 경우가 많다는 것이다. 셋째, NMS의 발간주기 문제와 NMS와 NDS의 차이가 뚜렷하지 못하다는 문제점도 있다. 가장 최근에 발간된 NMS는 2011년이었고 그 전에 발간된 것은 2004년이었다. 따라서 NMS만으로는 군사전략이 분석되지 못한다는 한계가 있다. 또한 국방전략과 군사전략은 국방부와 합참 차원의 전략이기 때문에 분명히 차이가 존재한다. 그럼에도 불구하고 이것이 구분되지 못하는 경우가 많이 있다. 내용은 거의 같은데 사용하는 용어가 조금씩 다르기 때문이다.

냉전 시대의 국가안보는 안보 분야의 주체와 객체가 확대된 탈냉전시대와 달랐다. 또한 냉전시대에는 국가안보, 국방안보, 그리고 군사안보 사이의 층위도 구체적으로 분화되지 않았다. 국가안보가 곧 국방안보이자 군사안보였기 때문이었다. 세 층위의 안보 목표가 곧 '대소 봉쇄'와 '공산주의의 확대 봉쇄'라는 단일 목표를 지니고 있어 더욱 그러했다. 따라서 냉전시대의 군사전략은 간단할 수밖에 없었다. 봉쇄라는 목표를 위해 수단과 방법만 보완하거나 수정하면 되었기 때문이다. 그러나 탈냉전이 되면서 국가-국방-군사 차원에서 전략의 분화가 나타나기 시작했다. 물론 국방-군사 차원의 전략은 여전히 뚜렷이 구별되지 못하는 요소가 있는 것은 사실이다.

이 글은 제2차 세계대전 이후 현재에 이르기까지 미국 군사전략의 내용과 변천과정을 살펴보는데 그 목적이 있다. 냉전시대의 군사전략은 봉쇄라는 목표를 고정시키고, 이를 달성하기 위한 군사전략의 수단과 방법의 변천과정을 중심으로 간단히 살펴볼 것이다. 그러나 탈냉전시대의 군사전략은 각 행정부별로 목표, 방법, 수단 등을 조금 더 세분화하여 분석해 보되, 특히 현 오바마 행정부의 군사전략에 초점을 맞출 것이다.

2. 냉전 시대의 군사전략

1) 대소 봉쇄 전략

제2차 세계대전이 종료되기도 전에 미국은 세계의 질서를 창출하는 국가가 되었다. 1944년 7월에는 브레튼우즈 체제(Bretton Woods System)를 출범시켰으며, 1945년 10월에는 유엔을 출범시켰다. 1944년 44개국이 미국의 뉴햄프셔주의 브레튼우즈에 모여 연합국 통화금융회의를 개최하여 고정환율제 채택을 골자로 하는 브레튼우즈 체제를 출범시킴으로써 미국의 달러화가 기축통화로서의 역할을 하기 시작했다(유성임). 또한 미국은 인류를 파멸로 몰고 갔던 양차 대전과 같은 전쟁이 다시 일어나지 않도록 하기 위해 51개국이 참여하는 유엔 창설을 주도했다. 이로써 미국을 포함한 승전국 5대 강국이 국제평화와 안전 유지를 책임지는 유엔 안전보장이사회의 상임이사국이 되었다.

경제적인 측면에서는 미국 중심의 질서가 형성되기 시작했고 안보적인 측면에서는 5대 강국이 중심이 되는 질서가 형성되기 시작했다. 그러나 종전이 되자 이런 국제질서, 특히 안보 분야에서의 질서가 이상한 방향으로 흘러가기 시작했다. 구소련의 팽창정책이 시작되었기 때문이다. 구소련의 스탈린이 동유럽(불가리아, 알바니아, 폴란드, 루마니아, 체코슬로바키아, 헝가리)과 구유고슬라비아의 공산화를 지원하기 시작했다. 또한 그리스에서는 정부군과 교전 중인 공산 반군을 지원하고, 터키에 대해서는 영토 할양과 보스포러스 해군 기지 건설 권리를 요구하고 있었다.

사실 소련의 팽창 야욕을 가장 먼저 꿰뚫어 본 사람은 당시 모스크바 미 대사관에 근무하던 케넌(George F. Kennan)이었다. 그는 장문의 전문(long telegram)을 통해 소련의 팽창에 대한 미국의 봉쇄 정책의 필요성을 역설하였다. 스탈린이 추진했던 팽창정책은 영토의 팽창만이 아니라 이데올로기의 확대도 동시에 의미하는 것이었다. 미국은 영국을 대신하여 영토 팽창과 공산주의의 확대를 견제할 필요성을 느끼게 되었다. 1947년 3월, 트루먼 대통령은 '트루먼 독트린(Truman Doctrine)'을 발표함으로써 미국의 대소 봉쇄정책은 외교 및 국방정책의 기조이자 목표가 되었다.

트루먼 독트린의 핵심은 공산주의에 반대하는 국가들에 대해 군사적 · 경제적 원조를 제공한다는 것이었다. 공산주의 팽창이라는 위협에 대해 이를 봉쇄한다는 목표가 정해지자 이를 구현하기 위한 구체적인 수단과 방법들이 동원되기 시작했다. 우선 전쟁으로 황폐화된 서유럽을 경제적으로 지원함으로써 민주주의 진영을 공고히 할 필요가 있었다. 당시 국무장관의 이름으로 통칭되는 마샬플랜(Marshall Plan)인 '유럽부흥계획(European Recovery Program)'이 가동되었다. 1947년 7월부터 4년간 그리스와 터키를 포함한 서유럽 국가 18개국에 대해 당시 가격으로 총 130억 달러가 지원되었다. 이를 통해 서유럽은 전쟁의 폐허에서 빠져나와 성장의 발판을 마련할 수 있었고 민주주의를 증진시킬 수 있었다. 또한 미국은 1949년, 대공산권추출통제위원회인 코콤(COCOM: Coordinating Committee)을 설립하여 전략물자의 대공산권 수출을 규제하기 시작했다. 이로써 세계적 차원의 무역은 진영을 넘나드는 무역이 아니라 진영 내의 무역으로 제한되기 시작했다.

미국의 대소 봉쇄는 경제적 차원만으로 국한된 것이 아니었다. 전방위적 압박이 시작되었고 특히 군사분야에서 두드러지게 나타났다. 미국이 사용한 수단과 방법은 전 지구적으로 동맹을 구축하여 소련 및 공산주의의 확산을 봉쇄하는 것이었다. 동맹은 크게 지역 동맹인 집단방위(collective defense)체제와 양자동맹 체결로 나타났다. 미국은 유럽에서 NATO(North Atlantic Treaty Organization)를, 미주(美)지역에서 OAS(Organization of American States)를, 중동에서 CENTO(Central Treaty Organization)를, 동남아에서 SEATO(South East Asia Organization)를, 그리고 오세아니아에서 ANZUS(The Australia, New Zealand, United States Security Treaty) 동맹을 각각 체결하였다.

지역적 규모의 집단방위 기구가 가장 먼저 창설된 곳은 미주지역이었다. 사실 미주지역에서의 협력을 위한 다양한 회의체들은 1890년부터 존재했으나 이것이 국가간 조약으로 제도화되고 국제기구로 통일된 것은 OAS가 처음이었다. OAS 헌장에는 회원국간 분쟁의 평화적 해결과 경제 · 사회 · 문화적 협력과 함께 집단적 안전보장[5]이 명시되어 있다. 비록 OAS가 NATO와 같은 통합된 지휘구조(unified command)와 군사조직을 가지고 있지 않았다고 하더라도 소련의 팽창을 저지하기 위한 기구로써 중요한 역할을 수행했다.

미국의 뒷마당에 해당되는 미주지역에 대한 소련의 팽창을 OAS의 창설로 어느 정도 봉쇄했다고 판단한 미국은 유럽 지역에 관심을 집중시켰다. 소련의 팽창정책이 직접적이고도 집중적으로 나타난 곳이 바로 유럽지역이기 때문이었다. 서유럽은 동구의 공산화가 소련의 지원하에 이루어지는 것을 목도

---

5 1947년 Rio 조약에 「미주의 일국에 대한 어떠한 국가의 무력 공격도 全미주국가에 대한 공격으로 인정하고 각 국은 UN헌장 51조가 인정하는 개별적 또는 집단적 고유의 자위권을 행사하여 이러한 공격에 대항할 것을 원조 한다」고 규정되어 있으며, 집단적 안전보장에 관하여 미주국의 영토보전 또는 영토불가침 또는 그 주권 및 정치적 독립에 대한 어느 국가의 공격은 다른 모든 미주국가에 대한 침략행위로 인정하고(6장 28조), 대륙의 연대 및 집단적 자위의 원칙을 추진하여 특별조약에 규정되어 있는 조치와 절차를 적용해야 한다(6장29조).

하면서 서유럽방위의 심각성을 인식하기 시작했다. 따라서 영국, 프랑스, 네덜란드, 벨기에, 룩셈부르크 등 5개국은 1948년, 소련의 어떠한 형태의 침략에도 대처할 수 있는 '브뤼셀 조약(Brussels Treaty)'을 체결하였다(백경남, 243).

이에 대해 소련은 즉각 베를린 봉쇄를 단행했으며 1949년 5월까지 항공로를 제외한 모든 육로와 수로를 차단하기도 했다. 베를린 위기로 유럽에서는 긴장과 불안이 증대되었고, 이러한 상황 속에서 경제적 부흥이 불가능하다는 것이 점차 명백해지자 미국과 서구 국가들은 유럽부흥의 전제 조건이 군사적 안전보장이라는 것을 인식하게 되었다. 이런 공통된 인식이 바탕이 되어 1949년 4월, 미국 중심과 미군을 최고 사령관으로 하는 NATO[6]를 창설하였다.

봉쇄 전략은 동남아에서도 집단방위의 형태로 나타났다. 1954년 인도차이나 반도에서 프랑스의 패색이 짙어지자 미국은 동남아에서의 공산주의 팽창을 봉쇄하기 위해 SEATO를 결성하였다. NATO판 SEATO의 회원국은 미국·호주·뉴질랜드·영국·프랑스·필리핀·태국·파키스탄 등 8개국이었다. 그러나 SEATO는 NATO와 달리 상비군도 없었고 통합 사령부도 없었다. 또한 한 국가에 대한 공격은 회원국 전체에 대한 공격으로 간주한다는 조약도 없었다.

오세아니아 지역에서는 ANZUS 동맹이 체결되었다. 소련의 팽창, 중국 공산당에 의한 중국의 통일, 북한의 남침, 그리고 미일 동맹체결을 눈여겨 본 호주와 뉴질랜드는 미국과 함께 1951년 9월 지역 동맹체를 창설하였다. ANZUS도 상비군 체제나 통합 사령부는 없다.

중동 지역에서도 일명 바그다드 조약으로 명명된 CENTO가 창설되었다. 미국의 경제 및 군사지원으로 1955년 이란, 이라크, 파키스탄, 터키, 영국 등이 동맹국이 되었으나 정작 미국은 1958년에 동맹국이 되었다. 소련의 남서

6 1949년 4월 조인하고 같은 해 8월 24일부터 효력이 발생한 NATO는 브뤼셀 조약 5개국(벨기에, 프랑스, 영국, 룩셈부르크, 네덜란드)과 미국, 캐나다, 덴마크, 아이슬란드, 이탈리아, 노르웨이, 포르투갈의 12개국으로 시작하였고, 1952년 2월 그리스와 터키, 1955년 5월 서독, 1982년 5월 스페인, 1999년 3월 체코, 폴란드, 헝가리가 가입하였다.

쪽을 봉쇄하기 위해 체결된 CENTO였지만 SEATO처럼 상비군도 통합 사령부도 없었다. 냉전시 미국의 지역동체 체결 현황을 요약해 보면 다음 〈표 1〉과 같다.

〈표 1〉 미국의 지역동맹 체결 현황

구분	체결시기	체결 지역	동맹국	동맹내용
OAS	1948.4	미주	미주 21개국	집단적 안전보장에 관하여 미주국의 영토보전 또는 영토불가침 또는 그 주권 및 정치적 독립에 대한 어느 국가의 공격은 다른 모든 미주국가에 대한 침략행위로 인정한다(6장 28조)
NATO	1949.4	서유럽	벨기에, 프랑스, 영국, 룩셈부르크, 네덜란드, 미국, 캐나다, 덴마크, 아이슬란드, 이탈리아, 노르웨이, 포르투갈, 그리스/터키(1952), 서독(1955),스페인(1982)	체약국은 유럽 또는 북미에 있어서의 체약국의 하나 또는 둘 이상에 대한 무력공격을 전체약국에 대한 공격으로 간주함에 동의한다(제5조)
SEATO	1949.9 (1977년 해체)	동남아	필리핀, 태국, 파키스탄, 미국, 호주, 뉴질랜드, 영국, 불란서	무력공격에 의한 침략이 발생할 경우, 이를 자국의 평화 및 안전을 위태롭게 하는 것으로 인정하고 헌법상의 수속에 따라 공통의 위험에 대처하기 위해 행동한다(조약 제4조)
ANZUS	1951.9	오세아니아	미, 호주, 뉴질랜드	각 체결국은 태평양지역에 있어서 어느 한 체결국에 가해지는 무력공격은 자국의 평화와 안전을 위태롭게 하는 것으로 인정하고 자국의 헌법상의 절차에 따라 공동의 위험에 대처할 것임을 선언한다(제4조)
CENTO	1955. (1979년 해체)	중동	이란, 이라크, 파키스탄, 터키, 영국, 미국	

미국은 지역 동맹 체결이 곤란한 국가에 대해서는 양자동맹을 체결했다. 미국은 1951년 미 · 일 안보조약과 미 · 필리핀 안보조약을 체결했으며 1953년에는 한 · 미 안보조약을 체결했다. 미국이 다자 동맹이든 양자 동맹이든 동맹을 체결하고 일정 기간 동안 유지할 수 있었던 원인은 소련 및 공산주의의 팽창이라는 위협에 대한 공통 인식이 있었기 때문이다.

미국은 집단방위체제와 쌍무 동맹만으로 대소봉쇄라는 세계적 차원의 군사적 목표를 달성할 수 있는 것은 아니었다. 미국은 제2차 세계대전이 종료되자 과대성장했던 미군을 감축시킬 수밖에 없었다. 재래식 전력을 감축해야 하는 상황에서 미국이 선택한 것은 핵무기였다. 따라서 미국은 미국의 핵독점을 이용하여 전쟁을 억제한다는 전략개념을 추진하였다. 요약하면, 트루먼 시기 미국의 군사전략은 구소련의 팽창 및 공산주의의 확대 봉쇄라는 목표를 설정하고 이를 달성하기 위해 집단방위 및 동맹을 체결하고 미군을 감축하는 대신 핵무기의 독점적 지위를 이용한 전쟁 억제 전략을 추진했다고 볼 수 있다.

3. 대량보복전략(Massive Retaliation Strategy)과 유연반응전략(Flexible Response strategy)

1949년, 구소련이 핵실험에 성공하자 미국의 짧은 핵 독점시대는 막을 내렸다. 그럼에도 불구하고 4년간의 격차는 적지 않다고 판단한 미국은 핵우위의 전략을 추진했다. 본격적인 핵전략이 등장하기 시작한 것이다. 아이젠하워 공화당 정부는 트루먼의 민주당 정부가 추진했던 봉쇄전략을 소극적인 것으로 비판하면서 적극적인 대공산권 강경노선을 추진하기 시작했다.

한국전의 영향도 있었다. 재래식 전쟁에 미국의 지상군 투입이 가져온 인적 · 물적 손실을 더 이상 묵과할 수 없다는 판단도 있었기 때문이다. 따라서 아이젠하워 정부는 소규모의 국지전이나 제한적인 공산주의 도발에도 대량의 핵 보복을 가한다는 전략, 즉 대량보복전략을 추진하기 시작했다. 압도적인 핵 우위를 바탕으로 대규모의 핵 보복을 가할 수 있다는 능력과 의사를 천명함으로써 모든 규모의 전쟁을 억제한다는 것이었다.

1950년대 후반에 들어서면서 구소련의 군사력이 급신장하면서 상황이 변하기 시작했다. 구소련은 1950년대 후반 미 본토를 직접 폭격할 수 있는 폭격기를 배치했을 뿐만 아니라 1957년에는 미국보다 먼저 대륙간탄도미사일 실험에 성공했다. 또한 구소련은 1957년 10월, 세계 최초의 인공위성 스푸트니크(Sputnik)호를 성공적으로 발사함으로써 핵무기에 장거리 미사일이 더해진 핵미사일 시대를 먼저 열었다. 이렇게 되자 대량보복능력은 더 이상 미국만의 독점물이 될 수 없게 되었다. 미국과 구소련 중 어느 쪽이 먼저 공격을 감행하면 상대방으로부터 핵 공격을 받을 각오를 해야 하는 상황이 되어 버렸다. 소위 말하는, '공포의 균형(balance of terror)'이 시작된 것이다.

대량보복전략이 설자리를 잃게 되었다. 또한 핵무기가 제3세계에서 일어나고 있는 재래식 전쟁이나 한 국가 내에서 벌어지는 내전에서도 사용하기 곤란하다는 반성도 있었다. 미국은 핵전쟁에도 대비해야 하지만 모든 형태의 국지전에도 대비할 필요가 있었다. 1961년 등장한 케네디 행정부는 핵전쟁으로부터 게릴라 전쟁에 이르기 까지 모든 재래식 전쟁에도 대비한다는 전략, 즉 유연반응전략을 수립했다.

유연반응전략의 핵심은 2가지이다. 핵전쟁 전략과 재래식 전쟁 전략이다. 핵전쟁 전략은 적의 핵공격(제1격: the first strike)을 받고도 살아남은 잔존 핵전략(제2격: the second strike)으로 반격하여 적에게 심대한 피해를 입힐 수 있을 정도의 능력을 보유하는 것이었다. 이를 위한 수단으로는 하늘에서의 전략 폭격기, 땅에서의 대륙간탄도미사일(ICBM: Intercontinental Ballastic Missile), 해저에서의 잠수함발사탄도미사일(SLBM: submarine-launched ballistic missile) 등이다. 소위 말하는 핵의 3축 체제가 가동되기 시작했다. 이로써 미국과 구소련은 서로가 서로를 확실히 파괴할 수 있는 능력을 갖추게 되었다. 이를 상호확증파괴전략(MAD: Mutual Assured Destruction Strategy)이라고 한다.

재래식 전쟁 전략은 핵무기 보유 하에서도 핵무기를 사용할 수 없을 경우를 상정하여 수립한 전략이다. 미국은 유럽에서 재래식 전쟁이 발발할 경우를 대비하여 재래식 전력을 증강하였고, 게릴라전에 대비한 전력도 증강하였다. 유연반응전략은 핵전력에 의존하여 대량보복으로 전쟁을 억제한다는 대량보복전략과는 달리 핵 및 재래식 전쟁 등 모든 유형의 전쟁에 대비한다는 전략이다. 1964년 미국이 베트남전에 개입한 것도 이 전략의 연장선상에 있었다.

4. 닉슨 독트린(Nixon Doctrine)과 현실적 억제(Realistic Deterrence)전략

1968년 미국은 국내외적으로 어려움에 직면하게 되었다. 국내적으로는 킹(Martin Luther King) 목사의 암살사건으로 흑인인권 운동이 벌어졌고 베트남전에 대한 반전운동도 벌어졌다. 유연반응전략은 정글로 뒤덮여있는 베트남에는 통하지 않았다. 베트남전에 쏟아 부은 전비가 오히려 미국 경제의 발목을 잡는 형국이 되었다.

대통령에 당선된 닉슨은 이런 안보상황을 고려하여 대외 전략을 근본적으로 수정할 수밖에 없었다. 닉슨의 전략 변화는 크게 3가지로 나타났다. 첫째, 아시아에서 안보전략을 근본적으로 바꾸는 것으로 나타났다. 아시아 방위에서 미국의 역할을 상대적으로 축소시키는 닉슨 독트린이 발표되었기 때문이다. 1969년 7월, 괌에서 발표한 닉슨 독트린의 핵심은 '아시아는 아시아인의 손으로'[7]였다. 아시아 각국이 스스로 안보 책임을 지고 미국은 핵우산만 제공하겠다는 것이다. 미국은 아시아 각국에 주둔하고 있던 미군의 규모를 축

---

7 닉슨 독트린의 핵심 내용은 ① 베트남과 같은 전쟁에 군사적 미개입, ② 아시아 국가들과의 조약 준수하지만 핵위협 제외한 분야는 스스로 자국 방위, ③직접적인 개입은 회피하나 아시아 각국의 자립 지원, ④아시아 각국에 경제적 지원하나 미국의 과도한 부담 회피, ⑤아시아 상호안전보장기구 설립 희망

소시키는 대신 해당국의 군사력을 증강시키는 방향으로 안보 전략을 추진했다. 베트남은 공산화되었고 그 영향으로 캄보디아와 라오스도 공산화되었다. 아시아의 공산화 도미노에 위협을 느낀 국가들은 각자도생(各自圖生)의 길을 모색할 수밖에 없었다. 동남아시아 국가들은 소규모의 동남아국가연합(ASEAN: Association of South-East Asian Nations)을 닉슨 독트린 발표 이전에 창설하였고, 이것이 불가능했던 국가들은 닉슨독트린을 계기로 자주국방을 추진하기 시작했다.

둘째, 중국을 자신의 편으로 만들어 구소련을 봉쇄하겠다는 전략을 추진했다. 미국은 베트남전을 종결시키고 아시아에서 손을 떼면서도 구소련을 봉쇄하기 위해 중국과의 관계 개선이 필요했다. 미국은 그 당시 중국과 구소련이 불편한 관계가 있었던 상황을 전략적으로 이용했다. 사실 1950년대 중반부터 중국과 구소련은 사회주의 노선을 둘러싸고 노선투쟁[8]을 벌였으며, 구소련이 중국의 핵무기 개발 지원 중단 및 중-인도 분쟁 시 구소련이 인도를 지지함으로써 두 나라 사이 갈등의 골은 더 깊어졌다. 급기야 1969년에는 우수리 강을 중심으로 중소 국경분쟁까지 벌어졌다. 미국은 중소 간의 갈등을 이용했다. 1971년 4월, 미국 탁구팀의 중국 방문으로 시작된 핑퐁외교, 10월 중화인민공화국의 유엔 회원국 가입 및 상임이사국 지위 획득, 헨리 키신저 국무장관의 비밀 방중, 1972년 닉슨 대통령의 방중으로 인해 양국 간의 관계가 정상화되었다. 이로써 구소련과 중국을 동시에 봉쇄해야 했던 미국의 부담이 반으로 줄어들게 되었다. 물론 세계 질서도 냉전에서 화해의 시대인 데땅뜨(détente)의 시대로 진입하게 되었다.

셋째, 핵전략의 변화였다. 미국과 구소련에 이어 영국과 프랑스, 그리고 중국이 핵실험에 성공하자 핵무기의 확산이 심각한 문제로 대두되었다. 미국은

8 1953년 스탈린 사망 후 흐루시초프가 공산당 서기장이 되자 그는 스탈린의 전체주의 체제를 비판하면서 경제발전을 도모하기 위한 개방 정책 추진과 함께 평화공존을 내세우기 시작했다. 1957년 11월, 12개국이 참가한 모스크바 세계 공산당 회의를 기점으로 중국과 소련 공산당 사이의 대립이 본격화되었다. 중국은 소련을 사회주의의 순수성을 포기한 수정주의 노선이라고 비판하였고 소련은 중국이 국제정세를 정확하게 판단하지 않고 사회주의의 원칙에만 충실하고자 하는 교조주의라고 비판함으로써 두 공산주의 강대국 사이에 갈등이 본격화되기 시작하였다.

핵확산을 차단하기 위한 국제조약을 만들 필요가 있었다. 미국은 1967년, 구소련간의 합의를 통해 조약의 초안을 만들었고 이를 토대로 비핵보유국과의 협의를 통해 1970년 핵확산금지조약(Nuclear nonproliferation treaty: NPT)을 발효시켰다. 이로써 수평적 핵확산은 어느 정도 차단 할 수 있었다.

또 하나의 심각한 위협은 1968년 경 구소련의 핵 능력이 미국과 비슷해 졌다는 점이었다. 비록 질적인 면에서는 차이가 있다고 하더라도 전략폭격기, ICBM, SLBM 등이 숫자 면에서 비슷해졌다. 또한 양국은 날아오는 상대방의 탄도 미사일을 요격할 수 있는 탄도요격미사일(ABM: anti-ballistic missile)도 보유하고 있었다. 이런 연유로 미국과 구소련은 상호 핵전쟁 억제를 위한 협정을 마련할 필요가 있었다.

1972년 닉슨의 소련 방문시 조인된 전략무기제한협정(SALT: Strategic Arms Limitation Talks)은 2가지 차원에서 결실을 맺었다. 첫째, 상호확증파괴를 보증할 수 있는 ABM 규제에 관한 협정이었다. ABM 조약은 각국이 2개의 기지(수도권 및 ICBM 기지)에 각각 100기씩 200기의 ABM을 가질 수 있도록 한 것이다. 이 협정은 1974년 2개 기지를 1개 기지로 축소하고 수량도 100기를 상한선으로 수정되었다. 미국은 ICBM기지가 있는 노스타코타 주의 그랜드 폭스를, 구소련은 모스크바를 기지로 각각 선택하였다. ABM의 숫자와 ABM을 배치할 수 있는 기지를 축소함으로써 양국은 서로 확실하게 상대방의 핵무기에 노출됨으로써 상호확증파괴가 가능하게 되어 상호 핵억제가 가능하게 되었다.

둘째, ICBM과 SLBM의 수량을 제한하는 것이었다. 미국은 ICBM 1,054기와 SLBM 710기를 상한선으로, 소련은 ICBM 1,618기와 SLBM 950기를 상한선으로 보유한다는 것이 핵심이었다. SALT-1이 조인되자 마자 SALT-II 협상이 개시되었다. 이 협상에서 양측은 보유할 수 있는 ICBM, SLBM, 공대지탄도미사일(ASBM: Air-to-Surface Ballistic Missile) 및 중폭격기의 총수를 2,250기로 제한하고, 이 가운데 다탄두 각개목표설정 재돌입 비행체(MIRV: Multiple independently targetable re-entry vehicle)를 운반할 수 있는 수단은 1,320기를 초과할 수 없다는 것에 합의하였다. SALT-II는 1979년 6월 빈에서 조인되었으나 구소련의 아프간 침공으로 시작된 신냉전이 전개됨으로써 발효되지 못했고 오히려 양국의 핵무기는 증가되기 시작했다.

1970년대의 미국의 군사전략을 통상 현실적 억제 전략으로 명명하고 있는데 이는 위에서 서술한 바와 같이 미국이 미국의 능력이상으로 과중한 방위부담을 지지 않고 동맹국들과의 분담을 통해 전쟁억제를 달성하고자 한 전략이라고 할 수 있다. 미국은 닉슨 독트린을 통해 과도한 방위 분담을 어느 정도 해소할 수 있었고, 중국과의 관계개선을 통해 대소 봉쇄전략을 유지할 수 있었으며, NPT 발효와 SALT 협상으로 핵무기의 수평적 확산 억제와 ABM 조약을 통해 상호확증파괴를 보장함으로써 서로가 서로에 대한 핵전쟁 억제를 달성할 수 있었다.

5. 적극적 억제전략(Active Deterrence)

1981년 레이건 대통령이 취임했을 당시 미국은 경제적 어려움에 직면해 있었고 미국의 상대적 위상도 추락해 있었다. 카터 재임 4년 동안 일본 경제가 미국을 위협하고 있었고 제2차 오일 쇼크로 발생한 높은 인플레이션으로 인해 경제가 활력을 잃고 있었다. 이란 혁명의 성공으로 친미 정권의 몰락과 함께 주이란 미 대사관 인원들이 인질이 되었으며, 이들을 구출하기 위한 미국의 구출작전도 실패함으로써 미국의 국가적 위상도 추락해 있었다. 더군다나 구소련이 1979년, 미국이 물러난 베트남과 우호조약 체결 및 구소련 해군 함정의 캄란만 기지를 사용할 수 있게 되었고 아프가니스탄의 공산 정부를 지원하기 위해 아프가니스탄까지 침공한 상태였다. 레이건은 이 모든 위협을 극복할 수 있는 전략을 근본적으로 재수립할 필요가 있었다.

레이건 행정부는 조세감면과 사회복지지출 억제를 골자로 하는 '레이거노

믹스'를 추진함과 동시에 강력한 대외전략을 추진하기 시작했다. 또한 레이건 행정부는 안보 측면에서 이런 결과가 나타난 이유는 카터의 인권정책과 10년 가까이 지속된 데땅뜨의 폐해라는 점을 지적하면서 구소련을 강도 높게 비판하기 시작했다. 구소련을 '악의 제국'으로 지칭한 레이건 대통령이 구소련과 무한 군비경쟁에 돌입함으로써 신냉전이 시작되었다. 적극적 억제전략으로 요약되는 레이건 행정부의 전략은 크게 3가지 형태로 구체화되었다.

첫째, 핵전쟁의 패러다임을 근본적으로 변화시킬 수 있는 전략방위구상(SDI: Strategic Defense Initiative)의 추진이었다. 흔히 '별들의 전쟁(Star Wars)'으로 통칭되는 SDI는 ICBM을 비롯한 소련의 핵미사일을 우주 공간에서 레이저로 요격하는 시스템을 의미한다. 미사일방어(Missile Defense)계획의 원조격에 해당되는 SDI는 상호확증파괴를 근본적으로 부정함과 동시에 ICBM의 종말 단계에서 이를 격추하는 ABM과도 전혀 다른 차원의 전략이었다. 당시 과학 수준으로 SDI의 현실성이 있는지의 여부는 별개의 문제였다.

둘째, 핵전력을 양적 · 질적으로 강화함으로써 핵공격 능력을 향상시켰다. SDI가 방어적 성격이 강한 것이라면 핵전력의 강화는 공격적 성격이 강한 것이었다. 레이건 행정부는 1979년에 조인한 SALT-II 협정을 중단시키고 핵전력을 강화하기 시작했다. 미국은 B-29보다 성능이 월등한 B-1전략 폭격기를 개발하여 실전에 배치했고, MIRV의 성능도 향상시켰으며 잠수함에서 발사되는 트라이던트(Trident) 핵미사일의 보유량도 대폭 늘렸다. 양적 확대뿐만 아니라 정밀도 향상 등 질적 강화도 이루어졌다. 또한 미국은 핵탄두 장착 중거리 미사일인 Pershing II를 유럽에 배치하기도 했다.

셋째, 동시다발적으로 발생하는 다양한 위협에 적극적으로 대처하는 전략을 추진했다. 공산 정부의 확대를 저지하기 위해 군사적 개입을 단행했으며, 분쟁을 차단하기 위해 미군을 파병했고, 테러와 연루된 국가에 대해 폭격을 단행하기도 했다. 1981년 9월, 레이건 행정부는 니카라과 좌익 정부와 전투를 벌이고 있었던 콘트라반군을 지원했으며, 1983년 10월에는 카리브 해의 작은 섬나라인 그라나다에서 구소련의 지원을 받은 군부가 쿠데타를 일으켜 정권을 잡자 그라나다를 침공해서 공산정권을 붕괴시키기도 했다. 또한 레이건 행정부는 아프가니스탄에서 대소 투쟁을 벌이고 있었던 반군을 지원해 주기도 했다. 1982년 6월, 이스라엘이 레바논을 침공하여 서부 베이루트까지 진격하자 미국은 중동평화를 중재하여 미국 중심의 다국적평화유지군을 남부 베이루트에 진주시켰다. 또한 레이건 행정부는 1986년 4월, 서베를린의 한 디스코텍 폭발로 미군 1명과 미국인 23명을 포함한 200여 명이 부상당하자, 이 사건이 리비아 정부가 연루되었다고 주장하면서 리비아를 폭격하였고, 유엔을 통해 리비아에 대한 경제제재를 단행하기도 했다.

레이건 행정부는 구소련에 대해 전방위적 압박을 가하면서 구소련의 아프간 침공으로 대표되는 공산주의의 팽창을 저지하려고 했다. 닉슨 독트린으로 등장하기 시작한 10년 가까운 데땅뜨가 막을 내리고 신 냉전의 시대가 열렸던 것이다. 적극적 억제전략은 핵 방어를 위해 SDI를 추진하고, 핵 공격을 위해 핵 능력을 향상시키면서, 동시다발적 안보 위협에 대해서는 적극적 개입으로 이에 대처했다. 적극적 억제전략은 많은 국방비를 필요로 했고 그 결과 미국의 국방비는 GDP의 6% 이상을 차지하기도 했다.

6. 지역방위 전략과 SRP 전략

1) 탈냉전과 지역방위 전략

1985년 구소련 서기장으로 등장한 고르바초프가 개혁 · 개방을 의미하는 글라스노스트(glasnost)와 페레스트로이카(perestroika)를 추진하기 시작했다. 미국은 SDI를 통해 구소련을 압박했지만 구소련은 오히려 핵군축을 통해 서로의 안보를 담보할 것을 강조했다. 이런 상이한 인식에도 불구하고 1987년 12월,

양국 정상은 중거리미사일폐기(INF) 협정에 서명함으로써 SS-20와 Pershing II 등이 폐기되기 시작했다. 또한 고르바초프는 핵군축 및 재래식 군축을 일방적으로 선포하기도 했다. 이로써 냉전을 종식시킬 수 있는 환경이 어느 정도 조성되었다. 1989년 12월, 레이건의 뒤를 이은 조지 W. H 부시 대통령과 고르바초프 서기장은 몰타에서 냉전체제를 종식하고 평화를 지향하는 새로운 세계질서를 수립한다는 역사적 선언을 함으로써 탈냉전의 시대가 도래하게 되었다.

탈냉전은 안보환경을 완전히 바꿔 놓았다. 구소련의 해체, 독일의 통일, 동구의 민주화 등으로 인해 이데올로기가 종식되기 시작했다. 그러나 다른 한편으로는 냉전 시 잠재되어 있었던 종교 · 민족 등 다양한 원인이 혼재된 분쟁이 발생하기 시작했고 적대감이 표출되기 시작했으며 무기도 확산되기 시작했다. 아버지 부시 대통령의 표현처럼 '새로운 세계 질서(new world order)'가 태동되기 시작한 것이다.[9] 미국은 쿠웨이트를 침공한 이라크를 응징하기 위해 6.25전쟁 이후 처음으로 유엔의 집단안보를 발동시켜 걸프전을 승리로 이끌었다. 이로써 미국은 구소련이라는 거대한 적이 사라진 현실에서 서서히 패권국가의 위상을 확보하기 시작했다.

미국은 자국에 대한 위협보다는 새로운 세계 질서를 선도하는 국가의 입장에서 지역 분쟁을 관리할 필요성이 있었다. 또한 미국은 탈냉전의 현실에 맞게 재래식 군사력을 축소할 필요성도 있었다. 미국은 1992년 1월, 냉전 시기 동안 비밀로 생산되어 왔던 국가군사전략문서(NMSD: *The National Military Strategy Document*) 대신 처음으로 NMS를 공개적으로 발표하였다. 군사전략도 냉전시대와 완전히 달랐다. 공산주의의 확산 봉쇄와 구소련의 침략 억제 대신 지역중심의 분쟁 관리와 탈냉전 초기의 안보 도전에 반응할 수 있는 다양하고도 유연한 전략을 채택했기 때문이다. 지역전쟁을 억제하고 방위하는 것이 핵심

9 1990년 9월 11일, 조지 W. H 부시 대통령이 상하 합동의회에서 한 연설의 일부분.

이었다.

지역방위전략은 1989년 7월 넌-워너(Sam Nunn-John W. Warner)법안이 통과되면서 사실상 시작되었다고 봐야 한다. 이 법안은 국방부에 미군의 주둔위치, 전력구조, 임무의 조정방향, 동맹국의 방위비 분담, 필리핀 및 오키나와 기지 재편성 등에 관해 보고서를 제출하도록 요구하였기 때문이다. 미 국방부는 1990년 4월, '동아시아 전략구상(East Asia Strategic Initiative: EASI)'이라는 지역방위전략을 발표했다(Department of Defense 1990, 12-25).

미국은 '동아시아 전략구상' 발표 이후 이라크의 쿠웨이트 침공, 구소련의 해체, 필리핀 미군 기지 철수 결정 등 안보전략을 재검토할 필요가 있었는데 이 때 등장한 개념이 미국의 지역방위전략[10]이라고 할 수 있다. 1992년 NMS 발표시 부각되었던 지역방위전략의 핵심은 유럽과 아시아 지역에 각각 10만 명 규모의 미군을 주둔시키고 동맹을 조정한다(The White House 1994, DoD 1995, DoD 1998)는 것이었다.

미국의 아시아 · 태평양 지역에 관한 지역방위전략 보고서는 1990년, 1992년, 1995년, 그리고 1998년에 각각 발표되었다.[11] 1990년 보고서(EASI I)에서는 주로 해외 미군의 감축 등 동맹 재조정, 1992년의 보고서(EASI II)에서는 아태 지역의 중요성 적시 및 필리핀 미군 기지 철수, 1995년의 보고서(EASR I)에서는 개입과 확대전략 및 동맹 유지, 1998년의 보고서(EASR II)에서는 미일동맹의 강화, 통일 이후 주한미군의 주둔 희망 등이 담겨져 있었다. 주한 미군 감축은 1993년 3월, 북한이 국제원자력기구의 특별핵사찰을 거부하고 핵확산금지조약(NPT)을 탈퇴함으로써 한반도에서 핵위기가 고조되자 일단 중지되었다.

지역방위 전략은 미국이 세계 평화 및 안전을 증진시키기 위해 리더십을

10 1991년 8월에 발표된 NSS와 1992년 1월 발표된 NMS에 명시되어 있다.

11 Department of Defense, *A Strategic Framework for the Asia Pacific Rim: Looking toward 21st Century* 를 편의상 EASI(East Asia Strategic Initiative)-1이라고 부르고 *A Strategic Framework for the Asia Pacific Rim: Report to Congress 1992*를 편의상 EASE-2라고 부른다. *United States Security for the East Asia Pacific Region*은 통상 EASR(East Asia Strategy Report)이라고 부른다.

제공한다는 기초 위에 마련되었다. 이 전략의 목표는 전략적 억제 및 방위, 전방 현시, 위기 대응, 그리고 전력 재구성 등 4가지였다. 신뢰할 만한 핵억제력으로 전략적 억제 및 방위를 달성하고, 비록 축소된 규모이긴 하지만 전 세계적으로 주둔 및 전개할 수 있는 전방 현시 능력을 보유하며, 적어도 1개 이상의 지역분쟁에 신속히 대응할 수 있는 능력을 갖추고, 병력 · 장비 · 산업의 동원 능력을 재구성하겠다는 것이었다.

전략적 억제 및 방위, 전방 현시, 위기 대응을 위한 수단은 군사력의 재구성, 즉 '기반전력(Base Force)'의 확보와 직접적으로 연동되었다. 기반전력은 '악의 제국'이 사라진 탈냉전의 안보환경에 맞게 전 분야에 걸쳐 현저하게 축소되었다(Meinhart, 85). 축소되는 군사력은 460기의 미사일과 16대의 핵 잠수함, 4개의 현역사단 및 2개의 연방예비군 사단, 80척의 함정과 3개의 항공모함 전단, 그리고 7개의 전투비행단 및 1개의 예비 전투비행단 등이었다.

2) 안정성 증진 및 침략 좌절 전략/SRP 전략

클린턴 행정부가 등장했을 당시 세계적 차원의 전쟁 가능성은 희박해졌으나 세계적 차원의 새로운 위협들이 등장하기 시작했다. 즉, 지역적 불안정성의 증대, 대량살상무기(WMD: Weapons of Mass Destruction)의 확산, 한 국가의 힘만으로 해결할 수 없는 초국가적 위협의 등장, 그리고 민주화로의 정치변동 과정에서의 위험 등이었다. 발칸반도, 소말리아, 르완다 등에서 지역 분쟁이 발생하여 오랫동안 지속되고 있었고, 구소련의 해체로 인한 WMD가 테러분자나 적대적인 집단으로 확산될 가능성이 있었으며, 난민 · 질병 · 초국적 범죄 등 초국가적 위협이 등장했고, 민주화 과정에서의 정치 불안정이 현안으로 떠올랐다.

1994년, 클린턴 행정부는 다양한 분야에서 개입을 통하여 미국의 국익을 증진시키고 민주주의의 가치를 전 세계적으로 확대시킨다는 '개입 및 확대'

를 국가안보전략으로 채택하였다(The White House 1994). 이에 따라 미국의 군사 전략 목표는 2가지로 설정되었다. 즉, 지역적 차원에서 침략 행위가 발생했을 시 이를 좌절시키고 지역의 안정성을 증진시킨다는 것이었다. 이는 불안정성이 발생했을 때 이에 대응하는 것이 아니라 안정성을 증진시키기 위해 사전에 군사력을 먼저 사용하겠다는 것이었다.

1995년에 발표된 NMS에는 평시 개입, 억제 및 분쟁 예방, 전투 및 승리라는 3가지 군사목표가 설정되었다. 평시개입(peacetime engagement)이란 민주주의를 증진시키고 전반적인 지역 안정성을 향상시키기 위해 평시 개입을 통해 광범위한 비전투활동을 수행하는 것을 말한다. 억제 및 분쟁 예방(deterrence and conflict prevention)이란 안정성, 안전, 그리고 국제법을 제고하기 위해 핵억제라는 높은 단계부터 평화강제라는 낮은 목표까지를 아우르는 활동을 의미한다. 전투 및 승리(Fight and win)란 2개의 지역 분쟁에서 전투 및 승리할 수 있는 능력을 말한다. 소위 말하는 중동과 한반도의 주요지역분쟁(Major Regional Contingency) 발생시 동시에 승리하겠다는 win-win 전략을 의미한다.

군사 전략 목표를 달성하기 위한 수단은 군사력이다. 문제는 경제(It's the economy, stupid!)라는 점을 부각시키면서 대통령에 당선된 클린턴이 국방비 삭감에 관심을 갖지 않을 수 없었다. 클린턴 행정부는 부시 대통령 말기에 수립된 기반전력보다 더 축소된 군사력 구조를 요구하였다. 미 국방부는 군사 목표를 달성하기 위해 어떤 전력이 필요한지를 상향식으로 검토하기 시작했다. 1993년 9월, 아스핀 국방부 장관이 발표한 '상향식 군사력 검토(BUR: Bottom Up Review)는 위협평가, 전략 목표, 전력 구조, 군 현대화, 국방 인프라 등이 포함되었지만 핵심은 전략목표를 달성하기 위해 전력을 어떻게 감축할 것인가에 있었다(Aspin 1993).[12] BUR은 10개의 현역 사단, 11개의 항모전단, 45~55개의 공

12 BUR은 최초 슬라이드 발표로부터 여러 차례 다른 이름으로 발표되었다. BUR의 최종 문서는 Les Aspin, *Report on the Bottom-Up Review*

격 잠수함과 345척의 전함, 5개의 현역 해병 여단, 그리고 13개의 현역 전투비행단과 7개의 예비 전투비행단 유지를 목표로 하고 있었다. 이로써 BUR에 의한 전력 규모는 기반전력에서 제시되었던 것보다 더 줄어들게 되었다.[13]

BUR은 결국 2MRC에서의 Win-Win에 맞춘 전력 구조 조정이었다. 논의된 다양한 대안에 대한 전력 구조는 다음 〈표 2〉와 같다.

〈표 2〉 대안별 전력 구조

	1개전구 승리 (Win 1MRC)	win-hold- win	win-win	win-win+소규모 작전
육군 현역사단 예비사단	8개 6개	10개 6개	10개 15개 여단	12개 8개
해군 항모전단	8	10	11+예비 1/훈련 항모	12
해병대 현역여단 예비단	5 1	5 1	5 1	5 1
공군 현역전투비행단 예비전투비행단	10 6	13 7	13 7	14 10

* BUR 내용 요약 정리

클린턴의 2번째 임기가 시작된 2007년, 5월에는 NSS와 QDR이 발표되었으며, 4개월 후에는 NMS가 발표되었다. 미 국방부가 최초로 작성하여 의회에 보고한 QDR에 사실상의 미 군사전략도 포함되어 있었다. 클린턴 2기 행정부가 들어서면서 민주주의의 확산도 어느 정도 정착되었고 지역 분쟁도 줄어들기 시작했다. 따라서 QDR에서는 다음과 같이 위협을 4가지로 분류하였다. 즉, 지역 위협, 비대칭적 도전, 초국적 위협, 그리고 '상상을 초월하는 위험(wild cards)' 등으로 구분했다. 지역 위험에서는 이란, 이라크, 북한을 대표적

13 BUR은 Base Force에 비해 육군은 2개 사단, 공군은 6개 전투비행단, 함정은 105척이 각각 더 줄어들었다.

인 위협 국가로 설정했고, 비대칭적 도전에서는 WMD를 보유할 수 있는 국가나 테러 분자를 포함한 비국가 행위자에 의해 발생하는 위협을 설정했다. 초국가적 위협은 극단주의자, 종교 및 민족적 갈등, 범죄, 난민 유입 등으로 분류했다. 와일드 카드에 의한 위협이란 어떤 기술적 사건이나 전혀 예상하지 못했던 사건으로부터 발생하거나 또는 위의 3가지 위협의 결합으로부터 발생하는 위협을 말한다.

이런 도전에 대응하기 위한 군사전략의 목표는 조성(shape), 대응(respond), 대비(prepare)로 설정되었다. 필자는 이를 SRP 전략이라고 칭한다. 목표별로 전략 수단과 방법을 정리해 보면 다음과 같다. 조성이란 미국 국익을 보호하고 증진하는 방향으로 국제안보환경을 조성하는 것을 말한다. 이를 위해 미국은 군대를 상설적으로 해외에 배치하고, 연합 훈련 및 연습을 실시하며, 국제군사협력과 원조 프로그램을 가동시키며, 동맹과 우방국에 대해 국제군사교육과 훈련, 잉여 품목의 양도, 방어 훈련 지원 등을 실시한다는 것이다. 또한 미국은 유리한 국제안보환경을 조성하기 위해 공산권 동맹체제였던 WTO가 해체되었음에도 불구하고 오히려 NATO를 확대시켜 나갔다. 탈냉전 직전 16개국에 불과했던 NATO가 구동구권 국가들이 대거 가입함으로써 현재 28개국으로 확대되었다.

대응이란 국제안보 환경의 조성 노력에도 불구하고 위기 발생시 이에 적극적으로 대처한다는 것이다. 이를 위해 미국은 적의 침략이나 우군을 강압하지 못하도록 이를 저지하며, 만일 위기 발생시 동시다발적인 소규모 우발작전과 2개의 주요전구 작전에서 승리할 수 있는 능력을 갖추어 이에 대응하겠다는 것이다.

대비란 불확실한 미래를 현재부터 준비해서 대비해 나가야한다는 것이다. 미국은 향후 15년 동안 발생할 위협을 식별하여 이에 대응할 수 있도록 전투력을 변화시켜야 하며 끊임없는 군사혁신 등을 통해 군사적으로 미국의 우위를 지켜나간다는 것이다. 이를 위해 미국은 군의 현대화 노력과 함께 군사혁신(RMA: Revolution in Military Affairs)을 지속적으로 추진하면서, 국방경영의 효율성을 제고시키고 상상을 초월하는 위협에 군이 보다 적절하게 대응하도록 한다는 것이다. RMA를 통해 미래전에 대비하겠다는 미국의 노력은 부시 정부 하의 럼스펠드 국방부 장관에 의해 더욱 확대되었다.

7. 능력기반 전략과 DDSP 전략

1) 9.11테러와 ADDD 전략

9.11테러는 미국의 모든 것을 바꿔 놓았다. 남북 전쟁 이후 미국의 본토가 공격받은 것이 처음이기 때문이었다. 부시 대통령은 클린턴 대통령의 모든 정책을 바꿀 필요가 있었다. 강한 미국의 이미지를 대내외에 과시하고 두 번 다시 본토에서 테러 등이 발생하지 않게 할 필요가 있었다. 모든 것이 테러에 집중될 수밖에 없었다. 테러가 일어나지 않도록 하기 위한 환경을 조성할 필요가 있었고, 테러분자들의 손에 WMD가 흘러들어가지 않도록 통제할 필요가 있었으며, 테러가 발생하기 전에 이에 대한 사전 행동을 할 필요가 있었다.

2002년에 발표된 NSS에는 미국의 테러에 대한 우려와 행동 전략 등이 고스란히 담겼다. 부시 행정부는 미국의 군사적 우월성에 대한 도전을 불용하고 위협을 사전에 제거할 능력을 구비하며 필요시 선제적으로 행동할 것과 자위권 행사를 위해 일방적으로 행동할 것임을 천명했다.[14] 부시 행정부는 NSS를 통해 테러리즘과 WMD에 적극 대응할 것과 지역안보를 강화해 나갈 것을 천명했다. 테러리즘에 대해 미국은 기존의 봉쇄 및 억제 전략에서 선제공격

14 미국은 "적국이 미국과 우방국에 대해 자신의 의지를 강요하려는 시도를 물리칠 수 있을 정도의 능력을 보유해야" 하며, 미국은 "위협이 현실화되기 전에 이를 억제 및 방어해야 하고," 미국의 군사력은 "잠재적 적국이 미국의 힘을 능가하거나 이와 대등해지기를 바라는 마음에서 군사력 증가를 추구하는 것을 단념시킬 수 있을 만큼 강해야 됨" 을 강조하고 있다.

(preemption) 및 예방공격(prevention)으로 바꾸었다. 또한 미국은 WMD + 테러리즘을 최대 위협으로 평가하고 이런 결합가능성이 있는 이란 · 이라크 · 북한을 '악의 축(axis of evil)'으로 규정하면서 반확산(counter-proliferation) 정책을 적극적으로 추진할 것임을 밝혔다. 또한 미국 본토를 향해 발사될 가능성이 있는 미사일을 격추시키기 위한 미사일 방위(Missile Defense) 전략도 본격적으로 추진할 필요가 있었다. 따라서 부시 행정부는 2001년 12월, 1972년 구소련과 체결되었던 ABM 조약의 파기를 선언함으로써 MD 구축에 박차를 가하기 시작했다.

부시 행정부는 BUR 대신 Top-Down 형태로 군사전략을 수립했다. BUR이 위협에 기초하여(threat based) 전략을 수립했다면, Top-Down은 능력에 기초하여(capability based) 전략을 수립하는 것이다. 위협에 기초하여 전략을 수립한다는 의미는 자국을 위협하는 위협의 실체를 규명하고 위협별로 이를 극복할 수 있는 전략을 수립하는 것이다. 그러나 능력에 기초한 전략 수립은 어떤 위협이 등장하더라도 능히 이를 극복할 수 있는 자국의 능력 확보에 초점을 맞추어 전략을 수립하는 것이다. 전자는 위협의 실체는 명확하지만 이에 대처한다는 차원에서 수동적인 측면이 있고, 후자는 능동적인 측면이 있지만 모든 위협에 효율적으로 대처해야 하기 때문에 상당한 시간과 비용이 소요된다. Top-Down 전략은 "누가" "어디서" 위협을 발생시킬 것인가에 초점을 맞추는 것이 아니라 "어떻게" 위협이 발생할지와 그런 위협을 억제하고 격퇴하기 위해 어떤 능력을 갖추어야 할지에 대해 초점을 맞추는 것이다(박휘락).

2001년 QDR은 아시아에서 엄청난 자원을 가진 군사 강국의 출현 가능성과 벵골만에서 한반도에 이르기까지의 불안정한 반월호(arc of instability) 문제와 미 본토 방어의 취약성에 대해서는 언급했으나 구체적인 위협의 실체들은 명시하지 않았다. NSS에 나타났던 구체적인 위협과 국가들이 오히려 QDR에는 명시되지 않았다는 뜻이다. 능력에 기반한 TOP-Down 형태의 전략을 수립하다 보니 이런 구체적 위협들이 빠진 이유이기도 하지만 '테러와의 전쟁'을 위해 세계적 수준의 협조가 필요한 안보 상황이 고려되었던 것으로 판단된다.

제1기 부시행정부의 군사전략은 9.11테러 직후 발표된 QDR에 명시되어 있다. 군사전략의 목표는 확신을 주고(assure), 설득을 하며(dissuade), 위협을 억제하고(deter), 억제 실패시 격퇴하는(defeat) 것이다. 필자가 정의하는 ADDD 전략이다.[15] 확신이란 미국이 가지고 있는 능력으로 동맹 및 우방국들을 보호하겠다는 확신감을 이들에게 심어주는 것이다. 설득이란 미래의 군사경쟁국에게 미국과의 경쟁을 포기하도록 설득하겠다는 것이다. 억제 및 격퇴란 미국 이익에 대한 위협을 억제하고 강압을 구사하며, 억제 실패시 적대국가의 전복 및 점령을 포함하여 적대세력을 결정적으로 격퇴하겠다는 것이다. 9.11이후 미국이 아프가니스탄을 공격하고 이라크를 침공한 것은 설득과 억제의 실패에 따른 격퇴의 차원이었다.

군사력이 원래 억제, 방어, 강압, 시위 등의 역할을 수행한다(Art, 142)는 점을 고려해 본다면 미국의 군사전략은 이 틀 내에서 존재한다고 볼 수도 있다. 그러나 미국이 그 어떤 국가도 미국과의 군사경쟁을 '포기'할 것을 설득하겠다(dissuade)는 것은 미국이 아니고서는 표현하기 힘든 내용이다. "미국의 가치와 국가이익이 반영된 미국식 국제주의(American internationalism)에 근거한 안보전략의 추구" (The White House 2002, 1)란 결국 미국의 예외는 어디서나 인정되어야 하며, 미국의 가치와 국가이익은 언제, 어디서나 투사될 수 있어야 된다는 일방적 패권질서를 공포한 것(김종완; 김성한; Skidmore(ed) 2007, 5-7)이나 다름 아니기 때문이다.

ADDD 전략을 수행하기 위해 미국은 해외 미군 기지도 주둔(static) 개념에서 투사(projection) 개념으로 전환함으로써 세계적 차원의 방위태세(Global Posture

15 미국은 2004년, 7년 만에 NMS를 발간했다. 여기에는 미국이 직면한 4가지 도전(2006 QDR에서 그대로 사용)을 제시하면서 이런 도전을 극복하기 위한 군사전략의 목표를 보호하고(protect), 예방하며(prevent), 승리하는(prevail) 3P로 설정했다. 이것이 2001년 9월에 발표된 QDR 상의 ADDR과 2006년 2월에 발표된 QDR 상의 군사목표와 어떤 차이가 있는지 뚜렷하지 않다. 군사전략의 목표가 양 QDR의 중간쯤에 해당되는 어정쩡한 위상을 가지고 있는 것으로 보인다. 제1기 부시 행정부의 군사전략은 QDR을 중심으로 살펴보는 것이 보다 합리적인 것으로 본다.

Review: GPR) 검토와 기지 네트워크를 조정하기 시작했다(DoD 2001, 26).[16] 이에 따라 미국은 해외기지를 전력투사중추기지(Power Projection Hubs: PPH), 주작전기지(Main Operating Bases: MOB), 전진작전기지(Forward Operating Sites), 그리고 협력적안보지역(Cooperative Security Locations: CSL) 등으로 구분하였다. 이에 따라 유럽 및 아시아의 미군 기지들이 재조정되었고 해외 주둔 미군의 전략적 유연성(strategic stability)은 높아지게 되었다.

ADDD를 달성하기 위해 군사력은 늘어날 수밖에 없고 국방비도 증액될 수밖에 없다. 모든 가능한 전쟁에서 승리할 수 있는 군사력을 보유해야 하고, 전진 배치를 통해 억제해야 하며, 적이 누구이든 상관없이 어떤 능력을 가지고 위협을 가할 것인지에 대해 이를 극복할 수 있는 능력을 가져야 하니 그럴 수밖에 없는 것이다. 클린턴 행정부 기간 동안 감축되었던 국방비가 '테러와의 전쟁'과 '능력에 기반한 전력'을 구성하기 위해 수직으로 상승하게 되었다.

미국의 전쟁 수행전략은 Win-Win 전략에서 1-4-2-1 전략으로 바뀌었다. 1-4-2-1 전략이란 미 본토(1)를 방어하고, 유럽-동북아-서남아-중동 등 4개 지역에서 군사적 침공을 억제하며, 만약 전쟁 발발시 2개 지역에서 동시에 승리하며, 그 중 1개 지역에서는 결정적인 승리를 한다는 의미이다.

2) 도전에 근거한 DDSP 전략

제2기 부시 행정부의 군사전략은 2005년 처음으로 발간된 NDS와 2006년 2월에 발간된 QDR을 통해 세상에 알려졌다. '능력에 기초한' 군사전력 접

16 QDR에 의한 미국의 세계적 군사태세는 다음과 같은 4가지 차원에서 진행되었다. 첫째, 핵심지역에 배치되어 있는 미군에게 더 많은 유연성을 부여하는 새로운 기지체계를 개발하며, 유럽과 동북아 이외 지역에 추가적인 기지와 주둔지를 설치한다. 둘째, 항구적인 사격장이나 기지가 부재한 경우 미군이 훈련과 연습을 수행할 수 있도록 외국에 있는 시설을 임시로 사용할 수 있도록 한다. 셋째, 지역별 억제소요에 근거하여 기존의 전력과 장비를 재배치한다. 넷째, 공중수송, 해상수송, 사전배치, 기지건설에 대비한 기반시설, 예비 항만시설 및 새로운 병참개념 등을 통해 충분한 기동성을 제공하며, 이로써 대량살상무기 또는 기타 미군 접근을 거부하는 수단을 보유한 적에 대한 원거리 전역에서의 원정작전을 효과적으로 수행한다.

근 방식이 약해진 가운데 도전에 근거한 군사전략 접근방법이 등장했다. 제2기 부시 행정부는 미국의 안보이익을 침해할 수 있는 안보 도전 요소를 다음과 같이 4가지로 분류했다.[17] 전통적(traditional) 도전이란 핵능력을 포함한 적대국가의 군사적 위협을 의미한다. 비정규적(irregular) 도전이란 국가 또는 단체에 의한 테러, 소요 및 무차별 전쟁 등으로 대표되는 도전을 의미한다. 재앙적(catastrophic) 도전이란, 대량살상무기(WMD) 또는 이와 유사한 효과를 지닌 무기에 의한 도전을 의미하며, 와해적(disruptive) 도전이란 획기적 기술(생물학, 사이버, 우주전 등)이나 문화 · 심리적 수단에 의한 위협을 말한다. 사실 도전이라는 표현 대신 위협이라는 표현을 사용해도 아무런 문제가 없다. 그럼에도 불구하고 도전이라는 표현을 사용한 것은 '능력에 기초'한 국방태세가 그대로 유지되고 있음을 암시함과 동시에 위협이 전제하지 않은 상태에서 대응방향을 설정하고 군사력 건설을 계획하는 것은 결코 쉽지 않다는 것을 의미하기도 한다. 결국 제2기 부시 행정부는 '위협' 대신 '도전'이라는 표현으로 위협을 상정했다고 본다.

2005년 NDS는 4가지 중점 전략 목표가 제시되어 있다. 4가지 도전에 따른 4가지 전략 목표, 즉 DDSP 전략이 수립되었다. 도전과 대응전략이 비록 1:1의 조응관계가 아니라 하더라도 도전과 대응전략이 거의 일치한다는 특징이 있다. DDSP 전략을 살펴보면 다음과 같다.

첫째, 테러 네트워크 격멸(Defeating Terrorist Networks)이다. 테러 네트워크를 격멸하기 위해 미국은 국제적 노력을 결집하여 테러분자의 조직, 테러리즘의 이념, 테러분자의 물리적 · 사이버상에서의 도피처를 격멸하며, 우방 및 파트너 국가들이 대테러전을 수행할 수 있도록 이들의 능력을 향상시킨다. 또한 테러분자들의 네트워크를 파괴하기 위해 미군의 특수작전능력(SOF)을 강화하고, 타국의 문화 및 언어능력을 향상시키며, 특히 인적정보 등 정보능력을 개

17 4가지 도전요소는 2004년 NMS에서 먼저 발표되었다.

선한다는 전략이다.

둘째, 심도 깊은 미 본토방위(Defending the Homeland in Depth)의 추구이다. 적대세력에 의한 직접공격과 각종 재난으로부터 미 본토를 방어한다. 직접공격으로부터 미 본토를 방어하기 위해 미국은 전진배치를 통해 적대세력에게 공격포기를 강요하고 공격을 억제하며 이를 격퇴한다. 특히, WMD와 미사일 공격에 대비하기 위해서는 맞춤형(tailored) 억제능력을 보유하며, 재난으로부터 미 본토를 수호하기 위해서는 주방위군 및 예비전력의 재난 대응능력을 향상시킨다.

셋째, 전략적 기로에 선 국가들과의 협력여건 조성(Shaping the Choices of Countries at Strategic Crossroads)이다. 중국, 러시아, 인도 등과 같이 적대국은 아니지만 초국가적 위협에 전략적 협력이 필요한 국가들과 협력을 증진하고 상호 안보 공감대를 제고한다. 이를 위해 합동 훈련 및 연습을 실시하고 고위급 대화를 가지며 타국의 언어 · 문화에 대한 이해능력을 향상시킨다. 그러나 이런 국가들이라고 하더라도 공중 · 우주 · 해저에서의 미국의 군사우위에 도전하는 것은 불허한다.

넷째, 적대국가나 비국가 단체의 WMD확보 및 사용 예방(Preventing the Aquisition or Use of WMD)이다. 적대국가나 비국가단체의 WMD 확보 차단이 최우선 목표이다. 이들이 WMD를 확보하지 못하도록 예방하기 위해 WMD확산을 방지하기 위한 동맹을 구축하고 WMD 자산 및 개발시설에 대한 탐지 및 추적능력을 강화하며 범죄 조직 네트워크를 격멸한다. WMD 피격시 전 국가역량을 동원하여 군사력 사용도 불사한다. 2003년 대량살상무기의 확산을 방지하기 위해 미국 주도의 대량살상무기확산방지구상(PSI: Proliferation Security Initiative)이 발족된 것도 이런 이유 때문이다.

제2기 부시행정부는 DDSP 전략 목표를 달성하기 위해 제1기 부시행정부의 4개 지역 위주가 아닌 범세계적 차원의 전진배치를 추진하고 분산된 여러 지역에서 대테러 · 소요진압 · 안정화 · 복구작전 등의 비정규전을 동시에 장기적으로 수행한다는 기본방향을 설정하였다. 이런 임무를 수행하기 위해서는 제2기 부시 행정부는 3가지 능력 향상에 초점을 맞추었다. 첫째, 미 본토방위능력을 향상시키는 것이다. 이를 위해 미국은 미 본토에 대한 위협 탐지 · 억지 · 격퇴능력을 유지하며 WMD, 카트리나 등의 재난 사태에 대한 집중적 대응능력을 향상시킨다.

둘째, 압도적인 대테러전 및 비정규전 수행능력을 향상시킨다. 이를 위해 미국은 초국가적 테러공격 억제 및 방어능력을 유지하고 안정화 작전 및 재건 작전 등 대규모 비정규전을 장기간 수행할 수 있는 능력을 향상시킨다.

셋째, 재래전을 수행할 수 있는 능력을 향상시킨다. 이를 위해 미국은 거의 동시에 발생하는 2개의 전역(또는 1개의 대규모 장기 비정규전)에서 전쟁을 수행할 수 있는 능력을 보유하되, 2개 전역 전쟁 수행 중 다른 지역에서 기회주의적 도발을 억제할 수 있는 능력을 보유한다. 2개의 전역 중 1개 전역에서는 적대적 정권을 제거하고, 군사력을 파괴하며 시민사회로의 전환 여건을 조성한다. 굳이 표현하자면 1-n-2-1 전략이라고 할 수 있다.

요구되는 능력 및 전력 재조정 분야 중에서 중요한 몇 가지를 정리해 보면 다음과 같다. 첫째, 합동지상전력 분야이다. 여단급 부대를 지속적으로 창설하여 현재 대비 46%를 증대하여 모듈화된 정규 여단 117개 여단(42개의 전투여단, 75개의 지원여단)을 목표로 한다. 2011년 까지 육군은 현역 482,000명, 예비군 533,000명을 유지하며 해병은 현역 175,000명, 예비군 39,000명을 유지한다. 그러나 한정된 지상군 부대로 전투부대를 증가시킨다는 의미는 보급 · 수송 등 전투근무지원 부대를 줄여 전투요원을 확보하고 전투근무지원 분야는 민간인 회사에 맡기겠다는 의미를 가지고 있다. 이로 인해 '전쟁대행 주식회사'들이 생겨날 기회가 만들어졌다.

둘째, 특수작전전력 분야이다. 특수전 대대를 1/3정도 증원하고 심리작전과 민사작전 전력을 35% 증원한다. 해병과 해군 2,600명으로 구성된 해병특수작전사령부를 창설하고 해군특수부대(SEAL)의 전력을 증원한다. 또한 특수작전용 무인항공기(UAV)대대를 창설한다.

셋째, 합동공중전력분야이다. 새로운 지상발사용 원거리 타격능력을 개발하여 작전배치하며, 합동무인항공전투공격체계 프로그램을 재조정하고, 프레데터(Predator), 글로벌호크(Global Hawk) 등 무인기 획득을 가속화시켜 무인기의 작전반경을 2배로 확대하며, 공군전력을 86개 전투비행단으로 구성한다. 합동무인공중전투체계를 조정하고 항공모함 발진 무인 타격기를 개발하며, 미래 원거리 타격군의 35%를 무인기로 임무 수행하는 등 전력 증강 분야 곳곳에 무인기를 이용한 전쟁수행 의지를 밝히고 있다. 미국은 무인전쟁시대를 열어나갈 준비를 하기 시작했다.

넷째, 태평양 위주의 해군작전능력을 향상시키고 11개 항모단을 유지하되 6개 항모단은 즉각 출동시키고 90일 이내에 2개의 추가 항모단을 작전배치한다. 8척의 해상사전배치 전투함도 획득하여 실전 배치한다.

다섯째, 맞춤형 억제능력분야이다. 향후 2년 내 잠수함 발사 탄도미사일에 정밀유도 재래식 탄두장착능력을 구비하여 배치하고 방어적, 공세적 사이버 임무 수행능력을 향상시킨다.

여섯째, WMD대응분야이다. 대 WMD 노력통합을 위하여 전략사령부를 WMD 주관사령부로 지정한다. 또한 육군 제20지원사령부를 WMD제거 및 기지 무력화 작전을 수행할 수 있도록 전개 가능한 합동특수임무부대(JTF)로 개편한다.

일곱째, 기타 분야이다. 292대(C-17 180대, C-5 112대)의 전구(戰區)간 공중 수송대를 구성하여 합동 기동성을 향상시키며, 정보 · 감시 · 정찰(ISR)능력을 향상시키고, 통합 네트워크를 구성하며, 합동지휘통제 능력을 향상시킨다.

8. 혼합적 위협 대응 및 아태중시전략

1) 혼합위협 대응 및 지역안보 전략

부시 행정부가 8년 동안 테러와의 전쟁에 몰두하는 동안 미국은 많은 것을 잃었다. 일방주의적 외교 정책으로 인해 그동안 유지되어 왔던 시혜적 패권국(benevolent hegemon)의 이미지는 사라지고 그 대신 약탈적 또는 이기적 패권국(predatory or selfish hegemon)의 이미지만 부각시켰다. 탈냉전 이후 지속되어 왔던 다자주의적 접근 대신 네오콘(neocons)적 성향을 지닌 부시 행정부의 독단적이고 일방주의적인 접근이 이런 이미지를 더욱 구체화시켰다. 부시 행정부 당시의 국방비는 클린턴 행정부에 비해 최고 2배 이상 치솟았다. 미국의 국방비가 미국을 제외한 나머지 국가들의 국방비를 모두 합친 것보다 더 많았을 때도 있었다. 이것이 결국 미국의 재정 악화에 기여했다. 더욱이 2008년 리먼 브라더스 사태로 촉발된 금융위기로 인해 미국의 위상은 곤두박질치게 되었다.

새로 등장한 오바마 행정부는 미국의 세계적 리더십 회복(renewing American leadership)을 강조했다. '국내에서 힘을 키우고 국제질서를 조성한다(building at home, shaping abroad)'는 것이 2010년 NSS의 핵심이다. 오바마 행정부는 부시 행정부의 힘에 의한 외교 정책이 가져온 폐해를 인식하고 하드 파워와 소프트 파워를 결합한 스마트 파워를 추진하기 시작했다. 미국 혼자 힘으로 해결할 수 없는 광범위한 위협들에 맞서기 위해서 미국은 일방주의적 리더십을 발휘하는 것이 아니라 '협력적 리더십'을 발휘할 필요가 있었다. 또한 이런 위협들에 맞서기 위해 군사력에만 의존하는 것이 아니라 외교(diplomacy)와 개발(development), 그리고 국방(defense)을 결합한 3D를 통한 포괄적 대응방안이 필요했다. 미 국무부가 역사상 처음으로 '외교의 변환'을 강조한 『4개년 외교·개발검토(QDDR: Quadrennial Diplomacy and Development Review)』 보고서를 발간한 것도 이와 무관하지 않다(DoS 2010). 정부와 민간, 그리고 3D간의 균형된 힘(power of balance)을 통해 스마트 파워를 발휘한다는 것이다. 부시 행정부 내내 사이가 불편했던 러시아와 관계를 개선하기 위해 추진했던 리셋(reset) 정책도 이와 무관하지 않다.

오바마 행정부의 가장 큰 관심 사항 중의 하나는 진행 중인 테러와의 전쟁을 종결하는 것이었다. 이에 따라 미국의 군사전략도 여기에 초점을 맞출 수 밖에 없었다. 따라서 2010 QDR은 20년 후를 내다보는 미국의 군사전략이 아니라 현재 진행되고 있는 군사작전 승리에 주안을 둔 단기적인 성격이 강한 문서였다.

오바마 행정부는 부시 행정부의 '능력에 기초'한 Top-Down 형태의 군사전략을 수립한 것이 아니라 위협에 기초한 군사전략을 수립하는 것으로 회귀했다. 다만 클린턴 행정부 때 유행했던 Bottom-Up 방식이라는 용어는 사라졌다. 2006년 QDR에 등장했던 '도전'이라는 용어도 사라지고 '위협'이라는 용어가 그 자리를 차지했다.

제1기 오바마 행정부는 광범위한 위협(진행중인 분쟁, 국제질서를 재구성하고자 하는 중국과 인도, 혁신기술에 접근하고자 하는 비국가 행위자의 증가, WMD 확산, 자원의 고갈, 연안지역의 급속한 도시화, 기후변화, 새로운 질병의 등장, 문화 및 민족간의 긴장 등)을 나열한 뒤 이런 혼합적(hybrid) 위협에 효율적으로 대응하기 위해서는 혼합적 접근이 필요하다는 점과 국제공공영역(global commons)[18]에서의 안전 확보가 중요하다는 점을 강조하고 있다.

제1기 오바마 행정부의 국방전략은 혼합적 위협에 대비한 전략으로 요약된다(DoD 2010, 11-16). 이를 요약해 보면 다음과 같다. 첫째, 현재 진행중인 전쟁에서의 승리(prevail)이다. 탈레반 및 알카에다 세력을 분쇄(disrupt), 와해(dismantle) 및 격퇴(defeat)함으로써 전쟁을 승리로 종식한다.

18 한 국가가 통제할 수 없고 모든 국가가 의존하는 영역 또는 지역으로, 교역이 이루어지는 공중이나 해양, 정보가 전달되는 우주공간, 사이버공간, 네트워크 공간, 위성체계 등이 이에 해당된다.

둘째, 분쟁의 예방 및 억제(prevent and deter)이다. 미국의 국익에 대한 위협의 부상을 예방하고 억제하기 위해 3D 차원의 노력을 경주한다. 분쟁 예방을 위해 미국은 우방국의 안보역량을 지원하고, 잠재적 위협을 식별하며, 급진주의에 대항하는 노력을 지원하고, 모든 영역에서 우위를 확보하기 위한 지구적 방위태세를 확대하며, 우주와 사이버공간에서의 자산 방호 및 최저수준에서의 안전하고 효율적인 핵무기 유지를 추구한다. 특히 핵전략은 오바마 대통령의 '핵없는 세상'과 상치되는 부분이 있지만, 미 국방부는 '핵없는 세상'이 실현될 때까지 핵능력을 핵심임무로 유지하며, 광범위한 종류의 공격을 억제할 수 있는 능력을 구비한다는 점을 분명히 하고 있다.

억제를 달성하기 위해 미국은 반접근(anti-access)무기가 동원되는 제한적 혹은 대규모 분쟁에서 싸울 능력을 구비하고, 국가 또는 비국가 조직에 의한 모든 형태의 도전에 대응할 군사력을 구비함으로써 억제를 달성한다. 특히, 적의 능력, 가치, 의도를 고려한 '맞춤형' 억제 전략을 추구한다.

셋째, 적 도전을 격퇴할 수 있도록 준비(prepare)한다. 억제가 실패하여 적이 군사적으로 도전할 경우, 적을 격퇴하고 다양한 우발상황에서 승리할 수 있도록 준비하되 여기에는 반접근 능력과 핵무기를 보유한 국가들의 공격을 격퇴하기 위한 준비까지 포함된다. 또한 취약한 국가가 보유한 WMD와 관련 물질, 그리고 시설에 대한 통제가 불가능할 경우, 이를 탐지, 확보, 무력화하여 적대적인 비국가 행위자가 WMD를 획득하지 못하도록 행동할 준비를 갖추어야 한다. 오바마 대통령의 '핵 없는 세상'이 핵안보 정상회의[19]로 발전한 것도 이런 이유 때문이다.

19 오바마 대통령은 2010년 4월 12~13일, 워싱턴에서 사상 처음으로 47개국 정상이 참가한 핵안보정상회의(Nuclear Security Summit)를 주재했으며 이 회의에서 미국과 러시아는 핵무기 17,000개 분량의 플루토늄을 각각 34톤씩 폐기하기로 한 의정서에 서명했다. 제2차 핵안보정상회의는 2012년 한국에서 개최되었고 제3차 회의는 2014년 네덜란드에서 개최된다. 핵안보(nuclear security)란 핵테러에 대응하기 위해 테러분자의 핵물질, 방사성 물질, 혹은 관련 시설의 탈취, 파괴, 무단 접근, 불법 이전 및 기타 악의적 행위에 대한 예방 및 대응에 초점을 맞추는 것이고, 핵안전(safety)이란 원자력 사고 방지 및 사고 후 피해 완화에 초점을 두는 것이며, 핵안전조치(safeguard)란 국가차원에서 일어나는 핵물질의 군사적 전용을 방지하는 것을 말한다.

넷째, 지원군제도의 유지 및 강화(preserve and enhance)이다. 현재의 전쟁에서 승리하고 미래를 준비하기 위해서는 가장 귀중한 자산인 장병들의 삶을 국방부가 장기적 차원에서 책임져야 한다는 것이다. 장병들의 삶에 대한 중요성이 오랫동안 경시되어 왔던 관계로 군인 및 가족들의 스트레스가 누적되어, 이혼, 자살 등 비극적 상황이 초래되고 있음을 직시하면서 이에 대한 특별조치를 취할 것을 강조하고 있다.

제1기 오바마 행정부는 재래식 전쟁에 대한 전략을 세 번째 항에서 밝히고 있는데 그 핵심 내용이 조금 애매하다. QDR에서 밝히고 있는 것은 거의 동시간대에 발생하는 다수의 전장에 대한 대비를 언급하고 있기 때문이다. 2개 지역의 분쟁에서 승리하는 것은 물론 본토방어로부터 민간지원, 억제 임무에 이르기까지 다수의 전장에서 동시에 발생할 수 있는 다양한 작전에서 승리할 수 있도록 준비한다는 것이다. 이것은 제1기 부시 행정부의 1-4-2-1전략이나 제2기 부시행정부의 1-n-2-1 전략과는 조금 다르다. 미 본토 방어, 2개의 지역 분쟁 승리, 그리고 다양한 작전 수행이라는 차원에서 보면 1-2-α 전략이라고 할 수 있기 때문이다.

4가지 전략 목표를 달성하기 위한 요구되는 임무별 능력을 6가지로 식별하여 이를 군사력의 재조정(Rebalancing the Force) 차원에서 접근하였다. 재조정은 현재 긴급한 임무 수행에 필요한 군사력과 미래의 도전에 대비할 군사력 간의 재조정을 의미한다. 재조정의 첫째 영역은 미 본토방어 및 민간기관을 지원하는 임무이다. 화생방, 핵, 그리고 신고폭탄(CBRNE)에 대비한 전문적 '긴급사태관리대응군(CMRF)'을 재조직하여 인명구조능력을 강화하고 유연성을 증진시키며, 반응시간을 단축한다. 이를 위해 지, 해, 공, 우주, 사이버 영역에 대한 포괄적 감시로 조기경보능력을 강화하고 원거리 방사능 및 핵 탐지, 그리고 국내 급조폭발물(IED) 대응능력을 강화한다는 것이다.

둘째 영역은 대분란전, 안정화 및 대테러작전에서 승리하는 임무이다. 회전익 가용자산 증가로 아프간 동맹군의 수송 및 효과적 엄호를 제공하고, 프레데타(Predator), 리퍼(Reaper) 등 장기체공 무인항공기체계를 확대하여 접적지역을 감시 및 상황을 인지하여 아군을 보호하고 표적획득 능력을 강화한다는 것이다.

셋째 영역은 취약한 우방국가의 안보능력을 건설하는 임무이다. 취약한 국가의 안보군을 지원할 수 있는 능력을 강화하고 이를 위해 언어적, 지역적, 문화적 능력을 강화한다.

넷째 영역은 반접근 환경하에서 적 공격을 억제 및 격퇴하는 임무이다. 북한과 이란의 탄도미사일, 그리고 중국의 탄도미사일 및 크루즈미사일, 신형잠수함, 방공체계, 전자전, 첨단전투기, 반우주체계 등은 미국의 해상작전에 심대한 위협이 된다. 미국의 무력투사능력 약화는 동맹국에 대한 공약과 미국의 영향력을 약화시키고, 나아가 분쟁 가능성을 증가시키기 때문에 이를 극복하여 적 공격을 억제 및 격퇴시켜야 한다.

다섯째 영역은 WMD 확산방지와 대WMD 작전을 수행하는 임무이다. 국제협력을 통해 WMD를 탐지, 차단, 봉쇄하는 노력을 증진하며, 적의 WMD 사용에 대비하여 대응조치, 방어, 그리고 완화전략을 개발해야 한다. 또한 핵통제능력을 상실한 국가의 WMD 위협을 봉쇄하기 위해 지, 해, 공에서 차단하고, 찾아내고, 확보할 수 있는 능력을 구비해야 한다.

마지막 영역은 사이버공간에서 효과적인 작전을 수행하는 임무이다. 21세기에는 사이버공간을 지상, 바다, 공중, 그리고 우주와 마찬가지로 군사적 활동공간에 포함된다. 따라서 사이버사령부를 창설하여 중앙집권화하고 사이버 공간에서의 능력을 강화해야 한다.

미군의 주요 전력구조(2011~2015년)를 살펴보면, 육군은 여단전투단 73개(현역 : 45, 예비군 : 28)와 전투항공여단 21개(현역 :13, 예비군 :8)를 운용하며, 공군은 77~80개의 비행단(ISR 비행단 8, 공수 및 공중급유 비행단 30~32, 전구공격비행단 10~11, 장거리 공격 (폭격기) 비행단 5, 공중 우세 비행단 6, 지휘통제 비행단 3, 항공 및 우주작전 센터 5, 우주 및 사이버 비행단 10)을 운영한다.

해군은 항공모함 10~11척과 항모비행단 10개를 운영하며 대형수상전투단은 84~88척을 운영한다. 해병은 3개의 원정군으로 구성하되 사단 3, 여단 15개, 해병항공비행단 4개로 구성한다. 특수작전을 수행하기 위한 육·해·공군·해병대의 특수작전 팀은 총 660개를 운영한다.

2010 QDR에 처음 등장하는 군사력 배치 개념이 있다. 미국은 지역 및 세계 안보문제를 다루는 데 있어서 동맹국 및 우방국들, 그리고 다른 정부부처들과 협력적 방안을 강구해 나가되 국방태세를 결정함에 있어서 지역별로 당면하고 있는 정치적·안보적 상황을 감안하여 군사력을 배치하겠다는 것이다. 즉, 전방주둔군, 순환배치군, 사전배치장비, 기지인프라 등을 조합하여 군사력을 배치하는 맞춤형 접근을 시도한다는 것이다. 순환배치군의 개념이 새롭게 등장한 것이다. 과거의 순환배치군 개념이 미군 자체를 순환한다는 의미라고 한다면 새로운 개념은 미군의 일부를 고정적으로 배치하는 것이 아니라 순환하면서 배치한다는 것이다.

오바마 행정부의 군사전략은 2010년 2월, QDR이 발표되면서 윤곽이 드러났다. 그러나 미 합참은 2011년 2월, 2004 NMS 발표 이후 7년 만에 "미국의 군사적 리더십에 대한 재정의"라는 주제를 단 NMS를 발표했다(Joint Chiefs of Staff 2011).[20] NMS는 법률적으로 매 2년마다 재검토해서 발간해야 하나 변경 필요성이 없을 경우에는 수정하지 않아도 된다. 그런데 2010년 QDR 발표 1년 만에 NMS가 발표되었던 것이다. 이는 안보 환경이 급격하게 변했거나 또는 안보환경을 바라보는 인식의 변화가 있어 이를 반영할 필요성이 있었기 때문으로 판단된다. 오바마 대통령은 2011년 말까지 이라크에서 완전 철수하기로 결정했고, 2014년까지 아프가니스탄에서 철수하기로 결정했다. 이것이 미국 스스로 변화시킬 수 있는 안보환경의 변화라고 한다면, 변화시킬 수 없는 안보환

20 2011 NMS의 특징은 과거의 NMS와 달리 군사력 구조 분야는 제외했다. 2010 QDR에서 이미 자세히 명시했기 때문이다. 2010 NSS와 QDR에서 제시한 목표 달성을 위한 방법과 수단(ways and means)을 주로 제시하고 있다.

경의 변화도 있다. 힘의 전환(power shift)으로 인해 변화되고 있는 안보환경이 바로 이것이다. 미국은 안보 환경이 전략적 차원에서 변화되고 있다는 것을 제대로 인식하기 시작한 것이다.

2011 NMS는 힘의 전환으로 인해 전략적 환경이 변하고 있다고 진단한다. 미국은 힘의 전환으로 인해 과거 블록 간의 엄격한 안보 경쟁으로부터 외교, 군사, 그리고 경제력에 바탕을 둔 이익 위주로 뭉치는(interest-driven coalitions) 다결절 세계(multi-nodal world)로 진화하고 있다(Joint Chiefs of Staff 2011, 2)고 인식했다. 이런 인식을 바탕으로 NMS는 5가지 분야의 전략환경을 평가하고 있다. 먼저 인구통계학적 경향(demographic trends)에서는 개도국에서의 지속적인 인구 증가가 가져올 도전과 재난을, 번영과 안전(prosperity and security)에서는 중국과 여타 아시아 국가들의 경제성장이 그들의 군사력 증강으로 이어질 것이라는 점을, WMD에서는 북한 및 이란의 핵무기 프로그램에 대한 우려와 함께 이들 프로그램이 지역의 불안정성을 증가시키고 테러분자에게 흘러들어가 수 있음을 적시하고 있다. 또한 지구적 공역부분(global commons and globally connected)에서는 하늘 · 땅 · 바다 · 우주 및 사이버 공간에서 국가 및 비국가 행위자들에 의한 반접근 및 반거부(antiaccess and anti-denial) 도전을 인식하고, 테러분자들과 범죄 네트워크를 포함한 비국가행위자(nonstate actors)가 진보된 기술과 결합되면 이것이 억제와 안정을 달성하는데 어려움을 줄 것이라고 진단하고 있다.

NMS의 부제가 암시하고 있듯이 2011 NMS는 위의 5가지 안보 도전에 대응하기 위해 합참이 어떤 리더십을 발휘할 지를 재정의하는데 초점을 맞추었다고 볼 수 있다. 군은 촉진자(facilitator), 조력자(enabler), 소집자(convener), 보장자(guarantor)로서 리더십을 발휘해야 한다는 것이다. 간접적인 접근으로부터 직접적인 접근에 이르기까지 그리고 필요한 경우에는 이런 리더십을 동시에 발휘해야 한다고 주장한다.

NMS에 밝힌 4가지 군사적 목표는 폭력적 극단주의에 대처(counter violent extremism), 공격 억제 및 격퇴(deter and defeat aggression), 국제 및 지역안보 강화

(strengthen international and regional security), 미래 군사력 조성(shape the future force) 등이다. 극단주의에 대처한다는 것은 국가의 다른 여러 힘의 요소들과 조화를 이루어 군사력을 사용한다는 것이지만 군사력이 항상 앞장 서는 것은 아니다. 억제 및 격퇴는 기존의 전략 목표와 비슷하지만 특히 여기에서는 사이버 공간과 반접근 및 반거부 능력에 대처하는 것에 초점을 맞추고 있다. 국제 및 지역안보 강화는 파트너십의 구축과 동맹의 사용을 강조하고 있다. 미래 군사력 조성 분야에서는 미래 국방예산의 압박 속에서도 어떻게 하면 전투준비태세를 유지하기 위해 능력을 향상시킬 것인가에 초점을 맞추고 있으며, 특히 그 이전의 NMS와 달리 전역자와 그들의 가족 문제를 중요하게 다루고 있다.

NMS는 4가지 군사적 목표 중의 하나인 '국제 및 지역 안보 강화' 부분에 많은 지면을 할애하여 각 지역별로 지역 안보를 강화하기 위한 수단과 방법을 제시하고 있다. 아태 지역에 초점이 맞춰져 있다. 아시아의 안보 아키텍츠가 보다 복잡해지고 있음을 전제로, 각 국가별 협력의 범위와 방법을 기술하고 있다. 기존 동맹인 한국과 일본과는 안보협력을 강화해 나가되 일본의 역외지역(out-of area)으로의 작전적 능력 확대 촉구와 아시아 대륙 반월호 지역인 동남아 국가들과의 안보협력 강화 필요성을 역설하고 있다(정철호).

2) 아태 중시 및 OA전략

2012년 새해가 시작되자 말자 미 국방부는 새로운 국방전략지침(DSG: Defense Strategic Guidance)을 발표했다(김열수 2012). 8쪽에 불과한 이 지침서를 발표하는 자리에 페네타(Leon E. Panetta) 국방부 장관, 뎀프시(Martin E. Dempsey) 합참의장 등 군 수뇌부는 물론 오바마 대통령도 참석했다. 국방전략을 수립함에 있어서 지침이 될 수 있는 문서를 공개적으로 발표한 것도 예외적이지만 국방부 장관과 합참의장의 연설은 물론 대통령이 연설을 한 것도 이례적이었다. 문서의 제목은 국방전략지침이었지만 내용은 오바마 행정부의 새로운 군사전략이었다.

국방전략지침서의 부제(副題)는 "21세기 국방의 우선순위(Priorities for the 21st Century Defense)" 였지만 주제는 "미국의 글로벌 리더십 유지(Sustaining U.S. Global Leadership)" 였는데 이는 2011 NMS의 주제보다 더 국가적인 차원이었다. 결국 미국은 글로벌 리더십을 지속적으로 유지하기 위해 신군사전략을 수립하고 이를 실천해 나가겠다는 것이다. DSG는 새로운 안보환경에 걸맞은 미군의 주요 임무를 10가지로 제시하였고 2020년의 합동군을 위한 원칙을 8가지로 제시[21]하였지만 사실 이것은 2010 QDR이나 2011 NMS에서 밝힌 내용과 큰 차이가 없다. 따라서 결국 DSG는 2011년 가을부터 바뀌기 시작한 오바마 행정부의 아태 중시(Asia-Pacific Pivot)전략을 군사적으로 뒷받침하기 위해 발표된 것으로 판단된다.

2010 NSS, 2010 QDR, 2011 NMS 등에 나타난 오바마 행정부의 대중국 인식은 중국에 대한 경계심을 드러내는 정도였다. 중국에 대한 체계적인 그랜드 전략 없이 협력과 경쟁의 갈림길에서 오락가락 하고 있었다(김준형)는 뜻이다. 친구일수도 있고 적일 수도 있다고 인식한 미국은 중국과의 전면적 협력도 아니고 그렇다고 완전한 봉쇄도 아닌 애매한 줄타기 전략을 구사해 왔다. 소위 말하는 헤징(Hedging)전략이었다.

미국의 대 중국 전략이 달라지기 시작한 것은 오바마 대통령의 아태지역 순방이 전환점이었다. 오바마 대통령은 2011년 11월, 호주를 방문한 자리에서 "아시아로의 복귀(Return to Asia)" 와 함께 '아태 중심 전략'을 추진하겠다고 밝혔다. 그는 호주 의회 연설에서 "미국은 태평양 세력이며 여기에 머물 것" 이고 "미국은 21세기에 아태지역에 온 힘을 쏟을 것(all in)" 이라고 선언함으로써 아태 지역에 본격적으로 개입할 것(Barno, Nora Bensahel and Travis Sharp; O'Hanlon;

21 10대 임무는 대테러 및 비정규전 수행, 억제 및 격퇴, A2/AD에 대한 전력 투사, 대량살상무기 대응, 사이버 · 우주 공간에서의 효과적 작전 수행, 핵억제력 유지, 본토 방어 및 문민정권 지원, 미군의 안정된 해외주둔 지속, 안정화 및 대반군 작전 수행, 인도주의적 위기 해소 작전 수행 등이다. 8대 원칙은 정보자산 및 정보지휘구조 유지, 예비군 구성 균형, 전력감소 추세 속에서도 대비태세 유지, 현 작전계획에 미치는 신국방전략의 영향 분석, 신국방전략에 적합한 혼성군 조직 검증, 합동작전 수행능력 유지 · 발전, 방위산업 기반 유지 등이다.

Nye)임을 선언했다.[22]이는 클린턴 국무장관이 주장한 "미국의 아시아 태평양 세기" (Clinton)와 일치한다.

DSG가 공개되는 자리에서 오바마 대통령은 연설을 통해 현재의 시기를 "전환의 시기(moment of transition)" 라고 했고, 페네타 국방부 장관은 "전략적 전환점(strategic turning point)" 이라고 표현했으며, 뎀프시 합참의장은 아태지역으로의 안보 축 이동을 "미래를 향한 이동(shift to the future)" 이라고 했다. 또한 DSG 문서에서는 변곡점(inflection point)이라고 적시되어 있다. 모두 비장한 각오를 밝힌 셈이다. 정부 재정 악화에 따라 국방비도 삭감해야 하고, 군사력 규모도 축소해야 하며, 재래식 전쟁에 대한 전략도 바꾸어야 할 형편이니 그럴 수도 있다. 그러나 이런 내용만을 공개한다면 미국 스스로 자신의 글로벌 리더십이 한계에 도달했다는 고해성사와 다름 아니게 된다. 따라서 아태 지역으로의 중심축 이동을 공개 선언했다고 본다.

오바마 행정부는 향후 10년 동안 계획대비 최대 6,000억불을 감축하고, 지상군은 육군 8만 명, 해병대 2만 명 등 총 10만 명을 줄이며, Win-Win 전략을 폐기하고 한 지역에서의 완전한 승리와 다른 지역에서의 상대방에 대한 승리 거부를 의미하는 Win-Plus(1+)전략을 선택했다. 미국은 아시아로 회귀하는 전략을 추진하게 되는데 그 핵심은 중국의 A2/AD(DoD 2012, 6)[23]에 대응하는 새로운 전략을 추진하는 것이다.

새로운 전략의 핵심은 어떤 A2/AD 환경하에서도 미 군사력의 접근을 보장함으로써 미국의 국익을 지켜내겠다는 작전적 접근(Operational Access: OA) 전략

---

22 바노(David Barno) 등은 미국의 전략적 우선순위를 동아시아 및 인도양에 둘 것을 강조하였고 오헨런(Michael O'Hanlon)도 미국이 선택적 개입의 최우선 지역을 동아시아에 두어야 된다고 주장하였다. 나이(Joseph S. Nye)는 아시아 지역이 더 빨리 전략의 중심이 되었어야 한다고 주장했다.

23 반접근(A2: Anti-Access) 및 접근거부(AD: Area Denial)전략이란 1992년 미국이 중국의 해양 전략을 주시하면서 사용하기 시작한 미국의 용어이며 2001년 미국의 QDR에서 처음으로 등장하여 지구적 공역부분(global commons)부분으로 점차 그 사용빈도와 범위가 넓어지기 시작했다. 지리적 의미에서 사용되는 A2란 "장거리에서 적이 작전지역으로의 접근을 예방하기 위한 행동이나 능력" 을 의미하며, AD란 "비교적 단거리에서 작전지역 내에서의 적의 행동의 자유를 제약하는 행동이나 능력"을 말한다. 특히, A2전략이란 "적의 지원 전력이 전역으로 전개되는 것을 지연시키고, 전역내 특정 지역에서 작전하는 것을 방지하며, 적으로 하여금 싸우고자 하는 분쟁지역으로부터 멀리 떨어진 곳에서 작전할 수밖에 없도록 하는 행동" 이기 때문에 보다 근본적인 전략에 해당된다.

이다. OA란 A2/AD 환경하에서도 "임무 달성을 위해 충분한 행동의 자유를 가지고 작전 지역에 군사력을 투사하는 능력"을 의미한다. OA를 수행하기 위해서는 3D를 결합한 스마트 파워를 적용하여 OA에 적합한 환경을 구축해야 한다. 즉, 역내 국가들과의 연합훈련, 미군의 접근 및 지원을 보장할 수 있는 협정 체결, 해외기지 건설 및 기지 성능의 향상, 군수물자의 사전 비축, 군사력의 전방 전개 등이 사전에 이루어져야 하는 것이다. 이를 위해 미국은 한국, 호주, 필리핀, 태국 등과 동맹을 더욱 강화해 나가고 있으며 인도, 베트남, 싱가포르, 인도네시아 등과 안보협력을 강화해 나가고 있다. 미국의 아태 국가들과의 연합훈련은 한 · 미, 미 · 일, 미 · 필리핀, 미 · 호주, 미 · 베트남, 미 · 인도 등 양자간 훈련은 물론 다자간 훈련도 횟수를 늘려 추진하고 있다. 이를 바탕으로 미국은 미 해군력 및 공군력의 60%를 각각 아태지역에 배치하겠다고 발표했다.

해외기지 건설 및 미군의 전방 전개도 추진되고 있다. 미국은 2011년 오바마 대통령의 호주 방문을 계기로 다윈에 역사상 처음으로 미 해병대 2,500명을 순환군으로, 틴덜 공군기지에 전투기를, 스털링 기지에 잠수함과 핵무기 탑재 함정을 배치하기로 하였다. 또한 싱가포르에는 스텔스함인 인디펜더스(Independence)호를 배치하기로 했으며, 다른 아시아 국가들과도 미군의 순환배치를 두고 협상을 벌이고 있다.

미국의 중국에 대한 인식 변화는 20년도 채 되지 않았다. 중국의 부상과 이것이 지역 안보에 미칠 영향을 평가하기 시작한 것은 1995년 발표된 EASR 보고서가 처음이었다. 미국은 EASR에서 중국 군사력의 급격한 성장과 이것이 아시아의 장래에 미칠 영향을 평가하기 시작했다. 1997년의 QDR에서는 2015년 이후 중국이 초강대국으로 부상할 가능성이 있음을 적시하기도 했다.

2001년 QDR에서는 아시아에서 엄청난 자원을 가진 군사 경쟁국의 출현 가능성을 언급하고 있으나 중국을 명시하지는 않았다. 또한 2002년 NSS에서는 중국의 군사적 경쟁국 가능성 및 이에 대한 대비가 필요함을 적시하는 정도에 그쳤다. 2006년 NSS에서도 대테러전에 대한 중국의 협력을 강조함과 동시에 중국의 민주화를 촉구하는 정도였다. 그러나 2006년 QDR에서는 부상하고 있는 국가들의 적대적인 노선 채택의 가능성에 대비할 것을 명시하고, 중국의 부상 결과 미국과 군사적으로 경쟁할 잠재력을 보유하고 파괴적 군사기술을 보유할 것이라는 점을 적시하면서 중국이 건설적이고 평화적인 역할을 하도록 권장해야 된다고 기술하고 있다. 중국에 대한 태도가 조금 변했으나 과거 구소련에 대해 취했던 것처럼 봉쇄의 의미를 지닌 것은 아니었다.

2011년 가을 이전까지 오바마 행정부의 대 중국 전략도 애매하게 기술되어 있다. 2010년 NSS에서는 중국과 긍정적이고, 건설적이며, 포괄적인 관계를 지속적으로 추구할 것이고 중국의 책임있는 리더십 역할을 환영한다고 밝히고 있다. 그러나 미국은 중국군의 현대화 프로그램을 모니터하고 이것이 미국 및 동맹국의 이익에 나쁜 영향을 미치지 않도록 준비하겠다고 밝혔다. 중국과 전략 · 안보 대화(Strategic and Economic Dialogue)를 통해 다양한 쟁점에 대해 논의하고, 군도 상호 불신을 감소시키기 위해 상호 의견 교환을 향상시킬 것(The White House 2010, 43)이라고 했다.

2010년 QDR에서는 중국의 지역적 · 세계적 역할과 책임의 증대는 환영하지만, 투명성의 부족과 중국 군사력 건설 및 의사결정 과정이 중국의 미래 행동 및 의도에 대해 합법성 문제를 야기할 것이라고 지적하고 있다. 따라서 중국과 다차원적으로 신뢰를 향상시키고 불신을 감소시키는 방향으로 관계를 증진해 나갈 것을 강조하고 있다(DoD 2010, 60).

2011년 NMS에서는 중국과 심도 깊은 군사관계를 모색하고, 상호 이익의 영역을 확대하며, 이해를 증진시키고, 오해를 감소시키며, 오산(miscalculation)을 예방하겠다고 했다. 그러나 중국의 군사력 발전과 그 발전의 함의, 중국의 군 현대화 범위와 의도, 그리고 우주 및 사이버 그리고 동남 중국해 등에서의 중국의 태도에 대한 경계심도 드러냈다(Joint Chiefs of Staff 2011, 13-14).

지난 20년 동안 미국의 중국에 대한 인식은 조금씩 달라지기 시작했다. 무관심에서 관심으로, 그리고 관심에서 경계심으로 변했던 것이다. 이것은 미국의 상대적인 위상 저하와 중국의 불균등 성장에 따른 부상의 결과로 나타난 것이다. 2008년 미국발 금융위기로 인한 미국의 위상 저하와 달리 중국은 2008년 베이징 올림픽 개최, 2010년 일본을 추월한 GDP 등으로 인해 명실상부한 G2로 등극했다. 연 10%에 달하는 중국의 경제성장은 외교와 군사분야에 영향을 미치기 시작했다. 외교의 원칙도 바뀌고 군사력도 급격히 향상되기 시작했다. 목소리도 커지고 행동도 거침없었다. 중국이 분쟁의 당사자가 되는 해상 영토 분쟁에서 뚜렷이 나타났다. 일본과 중국 · 대만(센카쿠 尖閣열도/댜오위다오 釣魚島), 필리핀과 중국(Scarborough Shoal/황옌다오黃巖島), 베트남과 중국(Paracell Islands/베트남Quần đảo Hoàng Sa/시사西沙군도), 베트남 · 중국 · 대만 · 필리핀 · 말레이시아 · 부루나이 등 6개국(Spratly Islands/난사南沙군도) 등이 영유권 문제로 갈등의 길에 들어섰다(김열수 2011). 중국과 영토 분쟁 중인 국가들은 미국에 러브 콜(love-call)을 보내기 시작했다. 미국 스스로 대중국 견제의 필요성을 인식하고 있던 차에 동아시아 국가들이 러브 콜을 보내자 미국이 아태 중시 전략을 전면적으로 들고 나오게 된 것이다. 중국은 미국의 이런 전략을 대중국 봉쇄전략으로 파악하고 있다.

미국의 재정적자를 해소하기 위해 향후 10년 동안 1조 2천억 불의 미 연방정부 지출을 자동삭감하는 시퀘스터(sequester)가 2013년 3월 1일부로 발동되었다. 국방비가 감축 목표액의 약 1/2을 차지하고 있어 미국의 국방부를 압박하고 있다. 이것이 계획대로 진행될 경우 미국은 항공모함 3척의 감축을 포함하여(맹경환) 군사력 추가 감축이 불가피하게 될 것이고 해외전투 배치도 즉각적으로 이루어지기 어려울 것으로 보인다. 이것이 장기화되면 미국의 아시아 중시 전략은 큰 고비를 맞이하게 될 것이다. 결국 미국의 경제력 회복 여부와 중국의 주변국에 대한 태도 여부가 미국의 OA전략을 결정짓게 될 것이다.

9. 결론

1945년 이후 현재에 이르기까지 미국의 군사전략은 냉전기와 탈냉전기에 따라서, 그리고 각 행정부에 따라서 조금씩 차이가 있었다. 그러나 대통령의 정당 출신에 따른 전략의 유의미만 차이는 별로 없었다. 냉전기에는 주로 소련의 팽창정책과 공산주의의 확산을 방지하는 봉쇄전략이 핵심이었기에 이에 따른 군사전략도 비교적 간단했다. 지역방위조약과 쌍무 동맹을 통해 구소련을 봉쇄하고 핵전략을 통해 전쟁을 억제하면 되었기 때문이다.

이데올로기가 종언되면서 전통적 위협이 사라지자 미국은 미국 중심의 새로운 세계 질서를 수립하고 이를 관리하는 전략을 추진해 왔다. NATO를 확대하고 안보레짐을 창설하거나 기존의 레짐을 강화하는데 주력했다. 테러분자나 또는 테러 후원국가 및 불량국가가 미국에게 위협이 된다고 판단한 미국은 9.11을 계기로 군사력을 동원하여 직접 응징하기도 했다. WMD가 더 이상 미국에게 위협이 되지 않도록 하기 위해 NPT를 무기한 연장시켰고 PSI를 만들어 대량살상무기의 확산을 차단하려고 노력했다. 지구촌 이곳저곳에서 발생하는 내전은 주로 유엔이나 지역기구에게 맡기면서 끊임없이 새로운 무기체계를 선보였다. 어느 국가도 미국에 도전할 엄두를 내지 못하도록 하기 위한 국방변환(military transformation)도 추진했다.

부시-클린턴-부시-오바마 대통령을 거치면서 수립된 미국의 군사전략은 행정부마다 다르고 또 제1기 때와 제2기 때가 다른 것처럼 보인다. 그러나 미국 군사전략의 목표는 지극히 일관성을 지니고 있다. 유리한 환경을 조성하고(shape), 미래를 준비하며(prepare), 침략을 예방하고(prevent) 억제하며(deter) 방어하고(defend), 그래도 안 될 때에는 이를 격퇴하고(defeat) 승리한다(prevail)는 전략이다. 행정부마다 또는 행정부의 제1기와 제2기에 따라 위의 문장 중에서 일부를 넣거나 또는 빼면 된다. 너무 평범한 것 같기도 하고 말장난하는 것 같기도 하다. 이런 군사전략의 목표는 모든 국가가 군사력을 건설하고 운용하는 이유이기도 하기 때문이다. 결국 탈냉전 20년 동안 미국의 군사전략은 미국 중심의 새로운 질서 수립에 역량을 투입하고 미국을 보호하는 전략으로 일관되게 추진되었다.

이런 군사전략이 바뀌는 것처럼 보인다. 정치적으로는 2011년 가을을 기점으로, 군사적으로는 2012년 1월을 기점으로 미국의 군사전략이 두드러지게 바뀌고 있다. 미국은 위협의 거대한 실체를 인식하고 아태 중시전략으로 서서히 옮겨가려 하고 있다. 미국은 탈냉전 20년 동안 지속해 왔던 미국 중시전략에서 또 다른 봉쇄전략으로 바뀌어가고 있는 것이다. 그런데 미국이 전략을 바꾸어야 되겠다고 인식했을 때 이런 전략의 전환을 옥죄는 사태가 발생했다. 시퀘스트가 발목을 잡고 있는 것이다. 미국은 힘의 전환을 허용할 것인가? 또는 이를 봉쇄하려 할 것인가? 거대한 체스 게임이 아태지역에서 일어날 수도 있다. 중국의 군사전략은 무엇이며 언제까지 현재의 전략을 유지하게 될까? 이것은 미국과 중국만의 문제가 아니다. 한국이 맞닥뜨리게 될 한국 안보의 문제이기도 하다.

참고문헌

김열수. 2011. "동 · 남 중국해의 도서분쟁: 미중 전략 속에서의 원인과 전망." 『신아세아』 18:3(가을).

______. 2012. "미국의 신국방전략과 한국의 대비전략." 『국가전략』 18:2, 169-171, 181-183.

김종완. 2003. " 냉전이후 미국 대외정책의 변화: 일방주의와 다자주의 논쟁을 중심으로." 『세종정책연구』, 2003-9.

김준형. 2012. "G2 관계 변화와 미국의 대중정책의 딜레마." 『국가전략』 18: 1, 8.

맹경환. 2013. "미국방" 예산감축땐 항모 3척 줄여야." 『국민일보』(8월 2일).

박휘락. 2007. "능력에 기초한 접근 방식에 대한 정확한 이해," 『합참』 30, 80-83.

백경남. 1995. 『국제관계사』. 서울 : 법지사.

유성임. 2013. "브레튼우즈 체제 개편 논의의 배경과 전망" http://www.google.co.kr/#lr=lang_ko&newwindow=1&tbs=lr:lang_1ko&sclient= (검색일: 2013.7.17).

정철호. 2011. "2011 국가군사전략과 한국의 군사전략 발전방향." 『정세와 정책』 2011년 5월호, 10

Art, Robert J. 2007. "The Four Functions of Force." in Robert J. Art and Robert Jervis(ed). *International Politics: Enduring Concepts and Contemporary Issues*, 8th ed. New York: Pearson and Longman.

Aspin, Les. 1993. *Report on the Bottom-Up Review*. Washington, D.C.: DoD.

Barno, David W., Nora Bensahel and Travis Sharp, 2011. *Hard Choices: Responsible Defense in an Age of Austerity*. Washington, D.C.: Center for a New American Security.

Clinton, Hillary. 2011. "America's Pacific Century." Foreign Policy 189(November).

Nye, Joseph S. 2011. "A Pivot that is Long Overdue." *New York Times*(Nov. 21).

O'Hanlon, Michael. 2011. "Defense in an Age of Austerity: Goals of U.S. Defense Policy," at a seminar held by Center for Strategic and International Studies(IISS). September 29.

Department of Defense. 1990. *A Strategic Framework for the Asian Pacific Rim: Looking toward the 21st Century*. Washington, D.C.: DoD.

______. 1992. *A Strategic Framework for the Asia Pacific Rim: Report to Congress*. Washington, D.C.: DoD.

______. 1995/1998. *The United States Security Strategy for the East Asia-Pacific Region*. Washington, D.C.: DoD.

______. 2001/2010. *Quadrennial Defense Review Report*. Washington D,C. : DoD.

______. 2012. *Joint Operational Access Concept(JOAC)*, Version1.0. Washington D.C.: DoD.

Department of State. 2010. *Quadrennial Diplomacy and Development Review*. Washington

D.C.: DoS.

Lykke, Arthur F. 1969. "The Fundamental of *Military Strategy*: Definition, Concept and Theory." Military Strategy. Washington, D.C.: US Army War College.

______. 1989. "Defining Military Strategy." Military Review 69(2), 2-8.

Meinhart, Richard M. 2012. "National Military Strategies: A Historical Perspective, 1990 to 2012." in J. Boone Bartholomees, Jr.(ed.), *US Army War College Guide to National Security Issues*, Vol. II. Washington, D.C.: US Army War College.

Joint Chiefs of Staff. 1992/1995/1997/2004. *National Military Strategy of the United States of America*. Washington D.C.: Joint Chiefs of Staff.

______. 2011. The *National Military Strategy of the United States of America: 2011 Redefining of America's Military Leadership*. Washington D.C.: Joint Chiefs of Staff.

Skidmore, David(ed). 2007. *Paradoxes of Power: U.S. Foreign Policy in a Changing World*. Boulder: Paradigm Publishers.

The White House. 1994. *A National Security Strategy of Engagement and Enlargement*. Washington D.C.: The White House.

______. 2002. *The National Security Strategy of the United States of America*. Washington D.C.: The White House.

______. 2010. *National Security Strategy*. Washington D.C.: The White House.

chapter 03

중국의 군사전략

chapter 03

중국의 군사전략

라미경(순천향대학교)

1. 서론

중국이 미국과 더불어 세계 G2로 부상하고 있다. 1990년대 중국의 급속한 경제성장을 바탕으로 강대국으로 성장한 중국이 세계 질서의 안정과 평화, 주변국들의 안보와 발전 측면에서 어떠한 역할을 하게 될지에 대한 논의가 일고 있다. 중국의 변화는 최근 벌어진 일련의 국제정치적 사건들에서 분명하게 확인할 수 있다. 예를 들면, 2010년 미국의 대만 무기수출과 중국의 대화중단 선언, 남중국해 영토문제를 둘러싼 미중 간 갈등에서 중국의 의사표현, 천안함 사건 이후 중국의 대한반도 정책, 조어도(釣魚島, 중국명 댜오위다오, 일본명 센카쿠 열도) 영유권 문제를 둘러싼 중일 갈등에서 중국의 대응방식, 중국의 인권운동가 류사오보(劉曉波)의 노벨평화상 수상 관련 중국 당국의 압박외교, 2011년 다시 불거진 남중국해 도서들에 대한 영유권 문제를 둘러싼 중국의 외교 행보와 군사훈련 등은 그동안 중국이 보여준 대외 이미지 개선 노력과 상당한 차이를 보이고 있다.

이런 일련의 변화속에서 2012년 11월 15일 중국 공산당은 18기 중앙위원회 1차 전체회의를 열어 시진핑 총서기를 포함한 7명의 상무위원과 25명의 정치국 위원을 선출하여 중국의 핵심지도부가 새롭게 구성됨에 향후 중국의 정책 변화에 대한 관심도가 높아지고 있다. 2013년 새롭게 출범한 시진핑 정부는 량광례(梁光烈)국방부장이 국제안보협력의 연장선상에서 '신형대국관계(新型大國關係)'[1]라는 대외정책을 발표했다. 시진핑시대의 대미관계의 핵심은 '신형대국관계로 과거의 강대국관계와는 달리 상호 신뢰를 바탕으로 협력과 윈-윈관계, 그리고 건설적인 경쟁을 이어가면서 함께 발전할 수 있는 관계를 의미한다(袁鵬 2012).

시진핑정부가 출범하면서 중국의 당면과제는 중국이 지난 30여 년간 권위주의 정치체제와 시장 지향적인 개혁개방정책이 결합을 통해 G2로 부상은 했지만 이 과정에서 출현한 산적한 문제를 해소하며 향후 10년간도 중국의 지속적인 부상을 실현해야 하는 것이다. 이와 관련하여 시진핑 시기의 중국은 경제활동인구의 감소, 지역 및 빈부격차, 부패[2], 소수민족문제 등 국내의 정치사회적 불안으로 인해 성장이 둔화되거나 정체되는 중진국의 함정에 빠지지 않으려고 노력할 것이다. 시진핑정부의 출범과 더불어 중국은 G2라는 새로운 국제정치의 구조적 환경과 마주하게 된다. G2는 아시아 지역의 세계 중심으로서의 부상을 의미한다. 2030년까지 중국의 GDP가 세계 GDP에서 차지

---

1 워싱턴에서 진행되었던 시진핑의 연설에서는 '신형대국관계'를 위한 주요 협력분야로 다음 4가지를 제시하고 있다. 첫째, 상호이해와 전략적 신뢰의 증진, 둘째, 각자의 핵심이익과 중대관심사(核心利益和重大關切)에 대한 존중, 셋째, 이익증진을 위한 상호협력 심화, 넷째, 국제문제 및 전지구적 이슈에 대한 상호협력 협조 등이다.

2 2013년 중국의 양회에 내용을 살펴보면 부패척결 사업이 시진핑정부가 추진해야 할 중요한 정책목표 중 하나이다. 중국공산당의 반부패의지는 이번 양회에서 적실히 표명되었다. 시진핑주석은 5년 내에 단일법으로서 반부패법을 제정하겠다고 언급했다. 지난해 보시라이 충칭시 당서기와 류즈진 철도부장 사례 등 권력형 부정부패가 사회적 이슈가 되고 있는바 국민들의 공산당에 대한 불신을 초래하여 당의 집권력을 저하시키고 있기 때문이다. 중국공산당은 공직자의 부정부패를 「형법」, 「검찰법」, 「중국공산당기율처분조례」, 「당정기관에서 사치와 낭비제거 및 절약에 대한 국무원 규정」등에 입각하여 처벌해 왔다.

하는 비중이 24%에 달하는 등 아시아는 세계질서의 중심지로 부각되고 있다.

따라서 최근 중국이 G2로 부상함에 있어 핵심적인 요인으로 인식한 경제와 군사정책 특히 핵전략을 포함한 군사전략을 분석함으로써 중국 부상의 본질에 접근하고 중국의 진정한 의도를 최대한 객관적으로 이해해 보는 것이 필요하다. 특히 중국은 아시아에서 미국의 미사일방어체계 구축에 촉각을 곤두세우고 미국의 미사일 방어체계 자체를 무력화하거나 아니면 미국의 미사일 방어체계로부터 중국 핵전력 생존성을 최대한 확대하기 위해 노력하고 있다. 중국의 군사전략은 1990년대나 2000년대의 안보 상황변화와 과학기술의 발전에 따른 장비의 정교화, 다기능화, 생존성과 반응성이 향상된 핵무기와 함께 중국의 새로운 전략으로 전개하고 있다.

이러한 배경하에 중국의 안보 및 군사에 대한 국내 연구는 인원의 제한, 자료획득의 한계, 언어문제, 안보 및 군사문제의 전문성 특히 중국의 안보이론이나 군사이론의 주관성이나 특수성으로 인해 기반이 아직은 취약한 상태이다. 따라서 중국의 거시적 국가목표와 국가가 처한 대외 안보 및 국내정치 환경, 정책결정자의 성향 등 중국의 군사정책결정에 영향을 미쳤다고 평가되는 제반 정책결정요소를 종합적으로 고려한 중국의 안보 및 군사 연구가 절실히 필요하다고 하겠다.

이에 본 논문은 마오쩌둥이 1949년 국가를 수립한 이후 시진핑 주석이 취임하기 까지 중국의 전략환경을 분석하고 정권별 차이를 보이고 있는 안보관과 주요 군사정책과 군사전략 결정에 영향을 미친 요인을 분석해 보고자 한다. 이를 바탕으로 중국의 군사정책 결정시 영향을 미친 외부적 영향 이외에 내부적으로 중국이 국가정책결정시 견지해 온 사상적 배경은 무엇이고 중국의 군사전략의 특성과 향후 어떻게 진행될 것인가에 대해 전망해 보고자 한다.

2. 중국의 전략환경 분석

1) 중국전통: 중화사상

중화(中華)라는 용어는 '중국(中國)과 화하(華夏)'의 합성어이다. 중화의 의미는 중국 사람이 예부터 자기 민족을 세계의 중심이 되는 가장 발전된 민족이라는 뜻으로 중화라 부르며, 자기 민족의 우월성을 자랑해 온 사상을 이르는 말이다.

'중국'이라는 용어가 주권국가의 개념으로 사용된 것은 약 300년 전의 일로서 1689년 청나라가 외교관의 신분을 호칭할 때 '중국'이라는 국호가 만주어로 처음 사용되면서부터이다. 외교상 '중국'으로 사용된 것은 1842년 8월 29일 아편전쟁결과 영국과 맺은 남경조약에서이다.

'중국'이라는 용어가 중국역사에 등장한 것은 BC 470년경 저술된 고대 주나라의 노래 모음집인 '시경(詩經)'이며 여기에 나타난 '중국'은 사방(四方) 그리고 사이(四夷, 변방 오랑캐)와 대비되는 개념으로 주(周)왕조의 수도를 지칭하거나 주나라 왕이 통치했던 지역을 지칭하는 용어로 쓰였다. 이후 '중국' 이라는 용어는 공자시대를 거치면서 '문화적으로도 우월한 지역' 이라는 의미가 추가되었다(강진석 2004, 12). 이와 같이 주변부와 대칭되는 중심부란 의미로 사용되기 시작한 '중국'은 정치적 · 군사적인 의미의 통치경계를 지칭하는 의미로부터 점차 민족간의정체성을 경계 짓는 의미로 확대되어 갔으며 공자를 비롯한 후대 사상가들을 거치면서 '문화적 우월성을 지닌 지리적 중심부'라는 의미를 갖게 되었다.

'화하'라는 용어는 지역을 의미하는 것으로 '화(華)'는 황하유역의 화산(華山, 현재의 하남성 쑹산)에서 왔으며, '하(夏)'는 하수(夏水, 지금의 한수)에서 왔다고 추정한다. 이 '화하'는 원래 지명을 가리키는 용어였지만 점차 황하강의 중 · 하류지역에 거주하면서 이른바 '황하문명'을 건설한 사람들을 일컫고 장기간의 정복전쟁을 거쳐 진(秦)·한(漢)대에 와서 '화하족(華夏族, 한대 이전의 한족으로 해석)'이 주종을 이룬 통일된 국가로 성장되면서 한족이 형성되었다. 이후에도 한족은 계속 타민족들을 흡수하여 지금까지 이어져 오고 있다(정신철 1996, 67).

이러한 중화사상은 세계를 중화국가와 이적(夷狄) 즉 미개한 국가로 구분하는 사상으로 화이사상(華夷思想)이라고도 한다. '화'는 온 천하 중에서 가장 중심적인 위치에 있으면서 문화가 가장 발달된 지역이라는 의미에서 중국의 천하가 세계의 중심이라고 일컫고 '이'는 한족의 문화와는 다른 주변 민족으로서 야만과 미개로 구분되어졌다. 야만과 미개로 단정 지워진 '이(夷)'가 천자의 왕도(王道)에 참여하지 못한 이유로는 주로 이족(夷族)이 거주하고 있는 지역과 그들의 자질면에서 설명되어졌다(남정휴 1996, 176). 즉 공간적인 개념에서 중국과 변방의 구분인 '인(人)'과 '비인(非人)'의 변별 개념과 결부되었던 것이다. 여기에서 '인(人)'의 실체는 '화(華)'이고 중국인이며 '비인(非人)'의 실체는 '이(夷)'이고 비중국인으로 해석되어졌다(이성규 1995, 109).

2) 전략적 이해관계와 안보

1978년 개혁개방 이래 중국의 전략적 목표는 주권과 영토의 통합성 유지, 경제발전, 그리고 국제적 위신의 증대에 있다(서진영 2006). 이와 같은 전략적 목표를 실현하기 위한 차원에서 중국은 국가 주권의 보호, 경제발전, 사회 안정 등과 같은 국가 안보 목표를 제시하고 있다.

여기서 주목할 점은 이 중국의 전략적 이해관계들 사이에 약간의 긴장이 존재하고 있다는 사실이다. 이러한 긴장은 영토주권 문제와 주변 지역 안정화를 통한 지속적인 경제 성장 및 발전에서 두드러지게 나타나고 있다. 이를테면 영토주권, 특히 해양도서 영유권 문제에 대한 강조는 주변국들과 긴장 대립을 가져올 수 있고, 이는 주변지역 안정화를 통한 경제발전이라는 목표를 훼손할 가능성이 크기 때문이다(이상국외 2011, 24).

이와 같은 다양한 전략적 이해관계 가운데 개혁개방 초기 중국은 자국의 경제발전을 위한 대외환경 조성에 초점을 둔 대외정책 및 안보정책을 추진해 왔다. 동시에 미국 등 강대국 중시 외교정책을 적극 펼침으로써 이들과 긴장보다는 협력 관계를 유지, 강화하는 데 주력해 왔다.

한편 1990년대 중국의 급속한 경제성장을 배경으로 중국위협론이 국제적으로 부각되는 가운데 중국은 자국의 경제 성장이 세계 평화와 주변국 발전에 도움이 된다는 인상을 심어주기 위한 상당한 노력을 들였다. 이러한 차원에서 중국은 1998년 아시아 금융위기와 세계 경제 침체 국면에서 자국의 수출 감소에 따른 경제적 손실을 감내하면서 인민폐 가치를 평가절하하지 않음으로써 주변국들로부터 우호적인 반응을 이끌어 냈다. 이와 함께 중국은 '책임 있는 강대국(負責任的大國)'을 내세우면서 개발도상국에 대한 해외원조 및 경제적 지원을 크게 강화했다(이상국 외 2011, 25).

G2로 부상한 중국과 그에 따른 미국의 아시아 회귀(pivot to Asia)로 향후 미중관계는 영토분쟁이나 자원분쟁은 상당히 갈등적이고 경쟁적인 적대적 관계가 예상되고 있으나 글로벌차원에서 기후, 환경, 테러와 같은 이슈에 대해서는 전략적 협력관계를 모색해 볼 수 있을 것이다.

3) '핵심이익' 개념의 확장

2007년 후진타오 2기에 들어 중국은 2000년 중반 이후 안보위협 요인이 다양화, 복잡화되고 있음에 따라 적극적인 안보 정책을 펴고 있다. 다시 말해, 최근 몇 년간 중국은 자국의 이익을 과거에 비해 적극적으로 해석, 대내외에 공표하고 있고, 실제로 이와 같은 이익 실현 및 보호를 위해 다양한 방식과 수단을 그리고 과거보다 더욱 적극적으로 동원하고 있다.

중국의 이해관계의 확대 및 실현 의지의 강화 움직임은 최근 중국 정부 및 언론매체들이 크게 강조하고 있는 '핵심이익' 개념을 통해 알 수 있다. 2001년 중국공산당 기관지인 인민일보에 '핵심이익'이 언급된 이후, 중국의 핵심이익에 대한 중시와 강조는 2003-2004년경부터 가시화하기 시작했다. 특히 2009년 들어서 핵심이익에 대한 관심이 눈에 크게 증가하면서, 2009년과 2010년 인민일보에는 '핵심이익'이라는 용어가 각각 260회, 325회 출현했다(Swaine 2011).

중국의 핵심이익에 대한 개념은 당초 국내적 문제들의 중요성을 강조하는 '근본이익' 개념에서 출발했다. 다시 말해 1980-1990년대 중반까지 중국 당국은 경제 및 사회개혁, 국내질서 및 안정 유지와 관련하여 근본이익 개념을 주로 사용하였다. 2004년 중국은 더욱 공식적인 차원에서 핵심이익 개념을 제기했다. 곧 2004년 대만문제에 대한 논의 과정에서 "주권"과 "영토완정(完整)"을 중국의 핵심이익으로 언급했다(pomfret 2010). 그리고 2006년 9월 들어서는 당시 외교부장이었던 리자오싱(李肇星)에 의해 "국가안보"가 처음으로 공식적으로 핵심이익 개념으로 다뤄졌다.

이후 2009년 7월 미중 경제 전략대화에서 중국의 다이빙궈(戴秉國)국무위원은 중국의 핵심이익으로 "중국의 기본제도와 국가안보 보존", "국가 주권과 영토완정", "경제 및 사회의 지속적인 안정적 발전"을 제시했다. 중국은위의 세 가지 핵심이익 중 주권과 영토완정, 특히 대만문제, 티베트, 신장문제를 핵심이익의 주요 내용으로 언급하면서 핵심이익을 어떠한 상황에서도 양보할 수 없는, 물리력을 사용해서라도 꼭 지켜내야 하는 국가이익이라는 관점에서 접근해왔다(Swaine 2011).

한 가지 새롭게 조명해 볼 것은 2010년 국가 주권 영역의 핵심이익에 남중국해와 황해(西海)가 새롭게 추가되었다는 점이다. 구체적으로 중국은 2010년 남중국해, 조어도(釣魚島, 댜오위다오, 센카쿠열도) 등의 영유권 문제를 놓고 주변국과 갈등을 빚었다. 그동안 중국이 '분쟁유보, 공동개발' 원칙을 유지해왔지만 일본의 실효지배 우세를 빌어 현상 변를 추구하고 있다는 점이 팽배해지면서 중국은 분쟁해결의 시간표가 필요하다는 목소리가 높아지고 있다. 따라서 중국은 조어도를 핵심이익으로 간주하고 정당성, 합리성, 절제성 원칙에 입각하여 다차원적 대응을 하고 있다. 또한 중국은 국제적 지위 향상, 주변 국제환경 변화 등을 감안하여 외교력을 주변환경 경영에 보다 집중하고 있으며, 유소작위 적극 발휘의 차원에서 동원가능한 수단의 프레임을 넓히고 있다(박동훈 2013). 중국의 핵심이익을 확장하여 남중국해까지도 이에 포함시키는 경향을 보이고 있으며 특히, 2010년 초부터 "남중국해가 중국의 핵심이익" 이라는 주장을 본격화함으로써 주변국과의 마찰을 야기해왔다.

중국은 2010년 오키나와 · 대만 · 남중국해로 연결되는 제1 도련선(島連線, island chain)의 제해권을 장악한 데 이어 2020년 제2 도련선(사이판 · 괌 · 인도네시아)까지 확대한다는 전략을 세워두고 있다. 2040년에는 미 해군의 태평양 · 인도양 지배를 저지한다는 게 중국의 복안이다(세계일보 2012.9.23일자).

〈그림 1〉 중국의 도련선

http://gall.dcinside.com/board/view/?id=accident2&no=1276297&page(검색일: 2013.9.9.)

이러한 중국의 태도에 대하여 미국은 강력하게 대응하였다. 힐러리 클린턴 미국무장관은 2010년 7월 "미국은 남중국해의 항해자유에 국가적 이해가 걸려 있다" 며 외교적 대립 각을 세우는 동시에 베트남과 군사훈련을 실행하고 핵 협력까지 하겠다고 발표하면서 중국에 대한 압력수위를 높여갔다(Landler 2010). 결국 중국은 기존의 입장에서 후퇴하여 2011년 1월 후진타오 주석의 방미를 계기로 채택된 미중공동성명에서 핵심이익이라는 용어를 쓰지 않음으로써 일단락 지었다.

3. 중국 안보관의 변천과 군사정책

1) 마오쩌둥(毛澤東) 시기: 1949-1976

중국혁명전쟁 당시 중국공산당은 공산주의 국가의 주축인 소련의 지원과 국민당과 일본군으로부터 노획한 낙후된 무기를 가지고 전쟁을 수행하였다. 이러한 낙후된 무기를 가지고서도 그들은 성공적으로 혁명전쟁을 수행하여 국민당의 정부군을 물리치고 중국을 통일하여 새로운 사회주의 국가인 '중화인민공화국'을 수립할 수 있었다.

이러한 성공을 바탕으로 중국 지도부의 사고에는 모든 문제 해결의 관건은 무기(물질)에 있지 않고 인간의 정신에 있다는 강한 유심론적 의식이 자리잡게 되었다. 이러한 의식은 중국 건국초기 다양한 국내정치 및 국가재건 정책에 투영되었고 때로는 대약진운동의 처참한 결과를 초래하기도 하였지만 인간의 정신을 중시하는 사고는 군대의 혁명화를 추진하게 된 배경이 되었다.

마오쩌둥은 한국전쟁 등의 실전 경험을 통해 '인민전쟁전략'과 '적극방어전략'이라는 중국 특색의 독특한 군사전략개념을 발전시켰다. 마오쩌둥은 이 전략을 적용하여 대부분의 전쟁에서 승리함으로써 중화인민공화국의 수립에 이를 수 있었다. 따라서 마오쩌둥의 인민전쟁전략과 적극방어전략은 건국초기 중국군의 건군과 발전의 핵심적인 군사전략이라고 할 수 있다.

첫째, 인민전쟁전략은 마오쩌둥 당시 중국의 제반 현실과 당시 그가 직면했던 제반 위협을 종합적으로 평가하여 대응방안을 설정하는 과정에서 도출된 전략개념이다. 이 개념의 핵심은 중국국가 수립 초기 국력이 쇠약하고 피로한 상태에서 외세의 무력침공을 받을 경우 국경선에서 반격을 하지 않고 적군을 중국의 넓은 영토내로 깊숙이 끌어들인 후 중국의 장점인 많은 인구를 활용하여 장기지구전을 수행해야만 중국군에 비해 우세한 적과 싸워 이길 수 있다는 것이다. 마오쩌둥의 인민전쟁전략사상에 대해 중국군은 당의 영도하에 군중을 동원하고 군중을 조직 및 무장시키고 군중에 의해 전쟁을 수행하며 인민의 군대를 건설하고 공고한 혁명근거지를 건설하며 야전군 · 지방군 · 민병의 3결합의 무장역량체계를 시행하고 무장투쟁이라는 주요 투쟁형식과 각 전선에 있어서 각종 형식의 투쟁을 서로 결합하여 융통성 있고 기동성 있는 전략전술을 운용하는 것이다(張萬年 1999)라고 설명하고 있다.

둘째, 적극방어전략은 적극성과 방어성이라는 두 가지 핵심개념이자 일면 상충되는 개념이 복합되어 조성된 용어이다. 우성 적극방어의 핵심은 방어성에 있다고 본다. 중국은 이 방어성에 대하여 마오쩌둥 전략사상의 근본철학 즉 전쟁이나 일체의 군사투쟁이 적의 압박에 의한 자위적 차원에서 불가피한 자구적 행위라는 것을 강조하고 있다. 중국에서는 이 전략사상에 대해 '마오쩌둥 등 선현 무산계급혁명가, 군사전문가들이 마르크스주의 군사이론을 지침으로 하여 고금의 중국과 외국의 전쟁경험의 정수를 받아들여 구상한 적극방어의 일반적인 원리를 중국 혁명전쟁 시 창조적으로 적용함으로써 깊은 이론적 내용과 선명한 중국 특색을 갖춘 전략이론으로 재창조 한 것' 이라고 규정하고 있다(박종원 · 김종운 2000).

마오쩌둥 시기의 중국의 군사전략은 사실상 마오쩌둥 개인의 전략사상이었으며 요약해보면 인민전쟁의 기초위에 세워진 적극방어전략사상 이라고 규정할 수 있다. 특히 내가 먼저 침략을 하지는 않겠지만 만약 침략을 당하면

반드시 제압한다는 결부선 후발제인(抉不先 後發制人)의 원칙을 분명히 하였다(이계희 2004).

마오쩌둥 시기 중국군의 군전략과 중국군의 발전과정을 살펴보면 크게 친소시기(1949-1960), 자력갱생기(1961-1976) 등의 시기로 나누어 볼 수 있다.

첫째, 친소시기(1949-1960)는 1949년 건국 초기 중국군의 현대화 사업은 불안정한 상태에서 출발한 국가로서 수많은 내외적 안보위협을 안고 있었고 그러한 안보위협에 대처할 가장 중요한 요소가 '군사력'이라는 사실을 익히 알고 있었음에도 불구하고 경제의 낙후 등으로 큰 성과를 거두지 못하였다. 하지만 당시 국방부장관 이였던 펑더화이(彭德懷)는 1950년 한국전쟁에 중국군을 직접지휘하고 참전하면서 미국의 현대화된 무기와 중국군 무기의 현격한 차이를 경험한 바 있고 1951년 주더(朱德)도 강력한 국방력을 갖추기 위해서 군사과학기술을 발전시키고 군 간부들의 전투지휘능력을 향상시켜야 한다고 강조하였으며, 소련으로부터 많은 현대식 무기를 수입하는 한편 자체무기생산 시설을 마련하기 위해 집중적인 노력을 경주하였다(오규열 2000).

당신 중국은 사실상 소련의 지원과 지시 하에 한국전쟁에 참전하여 수많은 인적 물적 피해를 입은 결과 공산진영에 확실하게 편입되었으며, 공산진영의 맹주인 소련과 긴밀한 관계를 유지할 수 있었고 미국을 공동의 적으로 간주하고 있었기 때문에 소련으로부터 우호적인 지원을 받을 수 있었다. 1950년 2월 14일 중국은 소련과 '중 · 소 우호동맹조약'을 체결한 후 더욱 적극적으로 소련의 발전을 탐구하고 긴밀한 군사협력관계를 유지하게 되었다.[3] 중국은 이러한 기회를 적극적으로 활용하여 낙후된 무기의 현대화를 위해 소련으로부터 현대식무기를 지원받는 동시에 군사과학기술을 획득하기 위해 소련과 과학기술교류협정, 원자력의 평화적 이용을 위한 기술지원협정, 중 · 소 과학

3 그러나 당시 소련의 스탈린은 중국과 '중 · 소 우호동맹조약'은 체결하였지만 기본적으로 마오쩌둥을 경시하고 불신하였다. 스탈린은 중국의 공산주의가 마오쩌둥의 지도하에 향후 민족주의적인 특색이 강화되면 미래의 소련에 위협이 될 수도 있다는 것을 염려하였다(이두형 2006).

원 과학기술교류 5년협정, 주요과학기술 연구협력의정서 등의 협정을 맺었다. 중국은 이러한 협정들을 근거로 소련으로부터 다수의 군사 및 민간 전문가를 초빙하여 핵무기와 항공관련기술개발에 적극적인 노력을 기울였다.

둘째, 자력갱생기(1960-1976)이다. 1960년대에 들어서면서 중국과 소련의 군사협력관계는 양국의 정치와 이념의 충돌로 파국으로 치닫게 된다. 1960년 4월 16일 중국은 관영 '인민일보'를 통해 흐루시초프 지도하에 소련의 정통 레닌주의를 배반하였으며 수정주의 노선을 걷기 시작하였다고 비판했다(이두형 2006). 소련은 7월 16일 이에 대한 보복조치로 중국에 파견된 모든 소련기술자의 철수를 지시하고 양국 간 제반 군사협력을 일절 중단하였다. 또한 그동안 소련의 지원으로 중국군현대화를 적극적으로 추진해온 국방주장 펑더화이(彭德懷)가 마오쩌둥의 혁명방침을 위배하였다는 이유로 실각함에 따라 중국군의 현대화사업은 점차 침체되기 시작했다. 소련이라는 한 나라에 지나치게 의존한 중국의 군수공업발전의 좌절은 중국군 지도자들이 향후 단일국가로부터 무기나 장비 그리고 군사기술을 도입하는 것은 금물이며, 외국으로부터의 무기획득에 지나치게 의존하는 것도 매우 위험하다는 교훈을 얻는 계기가 되었다. 또한 절박한 군사위협에 직면한 마오쩌둥은 중국이 반드시 핵무기를 가져야 스스로 안전을 확보할 수 있다고 생각하게 되었으며 이러한 마오쩌둥의 인식은 중국이 핵무기 개발에 국가의 총력을 집중하는 계기가 되었다.

2) 덩샤오핑(鄧小平) 시기: 1976-1989

1976년 마오쩌둥이 사망하자 덩샤오핑은 문화대혁명으로 혼란스러웠던 중국내정을 위시한 산적한 내외부적 문제를 원만하게 해결하고 자신의 권력을 공고히 해나감으로써 마오쩌둥 이후 중국의 확고한 지도자의 위치를 구축해 나갔다. 덩샤오핑은 국제전략환경의 변화에 따라 중국의 군사정책을 4단계[4]에 걸쳐 점진적으로 개선하여 전시체제에서 평시체제로 전환하고 중국 군사정책의 방향을 과거 혁명화 · 현대화 노선에서 정규화를 중심으로 한 혁명화 · 현대화 · 정규화 노선으로 전환하여 중국군의 체질을 근본적으로 바꾸어 나가기 시작했다.

첫째, 혁명화란 군대를 반드시 당이 영도하고 전심전력으로 인민들을 위해 복무하게 한다는 근본적인 임무를 반드시 견지하고, 마르크스-레닌과 마오쩌둥 사상, 그리고 당의 노선과 방침에 따르게 한다는 것이다. 혁명화는 군민일치, 관병일치를 관철시키고 적군의 전략이론을 와해시키며 소정의 규율을 엄격히 준수하게하며 정치, 경제, 군사의 3대 민주를 발양시킨다. 이를 통하여 군을 영원히 정치의 수단이자 당의 하부구조로서 합당하게 하며 당중앙과 정치, 사상, 행동적으로 완전히 일치시켜 영원한 국가의 보위자이자 사회주의 보위자 나아가 인민 이익의 보위자가 되어야 한다는 것이다(국방군사연구소 1996).

둘째, 현대화란 4개 분야 즉 무기장비, 군사인재, 군대관리, 군사학술의 현대화로 구체적으로 제시하고 있다. 무기장비의 현대화는 군대의 무기와 장비를 위력적이고 기동성이 우수하게 향상시켜 현대전에 부합하도록 해야 한다는 것이다. 군사인재의 현대화는 장병을 사상적으로 무장함은 물론 현대전쟁에 필요한 지식 · 이상 · 도덕 · 문화 · 기율에 대한 교육을 통해 새로운 인간으로 형성하고 국제적 수준의 군사전문지식과 국제적 감각도 구비케 해야 한

4 덩샤오핑의 군사정책은 4단계로 구분해서 설명할 수 있다. 1단계는 1975년 초 군사위원회 부주석 겸 총참모장에 재직시기로부터 1976년 '4인방'을 축출하고 권력을 장악해가는 시기로서 이때는 군내 '4인방'과 린뱌오(林彪)의 영향력을 제거해 가면서 마오쩌둥의 군사상 본래의 진면목을 회복하고자 노력하였으며 한편으로는 새로운 군사건설 방향을 모색한 시기였다. 2단계는 1976년 4인방을 숙청한 후부터 1981년 6월 중앙군사위 주석을 담당하였던 시기였다. 이때 덩샤오핑은 중국군의 재정비를 마치고 새로운 전략적 조건하에서 새로운 상황 새로운 문제를 해결하기 위한 연구를 제창하면서 중국군의 본격적인 전문화 · 현대화 방향을 모색하게 된다. 3단계는 1981년 6월부터 1985년 5월 중앙군사위원회 확대회의까지의 기간이다. 이 기간에는 군사의 현대화 건설을 위한 계획과 체계적인 신시기 군사건설의 이론과 원칙이 제시되었고 마오쩌둥 군사상도 중국군사이론의 주요부분으로서 광범위하게 발전 채택되었다. 또한 이 시기에는 방어에 있어 장거리 정면방어(종심방어), 방공, 대기권위의 공간역량(우주군사력)을 강조하고 낙후된 전술적 상황을 개혁하고자 하였다. 4단계는 1985년 6월 이후의 단계로서 덩샤오핑의 신시대 군사건설사상이 더욱 심화된 단계로 평가되고 있다.

다는 것이다. 군대관리의 현대화는 군의 조직과 편제, 지휘방식을 현대전에 부합하도록 개선한다는 것이다. 군사학술의 현대화는 군의 군사사상 및 이론, 전략 및 전술 등을 과학기술의 발달에 따라 현대전쟁의 특성에 부합하도록 하고 국방, 군사, 전쟁준비능력을 충분히 발휘할 수 있도록 지도한다는 것이다.

셋째, 정규화란 전군이 통일된 지휘 · 제도 · 편제 · 기율 · 훈련을 실행하고 각 군의 제병과 간 긴밀한 합동작전을 통해 부대의 조직성, 계획성, 정확성, 기율성을 발양하며 규정에 입각한 장비정비 · 훈련 · 업무 · 생활 질서를 유지함으로써 부대의 전투력을 제고해야 한다는 것이다.

이러한 중국의 군사정책방향은 마오쩌둥의 고전적 인민전쟁전략사상의 한계를 인식한 덩샤오핑이 마오쩌둥의 군사사상을 사실상 비판하면서 그 대안으로 제기한 것으로 볼 수 있으며 중국의 군사정책방향은 과거 마오쩌둥 시기 펑더화이(彭德懷)가 주장하다다 마오쩌둥의 견제로 실각함으로써 좌절된 군사정책방향이기도 했다. 이러한 중국의 군사정책방향은 펑더화이-덩샤오핑-장쩌민-후진타오로 이어지면서 현대 중국군사정책의 기본방향으로 이어지고 있다.[5]

덩샤오핑시기에는 군사정책에도 많은 변화가 있었다. 국제적으로 미 · 소간의 핵 균형을 통해 전략적인 안정이 유지되었다. 내부적으로 소련을 제외하고는 특별한 안보위협 요소가 없게 되자 중국은 마오쩌둥 시기 마르크스-레닌의 혁명이론에 입각한 '전쟁불가피론'에서 벗어나 '전쟁가피론'을 주장하였으며 지속되어온 '전시군사태세'를 '평시의 군사태세'로 전환하고 안정적이고 보편적인 군사정책인 '현대화 · 정규화' 군사노선 하에 '평시체제군

---

5 이와 관련 중국의 군사전략도 마오쩌둥 시기의 군사전략을 현대적인 군사환경에 부응할 수 있도록 매우 현실적으로 수정해 나가기 위해 노력하고 있다. 다만 중국정치 및 군대 구성원들의 이념적 경직성으로 인해 그 변화의 속도가 매우 느리고 사안에 따라서는 과거의 개념과 현재의 개념들이 혼재하는 측면도 없지 않은 것이 중국군사정책의 현실이기도 하다. 이러한 중국지도부의 정치적 환경과 교조적인 문화로 인해 마오쩌둥이 만들어 놓은 중국의 군사교리에 대한 수정이나 변경은 곧 정치적 자살행위와 같기 때문에 전략교리의 기본사상이나 명칭은 사실상 변경이 불가능했다.

사정책'을 추진하게 되었다. 또한 기존 군사전략인 인민전쟁전략의 여러 문제점을 인식하고 '현대화 조건하 인민전쟁전략'으로 군사전략을 전환하여 현대전에 부합된 군사건설을 도모하기 시작하였다. 외부로부터 군사과학기술을 적극적으로 받아들여 선진무기와 장비를 도입하였으며 현대적 군사교리 발전에도 많은 관심을 기울였다.

덩샤오핑 시기의 중국은 힘이 부족할 때는 그 힘을 일단 숨기면서 힘을 기르고(韜光養晦), 일단 어느 정도 힘이 길러지면 당당하게 자신의 입장을 밝히고 자신의 의지를 관철시키고자(有所作爲)하는 외교적인 전략을 갖고 있었다. 강대국이 강력한 힘을 배경으로 국제사회에서 자신의 이익을 주장하고 역사적 사실에 기초한 기존의 권리를 주장하거나 이해 당사국들과의 투쟁을 통해 확보한 권리를 주장할 때 이를 막을 방법은 세상에 어디에도 없다고 판단했기 때문이다.

덩샤오핑 시기 중국은 많은 난관을 지혜롭고 성공적으로 극복하고 데탕트 시기 상대적으로 안정된 국제정세를 최대한 활용하고 개혁 · 개방에 성공함으로써 강대국 진입에 필요한 기초를 구축하였으며 마오쩌둥 시기에 이어 일관되게 공세적 현실주의에서 주장하는 세계적 패권국가가 되기 위한 행보를 지속해 왔다고 볼 수 있다.

3) 장쩌민(江澤民) 시기: 1989-2002

1989년 6월 4일 천안문 사건 이후 발탁되었던 장쩌민은 1992년 10월 중국공산당 총서기로 재추대되었다. 당시 총리인 주룽지(朱鎔基)는 성공적으로 중국의 경이적 경제성장을 지도하면서 '사회주의 시장경제' 체제를 확립함으로써 경제발전과 국내안정에 기여하였다. 중국 경제가 급격하게 성장하면서 두 가지 측면에서 변화가 일어났는데 하나는 군사력 증강이고 다른 하나는 외교적 측면에서의 자세 변화였다.

군사력강화와 함께 중국은 외교적 기조도 덩샤오핑 이래 지금까지의 '수세적 자세'에서 '공세적 자세'로 태도를 전환해 가기 시작했다. 특히 1992년 2월 전인대 상무위원회에서는 영해법을 채택하여 동중국해 및 남중국해에서 일본이 점유하고 있는 센카쿠 열도와 필리핀 근해의 남사군도 등을 일방적으로 중국 고유의 영토라고 선포하고 베트남 등과 해상무력 충돌을 벌이기도 하였다. 이른바 '중국위협론'의 단초를 연 것이다.

장쩌민 시기의 신안보관에 대한 논의는 탈냉전에 따른 국제안보 정세의 급격한 변화와 세계화의 영향을 객관적으로 평가하여 중국이 대처해야 할 국가전략과 안보정책 방향을 모색하기 시작하는 과정에서 자연스럽게 제기되었다. 중국의 안보전문가 까오헝(高恒)은 신안보관의 객관적 조건으로 다섯 가지 요인을 제시하고 있다. 첫째, 새로운 세계적 과학기술혁명이 새로운 안보관 수립을 위한 충분한 물질적 기초를 제공했다. 둘째, 경제 세계화와 지역경제 블록화(集團化)는 관련 국가들로 하여금 종합적인 안보위협에 직면하게 되었다. 셋째, 블록정치(集團政治)와 동맹전략은 역사적으로 퇴장될 운명에 처하게 되었다. 넷째, 지구 생태환경의 오염과 파괴는 전 인류차원에서 공동안보관을 확립할 필요성을 제기하였다. 다섯째, 냉전종식 후 종교·인종·문화·지역 간 충돌이 노정됨에 따라 문화적 다양성과 다원화를 인정하는 새로운 안보관이 필요하게 되었다.

중국의 국력성장과 국제적 지위향상으로 인해 중국의 국가안보 주제도 변화하였는데 그 방향은 평화와 안정의 외부적 환경을 조성하는 동시에 중국의 제도적 안보문에 관심을 갖고 덩샤오핑의 국가안보관[6]의 기초위에서 '냉전적 사고의 배제, 신 안보관의 수립'이라는 것이다.

장쩌민 시기의 군사전략으로는 '첨단기술조건하 국지전전략', 군대건설

---

6 덩샤오핑의 안보관은 4가지로 정리할 수 있다. 첫째, 국가이익 최고원칙과 국가안보 최우선 순위는 불가분의 관계로 국가이익의 최고 원칙이 없다면 국가주권안보의 중요성 논의는 의미가 없다. 둘째, 자국의 국가이익과 국가안보를 강조하는 동시에 타국의 이익과 안보를 침해해서는 안 된다. 셋째, 국가관계의 발전이 이데올로기적이어서는 안 된다. 넷째, 평화와 발전 및 개혁개방의 새로운 국제정세에서 경제건설이 가장 중요하다(유정파 2006).

사상으로는 '5구화(五句話)', 국방건설사상으로는 '중국특색의 국방현대화'를 제시하고 있다(이두형 2002). 여기서 '5구화'는 장쩌민이 냉전의 종식과 관련 동유럽의 격변, 소련내부에서 발생한 대혼란과 걸프전쟁을 목도하면서 변화된 새로운 안보 및 군사 환경에 대응하여 1990년 초 군사전략을 변경하고 4자로 구성된 다섯 가지 군대건설 및 운용방침이다. 다섯 가지는 정치합격(政治合格), 군사과경(軍事過硬), 작풍우량(作風優良), 기율엄명(紀律嚴明), 보장유력(堡障有力)이다.

5구화(五句話)의 의미는 다음과 같다. 첫째, 정치합격(政治合格)은 중국 인민해방군이 견지해야 할 정치적 성격에 대한 명확한 정체성 정립과 관련된 것으로 중국군은 중국공산당, 인민, 국가, 사회주의에 충성해야 한다는 것이다. 둘째, 군사과경(軍事過硬)은 급변하는 안보 및 군사, 과학기술 환경 등 현대전에 부합하도록 중국군이 전략과 전술의 발전, 첨단무기체계의 확보와 교리의 개발 그리고 강도 높은 실전적 훈련을 통하여 상시 전쟁에서 승리할 수 있는 태세를 갖추어야 한다는 것이다. 셋째, 작풍우량(作風優良)은 중국군의 우수한 전통과 문화를 창조적으로 계승 발전시켜나가야 한다는 조항이다. 중국군은 실사구시, 언행일치, 공명정대, 청렴결백한 공무수행, 근검절약, 뇌려풍행(雷風行: 우레같이 맹렬하고 바람같이 신속함) 등과 같은 전통적 미덕을 지속적으로 계승 발전시켜야 한다는 것이다. 넷째, 기율엄명(紀律嚴明)이다. 기율은 군대의 내부질서를 확립하고 내외관계를 협조하며 단결과 통일을 공고히 하고 부대의 응집력과 전투력을 제고하기 위한 관건이므로 이를 철저히 지켜야 한다는 것이다. 특히 군인은 정치 기율을 엄격하게 준수하고 자발적으로 위계질서를 존중하며 명령에 절대복종하고 군정관계와 군민관계를 정확히 처리하며 각종 군대의 법령과 규칙 및 제도를 엄격히 준수해야 한다는 것이다. 다섯째, 보장유력(堡障有力)은 군사력건설과 이의 유지 관리 즉 군수지원을 효율적으로 해야 한다는 조항이다. 첨단기술조건하의 전쟁을 수행하기 위해서는 중국군의 현대화를 지속추진하고 이를 위해서는 전시와 평시를 유기적으로 결합하고 필요시 민간기술도 적극 활용함으로써 군수지원분야를 혁신적으로 발전시켜 나가야 한다는 것이다.

4) 후진타오(胡錦濤) 시기: 2003-2012

후진타오는 2002년 11월 당 총서기, 2003년 3월 국가 주석에 취임함으로써 명실상부한 중국의 최고 권력자가 되었다. 후진타오는 시기의 외교노선은 도광양회를 대신하여 화평굴기(和平屈起)로 평화롭게 우뚝 선다는 의미를 채택하였다. 후진타오를 중심으로 한 중국의 제4세대 지도부는 국내외적인 안보상황을 감안하여 내부적으로는 '조화사회(和諧社會)'를 건설하며 외부적으로는 '화평발전(和平發展)'을 강조하고 이 양자의 긴밀한 결합으로 '세계적인 조화사회'를 건설할 것을 제기하였다. 중국은 이러한 '조화 세계론'이 과거 수 천년동안 중국 중심의 외교전통의 계승이며 평화공존 5원칙과 신안보관의 결과라고 주장한다.

후진타오의 적극적인 안보관은 중국의 이해가 걸려 있는 사안에 대해서는 이를 보다 적극적이고 능동적으로 관여하겠다는 점과 중국이 성장한 국력을 바탕으로 국제사회와 특히 세계의 패권국인 미국에 대하여 당당하게 자신의 경쟁의지를 표명한 것이라 볼 수 있다.

후진타오의 군사사상은 그가 제시한 새로운 국가통치이념인 '과학적발전관'에 입각하여 새로운 시기에 맞는 정확한 군사전략을 수립하고 이를 성공적으로 수행하기 위해 중국특색의 군사력현대화를 추진한다는 것이다.[7] 후진타오의 군사전략은 기존의 중국 군사전략방침인 적극적방어의 전략방침은 유지하되 세계의 정보화 추세와 군사 과학기술의 발전에 따라 중국 군사전략

7 과학적발전관(科學的發展觀)은 2005년 10월 중국공산당 제16기 제5중 全會에서 중국이 지금까지 추진해온 성장 중심의 경제정책이 가져온 여러 문제점을 해소하기 위해 새로운 국정운영기조로 제시한 것으로 2007년 10월 제17차 당대회에서 중국공산당의 핵심강령인 당장에 삽입하였다. 따라서 이 국정운영기조는 사실상 국가통치이념으로서 중국의 안보 및 군사정책을 포함한 모든 국가정책 수립에 있어 기본 방향이 된다.

을 '정보화 조건하 국지전수행전략' 으로 전환하고 군사력도 새로운 시기의 군사 환경에 맞게 정보화 · 첨단화해야 한다는 것이다.

이와 같은 군사 환경의 변화에 부응하여 중국이 새로운 군사전략을 채택한 이유는 두 가지로 요약해 볼 수 있다.

첫째, 이라크전쟁을 통해 중국은 1990년대 중반이후 진행 중인 범세계적인 군사혁신(RMA)의 핵심이 정보화 군사력을 중심으로 추진되고 있다는 것을 다시 한번 경험하고 이에 대한 대비가 시급함을 인식하였다.

둘째, 주요 경쟁국인 미국, 일본, 러시아의 군사변혁 및 군사력 현대화의 가속으로 인해 이들 국가와 중국 간 군사력 격차가 갈수록 벌어지고 있다고 인식하였다는 것이다. 따라서 중국은 군사력현대화의 단계를 일반적인 군사선진국의 군사력현대화의 단계인 기계화를 거쳐 정보화로 가는 것 대신에 기계화와 정보화를 동시에 추진하는 '도약식 발전(중국특색의 군사변혁)' 방식을 택했던 것이다.

중국은 2004년, 2006년도 국방백서에서 "중국 인민해방국은 정보화를 군 현대화 발전방향 및 전략중점으로 정하고 응용주도, 창의적 개발, 인재본위, 도약식 발전 등 총체적인 사고를 기초로 정보화 건설을 위한 연구와 실천을 적극적으로 전개해 나간다", "국가의 총체적 계획에 의거하여 국방과 군 현대화 건설 3단계 발전전략을 적용하여 2010년 이전에 현대화 건설의 기초를 수립하고 2020년을 전후하여 비교적 큰 발전을 이룩하며 21세기 중엽에 이르러 정보화 부대의 건설과 정보화전쟁에서 승리라는 전략적 목표를 달성할 것이다" 라고 하여 중국의 군사전략을 정확히 밝히고 있다.

중국에서는 정보화 전쟁을 미래의 일종의 완전한 새로운 전쟁형태로서 정보화된 군대와 정보화된 무기장비를 기본역량으로 하며 정보와 정보수단을 효과적으로 운용하여 적 정보체계와 사상, 신념을 공격함으로써 적으로 하여금 대항 의지를 포기하도록 하는 일체의 전쟁행동과 준 전쟁행동으로 정의하고 있다.

〈표 1〉 중국 지도자별 군사전략 변화

지도자	군사사상적 지도와 방침	군사전략이론구상	군사전략
마오쩌둥	-인민전쟁 -열세의 군사장비로써 선진장비 극복	-전면전쟁 -조기공격, 대규모 공격, 핵전쟁	-인민전쟁전략
덩샤오핑	-평화시기의 군대육성 -적극적 방위, 인민전쟁의 현대화	-적극적 방어, 국부전쟁 -방어전쟁과 공세전쟁	-현대적 조건하의 제한국부전쟁전략
장쩌민	-하이테크를 기반으로 한 적극적 방어	-하이테크를 통한 국부전쟁의 승리 -하이테크 전쟁과 현대 적 인민전쟁과의 결합	-첨단기술조건하의 제한국부전쟁전략
후진타오	-정보화를 기반으로 한 적극방어	-정보화를 통한 국부전 승리	-정보화조건하의 제한국부전쟁전략

4. 중국의 군사전략

1) 군사전략목표

(1) 영토와 주권 보호

어느 국가를 막론하고 군사전략의 최우선 목표는 영토와 주권의 고수이다. 하지만 중국에 있어서 영토와 주권의 보호는 다른 여타국가와는 다른 특성을 가지고 있다.

중국의 대 대만정책에 있어서 중국은 '하나의 중국' 원칙과 대만은 중국의 일부라는 주장을 고수하고 있으며 주권과 영토보존이라는 근본적인 문제에 있어서는 절대로 양보하거나 타협하지 않겠다는 입장을 견지하고 있다. 장쩌민(江澤民)주석은 "중국은 오직 하나이며 대만은 중국의 일부임을 천명한다. '두 개의 중국' 혹은 '하나의 중국과 하나의 대만' 모델은 용납할 수 없으며, '대만독립'에 대해서는 강렬하게 반대한다. 대만문제를 어떠한 방식으로 해결하느냐는 완전히 중국의 내정에 속하는 문제이며, 외국의 간섭을 절대로 용납하지 않을 것이며, 여기에는 당연히 무력 사용을 통한 대만문제의 해결도 포함된다"고 주장하였다(김옥준 2005, 76).

대만문제와 더불어 영토주권과 관련하여 21세기 들어 중국이 강조하고 있는 지역이 중국 부근 해역의 도서에 대한 주권의 주장이다. 일본과의 분쟁지역인 조어도는 물론 서사군도, 남사군도 등에 대한 주권의 주장은 이미 새삼스러운 일이 아니다. 또한 최근 남중국해에 대한 주권의 주장이 두드러지고 있다. 21세기 중국의 해양전략 강화와 원양해군 능력의 제고는 이러한 해양주권의 고수와 밀접한 관련이 있다고 볼 수 있다.

(2) 역내 강대국으로서 영향력 확보

중국은 역내 강대국으로 부상하여 영향력을 확대시키기 위해 적극적인 외교활동과 경제협력 관계의 발전, 지역 평화와 안정, 다자협력 확대를 위한 적극적인 역할을 모색하고 있다. 이러한 전략적 고려는 중국으로 하여금 동남아국가연합(ASEAN)의 지역포럼에 적극 참여하게 하였으며, 외교적인 경로를 통하여 동남아국가연합 국가들과의 영토분쟁을 해결하게 하고 있다. 그리고 중국이 나날이 증대되고 있는 경제력과 군사력을 바탕으로 국제적 영향력을 적극 제고시키고 있고 현실적인 이익을 기초로 전략의 중점을 아·태지역에 두고 지역패권을 추구하고 있다. 아·태지역은 중국, 일본, 동남아국가연합(ASEAN) 등 세 세력이 경제력을 바탕으로 정립하고 있었다고 볼 수 있다. 1997년 아시아 금융위기의 충격은 아시아 국가들의 경제력 쇠퇴를 가져왔으나 중국은 상대적으로 그 영향을 비교적 적게 받았으며 이는 중국으로 하여금 일본과 동남아국가연합 국가들에 비해 종합국력이 상대적으로 증대되는 결과를 가져왔다. 아시아 금융위기 기간 동안 중국은 지역경제안정을 위한 시책으로 아・태 국가들의 지지를 받았을 뿐만 아니라 이것은 지역강국으로서의 중국의 지위를 격상시켰다.

2010년 중국의 국내총생산(GDP) 규모는 일본을 추월하여 세계 제2위의 경제 대국이 되었으며 2013년 6월 3조 4,977억 달러에 달하고 있다. 이제 세계는 중국을 미국에 대적할 수 있는 사실상의 초강대국이라고 인정하게 되었으며 중국 자신도 이를 인식하고 있다. 이러한 경제력을 바탕으로 중국의 아시아 강대국 지위의 추구는 이미 노골화되고 있으며 만일 미국의 아시아에 대한 영향력이 중국을 견제할 수 없는 수준이 된다면 향후 아시아는 점차 중국의 독자적인 영향력이 지배하게 될 것이다.

따라서 중국은 아・태지역에서의 영향력 강화를 위하여 동 지역에 대한 미국의 영향력을 최대한 억지하려 할 뿐만 아니라 향후 강화될 수 있는 일본의 영향력에 대해서도 견제할 것이다. 이러한 중국의 목표를 달성하기 위해서는 군사적인 역량 강화와 이러한 목적에 부합되는 군사전략의 수립이 필수적일 수밖에 없다.

중국은 아・태지역에 대한 영향력 제고의 목적달성을 위한 수단으로서 군사력을 가장 직접적인 수단으로 고려하고 있다. 이러한 현상은 중국의 군사력에 대한 압박감을 느끼고 있는 아・태 국가들로 하여금 중국의 국방현대화로 인한 국력의 증대에 대해 더욱 민감한 반응을 보이게 하고 있다. 중국은 중국특색의 군사혁신을 통하여 현대적 군사능력을 확보하고 미국의 군사적 패권에 도전할 수 있는 능력을 갖추고자 한다. 중국은 지역접근거부 전략의 차원을 넘어 지역 및 세계적 차원에서 적극적, 공세적인 역할을 할 수 있는 군사적 투사능력을 확보하려고 한다. 또한 항공우주에 대한 미국의 지배적 위치에 도전장을 내고 5세대 스텔스기도 개발하여 기술력을 과시하고 있으며, 최근에는 항공모함을 시험 운항하고 항모 확보계획을 공식화 하고 있다.

중국의 아시아 강대국 지위의 추구는 이미 노골화되고 있으며 만일 미국의 아시아에 대한 영향력이 중국을 견제할 수 없는 수준이 된다면 향후 아시아는 점차 중국의 수중에 넘어가게 될 것이다. 중국은 아시아를 발판으로 미국에 도전하게 될 것이며, 이로 인해 미국의 세계전략은 도전을 받을 수밖에 없을 것이다. 즉 동아시아는 중국이 세계강국으로 도약하기 위한 발판이 될 것이다(이장원 2011).

(3) 비전통적 안보

냉전 종식이후 국제질서는 미국을 중심으로 하는 일초다강의 새로운 국면을 맞이하였다. 신국제질서 속에서 중국은 주변국과의 지역협력을 강화하고 적극적으로 다자주의를 수용하면서 자국의 영향력을 강화하고 주변국과의 관계를 개선하고 있다. 이는 대국으로 부상하기 위해 우선 지역강국의 입지를 강화하고자 하는 중국의 외교대전략으로 해석된다.

중국의 지역주의의 강화와 다자주의의 적극적 수용의 배경은 크게 두 가지 요인에 기인한다.

첫째, 개혁개방 이후 제일의 목표를 경제성장으로 설정하였다. 중국의 지속적인 경제성장을 위해서는 안정적인 주변 환경 그리고 지속적인 자원 및 자본의 공급, 배후시장의 개척 등이 요구되었다.

둘째, 중국의 세계체제로의 편입이 가속화되면서 중국은 더 이상 '체제외국가'로 남아있을 수 없었으며 적극적으로 체제 속에서 중심국으로 발돋움해야 할 필요성이 제기되었다. 새로운 국제질서 속에서 정치 · 경제적 주요 사안은 이미 국가 대 국가의 영역을 뛰어넘어 보다 복잡하고 다양한 이해관계의 망을 형성함에 따라 중국은 자국의 이익을 관철하고 불필요한 갈등을 조정할 도구가 필요하였다.

이에 따라 중국은 대외적으로 책임대국론을 강조하며 자국의 영향력을 강화하고 있다. 그러나 중국의 강대국화에 대하여 위협론 등이 제기되면서 중국의 역내 입지를 방해하는 요소로 작용하고 있기도 하다. 특히, 미국은 아시아 지역에서 양자관계 및 다양한 국제레짐을 주도하면서 중국을 견제하고 있다.

이와 같은 상황에서 중국으로서는 무조건적인 반미정책을 펼 수는 없는 입장이다. 즉, 미국과는 양자관계 및 기존의 다자협력체의 틀에서 협력의 강화를 꾀하며 세력균형을 유지하는 반면 역내에서 미국의 영향력을 견제할 새로운 도구가 필요하게 되었다. 그 가장 대표적인 사례가 바로 상하이협력기구(上海合作組織 Shanghai Cooperation Organization: SCO)이다.

상하이협력기구는 러시아 및 중앙아시아 4개국(카자흐스탄, 키르기스스탄, 타지키스탄, 우즈베키스탄)으로 구성된 다자협력체로서 중앙아시아를 거점으로 세계 추세에 부합하면서 국제적 · 지역적 현안들에 이해당사국들이 공동으로 접근 · 대처하고 나아가 군사, 경제, 인문 분야 등의 전방위적인 협력을 증진시키기 위해 1996년 국경 문제에 대한 협력을 목적으로 구성된 '상하이-5'를 모태로 점진적으로 협력의 범위를 넓혀가면서 2001년 6월 15일 정식으로 출범하였다.

상하이협력기구는 안보, 에너지, 경제 등 다각적인 협력을 통해 역내 다자협력체로 발전하였다. 안보 영역에서 각국은 전통적 안보뿐 아니라 비전통적인 안보 즉, 테러리즘, 분리주의, 극단주의의 '세 가지 위협세력'에 공동으로 대처하고 이를 위한 공동 군사훈련도 실시하고 있다(류동원 2004). 또한 중앙아시아 지역의 미군주둔에 대해 강력히 반대하는 모습을 보이며 역내 미국의 영향력을 견제하고 있다. 또한 상대적으로 풍부한 자원을 지니고 있는 중앙아시아지역의 자원 및 에너지 개발과 관련하여 기술 및 자본의 교류와 수송로, 송유관 및 가스관 건설 등 활발한 협력이 진행되고 있다. 뿐만 아니라 경제협력의 차원에서도 회원국간의 교역량이 빠른 속도로 증가하고 있으며 자본과 시장의 교류 역시 활발히 이루어지면서 역내 FTA 등의 논의가 진행되고 있다.

이처럼 상하이협력기구 회원국 간의 협력이 강화되면서 상하이협력기구가 역내 반미동맹으로 발전하는 것을 우려하는 시각도 존재한다. 특히 최근 중국과 러시아의 관계가 급진전되고 중앙아시아 지역과의 협력이 강화되면서 상하이협력기구의 역할이 부각되고 있다. 특히 '평화사명'이란 제하에 진행되고 있는 합동 군사훈련은 점차 규모가 커지고 있으며, 미국에 의해 소위 불량국가로 지목되고 있는 이란 등이 옵서버로서의 참여 뿐 아니라 최근 정식회원국 가입신청을 하는 등 상하이협력기구의 활동이 점차 반미적 성향을 보이고 있는 것도 사실이다.

그러나 중국의 입장에서 상하이협력기구가 반미동맹으로 발전하는 것은 자칫 현존 세계 최강국인 미국과의 관계 악화로 인하여 중국이 원하는 지역안정에 저해가 될 수 있는 요소를 가지고 있다. 즉, 중국에게 있어 미국은 계륵 같은 존재로 뱉어내자니 경제적으로 최대교역국이자 외자 및 기술의 주요 수입처의 역할을 하고 있고, 정치적으로 자칫 반중국 동맹을 형성하여 중국을 압박할 수 있는 위험이 존재하며, 삼키려니 개입과 봉쇄의 정책을 통하여 중국의 역내 대국화를 견제하려는 움직임을 보이고 있다.

중국이 창설하고 주도하는 유일한 중앙아시아의 다자 협력체로서 상하이협력기구(SCO)의 성립과 안정적인 발전은 중국의 지속적인 발전을 위한 토대이자 다자적 주변외교를 실천하는 장으로서 중요한 의의를 지닌다. 다시 말해 지정학적(geo-political) · 지경학적(geo-economic) · 지전략적(geo-strategic)으로 주변 환경의 안정과 시짱(西藏), 신장위구르(新疆維吾爾) 자치구의 통제를 통한 내적 통합, 러시아와 미국이라는 역내외 강대국 세력의 견제, 지속적인 경제 성장을 위한 에너지 공급처의 확보 등의 측면에서 현실적 의의를 가지고 있다.

상하이협력기구(SCO)의 위상 변화와 중국의 영향력 확대에 주목하면서, 상하이협력기구(SCO)가 주변국과의 화해와 협력을 통한 중국위협론의 불식과 책임대국으로 평화롭게 부상하기 위한 중국의 전략적 이해를 실현하고, 국제사회에서 발언권을 확대할 수 있는 중요한 무대가 되고 있다.

결국 중국이 선택할 수 있는 선택지는 역내 자국의 영향력을 강화하고 이를 통한 세력균형을 유지하는 것이다. 따라서 현재의 상하이협력기구는 반미동맹으로 발전할 가능성보다 현재의 실리적인 협력 상태를 유지 할 가능성이 더 높다.

이외에도 해양자원은 21세기 각국들이 경쟁적으로 차지하려는 목표이므로 해양자원의 확보 역시 중국이 강력한 해군을 건설하려는 이유 중의 하나가 될 수 있을 것이다.

2) 군사안보전략 운용

(1) 군의 현대화

① 군사혁신과 국방비

중국의 군사혁신은 전쟁양상이 기계화 전쟁에서 정보화전쟁으로 변화하는 것을 가능하게 했다(Murray and Knox 2001). 제1단계는 1970년대 서구와 소련의 군사기술 발달에 따라 시작되었다. 군의 현대화에 필요한 재원부족, 개혁·개방 초기 경제력 낙후, 그리고 방대한 구형무기의 재고로 인한 중국의 당·군 지도자들은 저비용, 점진적 방법을 통해 새로운 전력소요에 대비하게 되었다. 이시기에는 군사무기 센서의 혁명으로 무기의 체계화가 가능해지고 무기의 정확도가 크게 향상될 수 있었다. 제2단계는 1980년대 이후 진행된 것으로 군사통신혁명에 의해 가능했다. C4I체계가 등장하여 막대한 정보를 처리할 수 있게 되면서 정찰, 감시, 추적, 정책결정, 화력통제, 공격 및 피해평가 등을 하나의 시스템으로 통합할 수 있게 되었다(Baochun and Mulvenon 2000). 군사혁신은 단기간에 이루어지는 것이 아니라 수십 년에 걸쳐 오랜 기간 진행된다.

이후 1985년 덩샤오핑의 '정규화·현대화'된 강력한 군대건설 방침 하에 100만의 병력을 감축한 후 약 230만 병력을 보유하게 되었고 군대의 편제와 체제, 3군의 구조에도 커다란 변화가 있었다. 인민해방군은 기존의 11개 군구에서 7개 군구로 축소 개편되었고, 육해공군 병력구조에 있어서 해군과 공군의 비율이 대폭 증가되었으며, 육군의 비율은 상대적으로 감소하게 되었다.

육 · 해 · 공군 병력구조의 변화를 구체적으로 살펴보면, 육 · 해 · 공군이 전 병력에 차지한 비율은 1981년에는 82%, 7.5%, 10.3%, 1995년에는 72.4%, 11.8%, 12.4% 2000년에는 66.7%, 14.6%, 13.7%를 각각 차지하였으나(김옥준 2005) 2010년 중국은 인민해방군 육군병력을 추가 감축하는 대신 해군과 공군을 강화하여 육 · 해 · 공군의 비중을 50:25:25로 재편할 계획이라 밝혔으며 이의 주요한 목적은 해군과 공군력을 증강하여 인민해방군이 국경 밖에 군사역량을 투사할 수 있는 전력을 보유하는 것이라 강조하였다. 또한 육군은 혼합집단군으로 개편되었고 포병이 보병을 대신하여 최대의 병과가 되었다. 특수병과의 수 역시 처음으로 보병이 수를 능가하게 되었고 포병, 장갑차병, 공병, 통신병, 방화병 등의 특수병과부대가 육군의 70% 이상을 차지하게 되었다. 이외에도 육군항공부대, 전자전대항부대, 기상부대, 산악전부대, 신속대응부대 등 특수작전부대가 신설되었고 육군의 기계화 수준이 크게 향상되었다. 뿐만 아니라 핵무기와 미사일을 운용할 전담 부대로서 제2포병을 창설하였으며, 제2포병은 전 중국대륙의 모든 핵탄두, 발사체, 미사일로 등을 관할하고 있고 지상에 7개 기지를 운영하고 있으며 28개 이상의 여단에 9-12만에 이르는 병력을 보유하고 있다고 알려져 있다.

중국의 군사력의 증강을 뒷받침하는 국방비의 규모와 증가추세 역시 군사안보전략의 중요한 부분을 차지한다. 중국의 급속한 경제성장은 1990년대에 들어서면서 그 효과가 군사력 강화로 전이되기 시작했다. 〈표 2〉에 나타나듯이 중국의 국방비는 1989년 이후 2009년까지는 매년 평균 두 자리 수로 증가하였다. 동기간 중국 GDP 성장률이 9.6%인 것에 비하면 중국의 군사력이 경제력에 비해 훨씬 더 빠른 속도로 증가하고 있음을 알 수 있다(박병광 2011).

전문가들은 늘어난 국방비를 해군 · 공군 및 우주 미사일, 사이버 전력강화 등 중국군 현대화에 집중 투자할 것으로 예측하고 있다. 특히 무역 대국으로서의 해상 교통로 안전 및 에너지 자원 확보, 사이판-괌-인도네시아를 잇는 제2도련선 내에서 미국의 해 · 공군 작전을 억제하고 유사시 패퇴시킬 수 있는 군사력 건설에 주력하고 있다. 이를 위해 미항공모함 전단을 타격할 수 있는 사거리 2000Km DF-21D대함 탄도 미사일을 비롯하여, 상급 신형 공격용 원자력 추진 잠수함, 신형 디젤추진 재래식 잠수함, 초음속 대함 크루즈 미사일을 장착한 신형 구축함 등의 전력을 증강할 것으로 알려졌다.

〈표 2〉 중국의 국방비 증가현황

연도	국방비(억 달러)	전년대비 증감률(%)
1988	58.59	+3.9
1989	66.70	+15.37
1990	60.49	+15.47
1991	61.16	+13.76
1992	66.30	+14.41
1993	74.57	+14.44
1994	63.30	+27.32
1995	75.81	+15.64
1996	85.72	+13.08
1997	96.01	+12.84
1998	112.01	+15.03
1999	128.98	+15.19
2000	144.68	+11.27
2001	170.49	+17.83
2002	200.24	+17.60
2003	223.16	+9.60
2004	255.00	+11.60
2005	299.00	+12.60
2006	350.00	+17.70
2007	449.40	+17.80
2008	587.60	+17.60
2009	624.82	+14.90
2010	704.00	+7.50
2011	1198.0	+12.7%
2012		+11.2%

출처: SIPRI YEAR BOOK 1988-2010

② 무기의 현대화

〈표 3〉에 나타나듯이 1990년 이후 중국의 군사력 현대화는 중국이 인식한 새로운 군사환경에 부응한 군사전략에 맞추어 진행하고 있다.

첫째, 병력은 육군위주로 단계별 303만(1990), 258만(2000), 228.5만(2010)으로 축소하여 군의 정예화를 지향하고 있다. 다만 핵무기 운용부대인 제2포병(전략미사일부대) 병력은 꾸준히 핵전력의 증가와 전력강화를 위해 현 수준을 유지하고 있다.

〈표 3〉 중국 군사력 현대화 현황

구분		1990년	2000년	2010년
총병력		303만	258만	228.5만
육군(지상군)	병력	230만	183만	160만
	사단	100개	80개	84개
	전차	10,000대	9,300대	8,600대
	장갑차	2,800대	5,500대	4,500대
	야포	14,500문	-	2,500문
	공격헬기	-	-	500대
해군	병력	26만	23만	25.5만
	잠수함	92척	71척	66척
	구축함/호위함	50척	53척	80척
	기타수상함	1,900여척	1,300여척	900여척
	해군항공	-	455대	570대
공군	병력	47만	42만	33만
	폭격기	470대	400대	362대
	전투기	4,000대	2,600대	1,130대
	기타항공기	3,630대	925대	1,010대
제2포병(핵전력)	병력	9만	10만	10만
	ICBM	8기	15-20기	66기
	IRBM	60기	46기	118기

출처: *The Military Balance*, 1990-1991, 1999-2000, 2009-2010

둘째, 군종별 발전방향을 보면 다음과 같다. 육군은 현용장비의 세대교체와 현대화 작업을 가속화 하여 기동성은 물론 다양한 전투 기능을 수행하는 방향으로 발전시키고 있다.

해군은 항공모함을 건조하여 배치하는 등 원거리 투사가 가능한 해군으로 발전시키고 있다. 핵잠수함의 성능을 향상시켜 적에 대한 억제 및 거부능력을 제고하고 있다.

공군은 J-10, 13, 20 등 최신예전투기 생산능력 확보와 방공요격무기의 중점개발, 지휘통제능력 강화로 공격과 방어능력을 겸비한 정보화 공중작전능력을 발휘할 수 있도록 발전시키고 있다.

제2포병은 전역 및 전술미사일의 지속적인 개량 및 증강으로 핵 반격 및 정밀타격능력을 갖추는 방향으로 발전시키고 있다. 주요장비로는 사거리 12,000Km의 대륙간 탄도미사일(DF-31A), 적국의 항공모함공격이 가능한 중거리 미사일(DF-25), 잠수함발사 탄도미사일(JL-2) 등이 있다.

세계 최고수준의 우주개발 능력을 보유하여 우주의 군사적 이용 및 우주공간에서의 정보전 수행능력을 강화하고 있다. 최근에는 우주정거장에 우주선의 도킹까지 성공시켜 세계적인 우주개발능력을 과시하기도 하였다.

(2) 국지전 전략의 강화

① 적극방어전략의 구현

중국의 적극방어전략은 인민해방군의 방어성 전쟁 전반에 걸친 기본원칙이다. 이 전략은 공세적 방어와 결전방어의 사상으로 전쟁전반을 지휘한다는 것을 강조한 것으로써 전략적 방어의 자세 하에 모든 수단을 동원하여 전세를 역전시켜 전략적인 수세에 반격과 진격의 주도권을 장악하겠다는 것이다.

적극방어전략은 마오쩌둥 건국초기 중국군의 건군과 발전의 핵심적인 군사전략이라고 할 수 있다. 적극방어전략의 핵심인 '후발제압(後發制壓)'이 실제로는 주동적인 반격의 색채가 더욱 농후하며 '적극방어'의 전략사상은 주도권의 장악이 그 목적이며 단순한 혹은 소극적인 방어의 주장은 아닌 것이다.

적극방어전략은 마오쩌둥 시기부터 지금까지 중국의 군사전략을 대표하는 용어로 남아 있으나 그 내용은 다섯 차례에 걸친 군사전략방침 변화에 따라 수정이 가해지고 있다. 정보화조건하 국부전쟁을 수행하기 위한 중국의 적극방어전략은 다음 몇 가지의 성격을 갖는다(박창희 2008).

첫째, 주변 강대국들의 군사혁신 및 정보전 수행능력 강화는 중국으로 하여금 정보화된 전장에서 부합된 적극방어전략을 추구하게 한다. 중국은 우주무기, 잠수함, 대함미사일 등을 이용하여 해상으로부터 적의 접근을 거부하고 적의 취약한 부분을 타격할 수 있으며 심리전, 특수작전, 네트워크작전, 정보작전 등을 통해 적국을 압박할 수 있다. 둘째, 적극방어전략은 국부전쟁의 특성을 반영하여 신속결전을 추구한다. 현대전에서는 전략, 전역, 전술 간의 구분이 어느 정도 모호하게 되었다. 국지전에서는 군사행동이 단시간 내에 이루어지며 대개 한두 개의 전역, 심지어는 전술 수준의 행동을 통해서도 전략적 목적을 달성할 수 있다. 셋째, 적극방어전략은 현대전의 특성을 반영하여 공격과 방어를 동시에 추구한다. 넷째, 중국의 적극방어전략은 비대칭성을 추구한다. 마오쩌둥의 적극방어전략이 '유격전'을 근간으로 한 비대칭전략이었다면, 현재의 정보화조건하 적극방어전략은 적의 정보화에 내재하고 있는 취약성을 겨냥하여 비대칭을 추구한다.

② 정보전 · 전자전 역량 강화

걸프전의 영향으로 중국 인민해방군은 첨단과학기술을 이용한 국지전을 고려하기 시작하였고 중국의 전략 전문가들은 미국의 걸프전 수행 사례로부터 많은 교훈을 얻게 되었다. 첨단과학기술을 이용한 정보전은 이미 미래전쟁의 중요한 부분이 되었으며 우리의 정보를 보호하고 적의 정보를 단절시킬 수 있는 능력은 전쟁의 승부에 결정적인 영향을 미칠 수 있게 되었다. 따라서 정보전의 추세하에 중국은 그들의 C4ISR의 통합 및 연결을 필히 개선하여 일원화된 체제를 구축해야 하며 이것은 모든 군사행동에서 정보의 효율적인 운용을 위한 핵심적인 요소라고 여기고 있다.

중국은 1980년대 중반부터 정보전의 하나로 '점혈전(點穴戰)' 전략 혹은 '침두전(針頭戰)' 전략이라는 차세대 전쟁능력을 개발하기 시작하였다. 점혈전의 전략 목표는 적의 지휘센터, 인공위성, 석유가스수송관, 전자통신망, 교통통제체계, 국가자금유통체계, 은행자금유통체계, 의료위생체계 등을 파괴하거나 조종하는 것이다. 중국의 정보전 능력은 이미 실질적인 연구와 검증의 단계에 진입하였다고 판단된다. '국가과학기술정보센터'를 설립한 것 외에도 난징, 베이징, 란조우 군구에서 정보전 모의훈련을 하고 있으며 기말유지와 보호부문의 연구는 '중국과학원 정보안전기술공정 연구센터'에서 이루어지고 있다. 첨단과학기술의 조건을 구비하여 어떠한 규모의 국지전에서도 승리할 수 있도록 하는 것을 목표로 상정하고 최근 관념상으로나 전술상으로 모두 낙후된 정보과학기술 수준을 제고시키기 위해 노력하고 있다.

20세기 후반부터 중국은 육 · 해 · 공 · 우주와 더불어 사이버공간을 5대 안보영역으로 설정하고 '사이버전'에 적극 대비하고 있다. 중국은 컴퓨터 바이러스 침투가 핵무기 사용보다 효율적이라는 판단하에 국가차원에서 사이버전 대비태세를 발전시켜 왔다. 특히 중국에게 있어 사이버전 능력을 구비하는 것은 미국 등 첨단무기로 무장한 국가와의 전쟁에서 이른바 '점혈전쟁'개념에 입각하여 '비대칭전쟁' 수행능력을 향상시키는 필수요소이기도 하다. 중국이 이처럼 사이버전 능력을 증강시키는 데 주력하고 있는 것은 미국의 정보화 의존성 심화가 중국의 승리에 중요한 요소가 될 수 있다고 판단했기 때문이다.

종합적으로 보면 중국은 국가적인 차원에서 정보전 능력의 증대를 추구하고 있을 뿐만 아니라 이를 위해 전략, 전술, 전투와 전투기술 등 세분화된 영역에서의 연구와 개발을 추진하고 있다. 이것은 중국의 전략연구, 전쟁에 대한 대비, 과학기술 연구개발에 대한 노력과 결심을 보여주는 것이기도 하지만, 더욱 주목해야 할 것은 중국이 미래의 전쟁에서 비전통적인, 비대칭적인 작전방식을 채택할 것이라는 의도를 읽을 수 있게 하는 데 있다.

③ 해양전략 강화

21세기 최대의 무역국가로 성장한 중국은 수출입 선적량의 97%를 해상운송에 의존하고 있으며 해상교통로의 안전은 지속적인 경제성장과 밀접한 연계가 있다. 따라서 중국의 해양전략은 해상수송로 안전 확보와 해양주권의 고수에 초점이 맞추어져 있다(박창희 2010). 이러한 전략에 근거하여 탈냉전시대 중국은 2010년까지 1단계로 동아시아에 대한 영향력 확보에 주력하고 2020년까지 2단계로 서태평양 및 인도양 구역에 대한 군사적 영향력 확보를 목표로 2척 이상의 항공모함 도입을 서두르고 있고 2040년까지 3단계로 전지구적 차원에서 개입능력의 확보를 지향하고 있다(국가안보전략연구소 2012).

중국이 항공모함 개발 계획을 추진하는 배경은 두 가지로 나누어 볼 수 있다. 첫째, 정치적으로 강대국을 과시할 수 있는 상징적 무기체계를 확보하겠다는 것이다. 국가의 자부심과 위신을 고양하는 데 항공모함만큼 적절한 수단도 없다. 둘째, 지속적 경제발전에는 원거리 해상교통로의 안정적 확보가 필수적이다. 이를 위해 작전반경을 확대할 수 있는 항공모함이 요구되는 것이다.

결국 중국은 국가안보를 위한 전략적인 임무로 동중국해와 남중국해 지역의 정치적, 경제적, 군사적 이익을 공고히 하고 개척하고자 하는 것이다.

5. 중국 군사전략 전망: 시진핑시기

21세기 미국과 더불어 G2로 부상하고 있는 중국의 군사전략은 중국의 주권과 국가이익을 수호하기 위하여 국제안보환경 변화와 주변국의 군사동향을 분석하여 종합적으로 수립된 것으로 평가해 볼 수 있다.

중국의 군사전략은 국방정책의 목표인 국가안보를 달성하기 위한 전략으로 국공내전 시기인 1927년과 1928년 기간에 싹트기 시작해서 1930년과 1934년 사이 국민당군의 5차에 걸친 소공전을 통해 이를 지휘하고 대장정 5개월간에 보다 발전시켜 1936년 말 '중국혁명전쟁의 전략문제'를 발표함으로써 최초로 이론화 정립하였다. 중국의 군사전략은 마오쩌둥의 군사사상, 덩샤오핑의 신시기 군대 건설사상, 장쩌민의 신시기 군사전략방침, 후진타오 '중요훈시'를 통해 군의 정보화와 C4I의 결합을 통한 전략으로 설명되어 왔다. 2013년 새롭게 등장한 시진핑의 군사전략은 양회를 통해 나온 대내외정책속에서 분석해 볼 수 있다.

시진핑은 2012년 11월 당 총서기, 2013년 3월 국가주석으로 선출되었다. 중국의 핵심지도부가 구성됨에 따라 향후 중국의 정책변화에 대한 관심이 높아지고 있다. 시진핑 주석 취임과 더불어 제시한 몇 가지 특징을 살펴보면 다음과 같다.

첫째, 시진핑은 취임하면서 중화부흥(中華復興)을 강조하고 대외정책으로는 신형대국관계(新型大國關係)라는 대국관을 내세웠다. 신형대국관계의 언급은 시진핑이 2012년 2월 미국 방문 시에 언급한 데서 비롯된 것이다. 이후 2012년 5월 제4차 미중전략 대화와 6월 G20 정상회의시 개최된 미중정상회담에서 구체화되었고 7월 청화대학에서 개최된 세계 평화포럼에서 시진핑이 재천명한 바 있다. 이때 표명된 신형대국관계는 대국 상호간 핵심이익을 상호존중하면서 대국간 협조하에 공동 발전하자는 것이다(Chase 2012). 이러한 내용은 2013년 6월 미중정상회담에서 다시 한번 강조되었다. 중국의 핵심이익은 국방백서에 나타난 바에 의하면 대만, 신장, 티베트 등 지역과 영토주권의 수호이다. 2011년 발관된 평화발전 백서에서도 핵심이익은 국가주권, 국가안보, 국가통일, 중국헌법이 규정한 정체제도와 사회의 안정, 경제사회의 지속

가능한 발전 등이다. 그러나 2013년 미중정상회담에서 시진핑 주석은 조어도 해양 영토주권 문제가 중국의 핵심이익임을 밝혔다. 평등관계를 강조하고 핵심이익을 상호존중하고 협의해 나가자는 것은 중국이 미국과 소통 강화를 통해 전략적 신뢰를 바탕으로 새로운 관계를 구축해 나가는 것이다.

둘째, 중국은 세계평화와 지역안정을 위해 국제문제에 적극 참여하겠다고 분명히 밝히고 있다. 2013년 4월 발표된 중국의 2012년 국방백서는 아시아 태평양 지역이 세계 경제발전과 강대국가 전략적 상호작용의 중요한 무대가 되고 있다고 진단하고 미국이 아시아 태평양 안보전략을 재조정함에 따라 이 지역의 지정학이 심오한 변화를 겪고 있다고 지적하고 있다. 이 국방백서에서 유엔 주도의 국제평화활동에 병력을 파견하는 방식으로 적극 나서겠다는 것이어서 중국의 국제적 입김이 더욱 커질 것으로 보고 있다. 투명성을 제고하기 위해 중국은 처음으로 군 병력 규모를 공개한 것도 어느 정도 자신감을 보이고 있는 것으로 보인다(이태환 2013). 인민해방군 총 병력 230만 명 이중 육군은 85만 명, 해군은 23만5천 명, 공군은 39만 8천 명 이라고 각각 밝혔다. 그러나 중국의 핵심전력으로 전략미사일 부대인 제2포병 규모는 공개하지 않고 있다.

셋째, 18차 당 대회보고에서 "적극적으로 국제문제에 참여하고 책임 있는 대국의 역할을 발휘하며 글로벌 이슈에 공동으로 대응할 것" 을 적시하고 있다. 이것은 세계 2위의 경제대국으로서 상생중시, 국제사안에 있어 유엔의 중추적 역할지지, 세계 경제 거버넌스 개혁에 동참, 지역안보협력을 위한 종합안보, 공동안보, 협력안보 실현 방안을 모색하고자 하는 것이다.

넷째, 후진타오에 이어 해양강국을 지향하고 있다. 제18차 당대회 정치보고에서 "해양권익을 단호하게 지키며 해양강국을 건설하겠다" 는 방침을 천명했다. 해양강국은 해양자원개발, 해양영유권 보호를 포함하여 종합적인 해양능력을 강화하는 것을 의미한다. 해양영토 주권문제와 관련된 해양영유권 사안에 대해서는 공세적인 입장을 보일 것으로 전망된다.

중국은 미국의 아시아 재균형 정책에 대해서 미국과 대결은 회피하면서도 주변국 외교를 확대 강화하여 미국의 영향력 확대를 견제하고자 할 것이다. 남중국해 영유권 분쟁에서는 해군력 증강을 통해 힘을 통한 외교와 ASEAN 경제협력의 강온 양면책을 전개할 것으로 보인다.

중국의 대외전략이 동아시아 국제관계에 미치는 영향이 지대하지만 미국의 대외정책과 이를 토대로 한 중국과 미국의 상호작용이 미중관계 변화의 핵심변수가 될 것이다. 앞으로 중국 군사전략의 전망은 후진타오시기의 군현대화와 통합전략부서를 통해 방어적 현실주의자들이 주장하는 바와 같이 '안보를 극대화'하는 방향으로 추진할 가능성이 높다. 중국이 현재와 같이 지속적으로 발전해나가기 위해서는 우호적인 안정적인 국내외 환경이 필수적이다. 따라서 대내외적으로 '중국위협론'이 확산되는 불리한 상황을 원치 않을 것이기 때문이다. 또한 증가하는 국민들의 권리주장 및 복지수요에 맞추어 재정지출 구조도 조정해야 하기에 군사비증가에 많은 제약을 받을 것이다. 이에 따라 공세적인 성격보다는 적의 공격을 억제하는 것으로 만족하는 방어적 성격을 띨 가능성도 있다.

또 다른 가능성은 대국굴기(大國崛起)로 공세적이고 강압적인 패권국가로 가기 위해 중국은 대국 지위에 걸 맞는 군사력을 보유하기를 원할 것이다. 중국은 더 선진화된 전투기와 항공모함을 원하며 중국의 군사력은 단순히 자국의 안보문제를 넘어 강대국이라는 국제적 지위에 상응하는 정도이어야 할 것이다. 중국은 미국과의 군사력 격차를 줄이고 일류 군사강대국이 되기를 원할 것이다. 나아가 세계적 패권국가의 위상에 걸 맞는 수준, 세계질서에 균형을 잡고 세계를 경영할 수 있는 수준의 군사력이 될 때까지 중국군의 군사력을 지속적으로 발전시켜 나갈 것이다.

참고문헌

강진석. 2004. 『중국의 문화코드』 파주: 살림출판사.

김옥준 역. 2005. 『탈냉전시대 중국 국가안보전략』 대구: 계명대학교 출판부.

남정휴. 1996. "중국 민족주의의 기원과 역사: 중국의 왕조시대를 중심으로," 『민족문제 연구』 제4집.

류동원. 2004. "중국의 다자안보협력에 대한 인식과 실천: 상하이협력기구(SCO)를 중심으로," 『국제정치논총』 제44집 4호.

박동훈. 2013. "중국의 조어도 분쟁에 있어서 대응전략의 변화." 『동북아논총』 제18권 제1호.

박병광. 2011. "중국의 군사적 부상과 동북아 안보: 군사력 증강 현황과 파급영향을 중심으로," 『국제문제연구』 제11권 3호 통권43호.

박종원 · 김종운 역. 2000. 『중국전략론』 서울: 팔복원.

박창희. 2008. "중국의 군사전략," 한용섭 외 『미 · 일 · 중 · 러의 군사전략』 파주: 한울출판사.

______. 2010. "중국의 군사전략과 한반도," 『국제문제』 제41권 10호 통권 482호.

서정문. 2012. "중국의 군사전략, 그 변화와 발전," 『국방저널』 통권 제458호.

서진영. 2006. 『21세기 중국 외교정책: 부강한 중국과 한반도』 서울: 폴리테이아.

오규열. 2000. 『중국군사론』 서울: 지영사.

유정파 주편. 2006. 『21세기 초 중국국가안보전략』.

유현정. 2013. "중국 새지도부의 공식출범과 2013년 양회에 대한 평가," 『정세와 정책』 2013년 4월호.

이계희. 2004. 『중국안보론』 대전: 충남대출판부.

이두형. 2006. 『중국군사력 현대화의 발전과 도전』 서울: 21세기 군사연구소.

이두형 · 이정훈 역. 2002. 『21세기 세계군사와 중국국방』 서울: 평단문화사.

이상국 외 2인. 2011. 『후진타오 시기 중국의 안보 · 국방정책 결정 메커니즘 분석』. 국방정책 전문연구시리즈 2011-15.

이성규. 1995. "중화사상과 민족주의," 정문길 외, 『동아시아, 문제와 시각』 서울: 문학과 지성사.

이장원. 2011. "동아시아의 미 · 중 갈등과 한 · 중관계: 세력전이론적 시각에서," 『중소연구』 제35권 제2호.

이태환. 2012. "시진핑시대 중국의 대외정책과 한반도," 『정세와 정책』 2012년 12월호.

______. 2013. "시진핑 시대 미중관계와 한국의 대중 전략," 『세종정책연구』 2013-25.

정신철. 1996. "중국 민족주의의 기원과 역사: 중국의 왕조시대를 중심으로," 『민족문제연구』 제4집.

한석희. 2012. "시진핑 지도부의 대외관계 분석," 『국가전략』 제18권 4호.

袁鵬. 2012. "關于构建中美新型大國關係的戰略思考,"『現代國際關係』.
張萬年. 1999.『當代世界軍事与中國國防』北京: 軍事科學出版社.
中華人民共和國國務院新聞辦公室. 2006.『2006年 中國的 國防』.
中華人民共和國國務院新聞辦公室. 2012.『2012年 中國的 國防』.

Baochun, Wang and James Mulvenon. 2000. "China and the RMA," *The Korean Journal of Defense Analysis*, Vol. 7, No.2(Winter).
Chase Michael S. 2012. "China's Search for a New Type of Great Power Relationship," *China Brief*. Vol XII Issue 17. September 7.
Murray, Williamson and Macgregor Konx. 2001. "Thinking About Revolution in Warfare," *The Dynamics of Military Revolution, 1300-2050*. Cambridge: Cambridge University Press.
Swaine Michael D. 2011. "China's Assertive Behavior: Part One: On Core Interest," *China Leadership Monitor*. No 34(Winter).
The Military Balance, 1990-1991, 1999-2000, 2009-2010.

세계일보 2012.9.23일자
연합뉴스 2011. 6. 6일자

비교군사전략론

chapter 04

일본의 군사전략

chapter 04

일본의 군사전략

박영준(국방대학교)

1. 들어가는 글

한국인들에게 있어 일본의 군사문제는 예민한 관심의 대상이 되어 왔다. 우리 민족이 400여년전 임진왜란에 의해 일본으로부터 전쟁의 피해를 받았고, 다시 20세기 초반 일본에 의해 식민지 지배를 받았다는 쓰라린 역사적 경험을 갖고 있기 때문이다. 이러한 역사에 대한 기억에 더해, 일본 위정자 층이 영토문제나 역사문제에 대해 우리의 상식과 동떨어진 발언을 하는 등의 행태로 인해, 우리 사회에는 일본에 대한 불신감이 여전히 강하게 남아있다. 그 연장선상에서 일본의 방위정책이나 자위대가 보유하는 군사력에 대해서도 이것이 '군사대국화'로 향하고 있거나, 아니면 일본이 다시금 '군국주의'로 회귀하는 것은 아닌가 하는 불안감도 존재한다.

그러나 다른 한편 일본은 1965년 이후 국교를 체결하여, 경제적으로나 외교적으로 다양한 협력과 교류를 지속해온 중요한 우방국의 하나임에 분명하다. 또한 우리 안보정책의 중요한 축의 하나인 한미동맹과 미일동맹이 밀접하게 연결되어 있는 관계로 인해, 안보상의 측면에서 미국 못지 않게 협력과 대화를 나누어야 할 상대국이라는 점도 도외시할 수 없다.

이같이 일본은 역사적으로 한반도를 침략한 위협적인 나라라는 측면과, 현대에 들어와 미국과 더불어 우리의 주요 우방이 되어 왔다는 양면성을 갖고 있다. 이같은 일본의 양면성 가운데 어느 한 면 만을 강조하게 되면 일본에 대한 균형있는 인식을 갖지 못하고, 올바른 정책을 취하기 곤란하다. 역사적인 사실은 그것대로 정확하게 기억할 필요가 있으며, 또한 현실의 일본이 한일국교정상화 이후 한국과 경제적으로나 외교적으로 협력관계를 확대해온 현실도 직시할 필요가 있다. 이런 관점에서 본 고에서는 20세기 초반 군국주의를 향해 질주하던 시대에 일본의 군사전략은 과연 어떠한 것이었는가, 그리고 1945년 제2차 세계대전에서 패전국으로 전락하고, 새롭게 평화헌법을 제정하면서 변화하게 된 일본에서 나타난 안보정책과 군사전략은 어떤 성격을 갖고 있는가 하는 점을 포괄적으로 살펴보면서, 일본의 군사정책에 대한 객관적인 이해를 도모해 보고자 한다.

2. 전전(戰前) 일본의 전쟁원인과 군사체제

메이지유신(明治維新) 이후 일본은 비서구 세계에서 유일하게 근대국가 건설에 성공하였다. 그러나 일본은 그후 청일전쟁, 러일전쟁, 만주사변, 중일전쟁, 그리고 아시아태평양전쟁 등, 거의 10년에 1회 정도의 대외전쟁을 일으켰다. 그렇다면 일본은 왜 이같은 전쟁들을 도발해온 것일까? 혹자는 일본이 사무라이 문화에서 나타나는 것처럼, 문(文)보다는 무(武)를 숭상해온 문화적 전통을 갖고 있기 때문이라고 분석한다. 일본인들이 생래적으로 호전적인 민족성을 갖고 있기 때문에 여러 차례의 대외 전쟁을 도발할 수 있었고, 앞으로도 일본에 의한 전쟁 도발의 위험성이 있다는 것이다. 이러한 문화적인 요인도 전쟁의 발생 배경을 살펴보는 데에는 의미있는 요소가 될 수 있다. 그러나 일본이 일으킨 전쟁들을 개별적으로 살펴보면 각 시대의 일본의 국가전략, 군사전략, 그리고 육해군의 군비 증강 등을 보다 구체적인 전쟁 요인으로 지목하지 않을 수 없다.

청일전쟁은 1894-95년간 당시의 조선 및 중국을 무대로 일본과 청국이 벌였던 전쟁이다. 이 전쟁은 메이지 유신 이후 근대국가 건설에 성공한 일본이 그를 바탕으로 보다 공세적인 국가전략을 책정하면서 기획되기 시작하였다. 일본 육해군을 건설한 주역이고, 1890년대 일본 수상을 역임하였던 야마가타 아리토모(山縣有朋)는, 1890년의 의회 시정연설 등을 통해 일본의 국가안보를 지키기 위해서는 일본 본토에 해당되는 주권선(主權線) 뿐만 아니라, 그 외곽에 해당하는 이익선(利益線)을 확보해야 한다고 주장하였다. 그리고 그 이익선은 한반도에 해당한다고 부연하였다.[1] 그런데 당시의 한반도에는 조선정부가 청국과의 전통적인 조공체제 하에 편입되어 있었기 때문에, 일본으로서 이익선을 확보하기 위해서는 조선을 청국의 영향 하에서 분리시키고, 일본의 영향 하에 집어넣지 않으면 안되었다.

이같은 국가전략을 달성하기 위해 일본의 육군과 해군은 1880년대 후반부터 청국과의 전면전에 대비하는 전쟁계획을 수차례 작성하였고, 육군의 경우에는 소총과 야포를 자체적으로 생산하였고, 해군도 군함 건설 등을 서둘렀던 것이다. 결국 1894년 조선에서 동학농민운동이 발생하고, 조선정부가 청국에 사태를 진압하기 위한 원병(援兵)을 요청하는 사태가 전개되자, 일본도 동시에 1894년 6월, 한반도에 출병하여, 서해의 풍도와 충청도 성환에서 각각

1 졸고, 「청일전쟁 이후 일본의 대외정책론, 1895-1904:야마가타 아리토모의 전략론과 대항담론들」 『일본연구논총』 제27호 (현대일본학회, 2008년 6월) 등을 참조.

청국의 해군과 육군에 대한 기습공격을 개시하면서, 청일전쟁이 발발하게 된 것이다.

1904-1905년간 일본과 러시아 간에 전개되었던 러일전쟁도 일본의 대러 전략에 의해 발생한 것이다. 청일전쟁에서 승리를 거둔 일본은 1895년 시모노세키 강화조약을 통해 전후 배상의 일환으로 청국으로부터 요동반도 등을 할양받게 되었다. 그런데 러시아, 독일, 프랑스 등으로부터 소위 삼국간섭(三國干涉)을 받아, 요동반도를 다시 내어주게 되었다. 설상가상으로 러시아는 1898년 이후 요동반도 등을 청국으로부터 조차하면서, 이곳에 해군기지를 건설하고, 한반도까지 영향력을 확대하기 시작했다.

이같은 경위로 인해 삼국간섭 이후 일본 내에서는 러시아에 대한 복수론, 대러 주전론(主戰論)이 일반 국민들과 지식인들 사이에 확산되기 시작하였다. 다만 당시 정계의 실력자였던 이토 히로부미(伊藤博文) 등은 러시아와의 외교협상을 통해 양국간의 갈등을 해결하고자 하였던 반면, 청일전쟁의 주역이었던 야마가타 아리토모 등은 영국과 동맹을 체결하여, 그 힘을 바탕으로 러시아에 대해 무력행사도 불사한다는 전략을 추진하였다. 결국 1902년 영일동맹이 체결되면서, 일본 내에서는 대러 전쟁론이 일거에 우세하게 되었다. 이를 바탕으로 일본의 육군과 해군은 러시아에 대한 전쟁계획을 작성하였고, 이러한 전쟁계획을 수행하기 위해 일본 육군은 청일전쟁 당시의 7개 사단 체제에서 13개 사단 체제의 병력을, 해군의 경우 배수량 1만5천톤급의 전함 미카사 등 주력 함대를 증강하게 되었다. 이러한 전력증강을 바탕으로 1904년 2월, 일본이 여순요새와 블라디보스톡 등 러시아 태평양함대의 기지들을 선제기습하면서 러일전쟁이 발발하게 된 것이다.

청일전쟁과 러일전쟁에서 연이어 승리하면서 일본 내에서는 공세적이고 팽창적인 국가전략과 군사전략, 이를 뒷받침하는 육군과 해군의 전력증강, 국가 재정 가운데 군사비에 중점을 둔 예산편성, 그리고 육해군 군인들의 지위 상승 등이 자연스럽게 정착되었다. 이러한 추세 속에 1907년에 육군과 해군이 책정한 국가전략계획인 "제국국방방침", 그리고 이를 개정한 1918년, 1923년, 1936년의 "제국국방방침" 들은 공통적으로 가상적국으로 미국, 러시아, 영국, 중국 등을 상정하고, 이에 대응하기 위한 군사력 육해군의 군사력 증강과 선제공격의 독트린을 표명한 바 있다.[2]

특히 육군과 해군의 소장파 군인들은 선배 세대들이 이룩한 청일전쟁 및 러일전쟁의 승리, 그리고 이를 통해 획득한 대륙의 식민지 확대를 능가하는 위업을 꿈꾸게 되었다. 이런 분위기 속에 일본 육사 및 육군대학을 우수한 성적으로 졸업하고, 독일에 군사유학까지 다녀온 엘리트 군인이었던 이시하라 간지(石原莞爾) 등은 1920년대에 육군대학에서 행한 강의 등을 통해 장차 일본이 동양의 맹주로서 서양을 대표하는 미국과 세계 최종전쟁을 수행할 운명을 갖고 있으며, 이를 위해 당면은 자원이 풍부한 만주 등을 확보하고, 연후에 소련과도 전쟁을 수행할 총력전의 체제를 구축하지 않으면 안된다고 강조하였다.[3] 이같은 군사전략 속에 그와 그 동료들은 1931년 만주사변을 일으켰고, 이어 그 후배세대의 전략가들은 1937년 중일전쟁을 도발하게 된 것이다. 1941년에 발발한 아시아태평양 전쟁도 그 연장선상에서 이해될 수 있다.

요컨대 전전 일본의 전쟁은 당대 일본의 정치 및 군사지도자들의 호전적이고 팽창적인 국가전략과 군사전략, 이를 뒷받침하는 육군과 해군의 군사력 증강, 주변국들 및 국제사회에 대한 적대적 외교 등이 어우러지면서 도발된 것이다. 이러한 군국주의의 폭주는 제2차 세계대전에서의 패전에 의해 비로소 멈추어지게 되었다. 그렇다면 패전 이후 일본 군사체제와 군사전략은 과연 어떻게 변화되게 되었던가?

2 이 시기와 관련된 필자의 연구로는 「러일전쟁 이후 동아시아 질서구상: 야마가타 아리토모의 전후경영론과 안중근의 동양평화론 비교」『한국정치외교사논총』 제30집 2호 (2009.2) 참조.

3 이시하라 간지의 군사사상에 대해서는 Mark R.Peattie, *Ishiwara Kanji and Japan's Confrontation with the West* (Princeton: Princeton University Press, 1975) 참조.

3. 전후(戰後) 일본 방위체제의 형성과 특성

1) 군국주의의 해체와 '평화헌법'

제2차 세계대전 종전 이후 패전국으로 전락한 일본은 1945년 8월 이후 연합국 점령군 총사령부에 의해 군국주의의 도구였던 제국 육군과 해군, 그리고 그와 관련되는 모든 제도와 법령들을 해체하지 않으면 안되었다. 맥아더 점령군 사령부의 목표는 일본을 더 이상 군국주의의 국가가 아니라, '극동의 스위스', 즉 더 이상 전쟁을 일으킬 수 없는, 평화적인 국가로 만드는 것이었다. 맥아더 사령부의 정책목표에 대해, 전후 일본의 국정을 담당하게 된 요시다 시게루(吉田茂), 아시다 히토시 등의 일본 정치가들도 일응 협력하면서, 전후 일본의 국가골격이 갖춰지게 되었다.

1946년 제정된 소위 '평화헌법'은 맥아더 사령부의 점령정책 기조와 전후 평화국가로의 부활을 의도하던 일본 정치세력 간의 타협의 산물이었다. 이 헌법은 종전의 메이지헌법과 달리, 본문의 제1조에서 8조에 걸쳐, 상징적 천황제를 규정하면서, 군국주의를 가능케 하였던 천황의 정치적, 군사적 절대권력, 즉 '통치대권'과 '통수대권(統帥大權)'을 부정하였다. 그리고 전문에서 평화주의를 표방한 데 이어 본문 제9조 1항에서 국가의 정책수단으로서 침략전쟁을 부인한다고 밝혔고, 제9조 2항에서 "전항의 목적을 달성하기 위하여 육해공군의 전력보유를 금지" 한다고 천명하였다. 또한 제66조에서 "내각 총리대신 및 대신들은 문민(文民)이 되지 않으면 안된다는 '문민통제' 조항을 삽입하여, 전전(戰前)시대에 현역 군인들이 육상(陸相) 및 해상(海相)은 물론, 총리의 지위를 점하면서, 군국주의로의 길을 재촉한 전철을 원천적으로 봉쇄하고자 하였다. 또한 96조에서 헌법의 개정 수속을 정하면서, 중의원과 참의원 2/3의 찬성에 의한 개헌안 제출과 국민투표 과반수 찬성을 규정하였다. 요컨대 1946년 평화헌법은 종전의 메이지헌법과 달리, 전문의 평화주의와 제9조

1항 및 2항을 통해 전후 일본이 더 이상 '군국적, 침략적 정책 수단'을 갖지 않겠다고 표명한 것이며, '상징적 천황제'와 '문민통제' 조항을 통해 군국주의를 용인할 수 있는 정치제도의 가능성도 차단할 것임을 선언한 것이다.

2) 미일동맹 체결과 자위대 창설

'평화헌법'은 종전 직후 더 이상 군국주의를 용인할 수 없다는 연합국 점령군 사령부의 의지, 그리고 이에 공명한 전후 일본 정치세력이 일정한 공감대 하에서 결정한 것이었다. 그런데 1946년 중반 이후 국제정세가 전후 미국과 소련 등 주요 연합국간 협조체제 하에서 미소간 냉전대결 구도로 변화되기 시작하면서, 미국 내에서는 조지 케난(George Kennan) 국무성 정책기획국장 등을 중심으로 일본의 전략적 역할에 대한 재평가가 대두하기 시작하였다. 즉 새로운 위협요인으로 등장한 소련의 팽창적 세계전략을 봉쇄(containment)하기 위해, 미국은 유럽 방면과 아시아 방면에 타격기지를 보유해야 하며, 이를 위해 영국과 일본 등을 대소 공격을 위한 전진기지로 활용해야 한다는 것이었다.[4] 이러한 전략을 구현하기 위해 미국은 영국 등 서유럽 지역 국가들과 1949년 나토(NATO)를 체결하였고, 1951년에는 독일도 재무장시키면서, 나토에 가입시켰다.

1947년의 트루만 독트린과 마샬플랜, 그리고 1949년의 나토 창설 등을 통해 유럽에서 대소 봉쇄전략을 추진하던 미국은, 아시아 방면에서는 일본에 대한 재무장을 통해 소련에 대한 봉쇄망을 형성하고자 하였다.[5] 미국의 대일정책 변화, 소위 '역코스'정책은 일본 내에 큰 반향을 불러일으켰다. 진보적 세력은 미국의 재무장 계획 추진이 일본의 군국주의 회귀를 가져올 수 있다

4 이러한 문제의식을 구현한 전략계획이 1948년과 1949년, 미국 합참(Joint Chief of Staff)에 의해 각각 작성된 Halfmoon 과 Dropshot Plan 이다. Allan R.Millet & Peter Maslowski, *For the Common Defense: A Military History of the United States of America* (New York:The Free Press, 1994),p.500.

5 John W. Dower, "Occupied Japan and the American Lake, 1945-1950" Edward Friedman and Mark Selden, America's Asia: Dissenting Essays on Asian-American Relations (New York: Random House, 1969).

고 보아 반대하였다. 그러나 쇼와(昭和) 천황 및 요시다 시게루, 아시다 히토시 등을 포함한 현실주의적 세력들은, 군대를 가질 수 없게 된 일본으로서 극동 지방에서 세력을 확장하던 소련의 군사적 위협에 대응하기 위해, 더욱이 1949년 이후 공산화된 중국 대륙으로부터의 잠재적 불안에 대응하기 위해, 일본이 미국에 기지를 제공하고, 미국 병력의 일본 내 주둔을 계속 용인하는 형태의 안보체제, 즉 미일동맹 체제가 불가결하다고 생각하게 되었다. 이 결과 1951년 9월, 일본은 샌프란시스코 강화조약 체결을 통해 주권을 회복함과 동시에, 미국과 동맹조약을 체결하게 된 것이다.[6]

한편 미일동맹 체결과 병행하여 일본 내에서는 일본 자체의 무장력 필요 논의가 대두하기 시작했다. 미일동맹에 의해 미군 병력이 일본에 주둔하면서, 안보를 제공하는 역할을 하기로 했지만, 1950년 6월에 발발한 6.25 전쟁으로 인해, 주일미군의 상당수가 한국전선에 파견되는 상황이 발생하였다. 이 공백을 메우기 위해 1950년 경찰예비대가 창설되었고, 일본의 독립과 더불어 1954년 이 조직은 육해공 자위대로 탈바꿈하게 되었다. 자위대의 발족과 더불어 정부 조직으로 방위청도 설치되었고, 자위대의 간부요원을 양성하기 위한 방위대학교 등 군교육기관도 정비되기에 이르렀다.[7]

3) 비군사화 규범들의 형성

미일동맹 결성 및 자위대의 창설은 일본 내에 큰 논란을 불러 일으켰다. 핵심은 "육해공 전력 보유 금지"를 규정한 헌법 제9조 2항에 비추어 볼 때, 육해공 자위대의 창설이 헌법 위반이 아니냐는 것이었다. 이같은 점을 의식하여, 일본 정부는 자위대 창설 이후 다양한 제도적 장치 및 규범을 통해, 자위대가 헌법의 정

6 坂元一哉『日米同盟の絆:安保條約と相互性の模索』(有斐閣,2000), 제1장 참조.

7 田中明彦,『安全保障:戰後50年の模索』(讀賣新聞社,1997),제3장-제5장 참조.

신을 구현하고 있음을 의식적으로 부각시키려 하였다. 예컨대 군단급 부대를 "방면대"로 부르고, 전차(탱크)를 "특차(特車)"로, 군함을 "호위함"으로 호칭하면서, 육해공 자위대 내에 "군대" 색을 지우려는 노력을 한 것들이 그 사례이다.

육해공 자위대의 조직 및 운용 측면에서도 비군사화 규범들이 대거 정착되었다. 헌법 66조에 규정된 "문민통제" 원칙은 방위청과 자위대 각 조직에 철저하게 반영되었다. 하려 하였다. 성(Ministry)이 아니라 청(Agency)급으로 설치된 방위청 내에서 민간 관료들이 장관은 물론 전체 국장 및 과장급을 담당하여, 현역 자위관이 방위정책 결정과정에 관여할 수 없게 되었다. 방위대학교 교장을 비롯하여 교관 전원이 민간 교수들로 충원되었다.

또한 일본 정부는 전수방위(exclusive defense) 원칙과 공격용 무기 비보유 원칙을 표명하면서 항공모함, 전략폭격기, 대륙간 탄도탄 등 원거리 타격이 가능한 전략무기 보유를 하지 않겠다고 선언하였다.[8] 1976년 "방위계획대강"에는 기반적 방위력(basic defense force) 개념이 공표되어, 일본은 최소한의 방위력만 보유하도록 되었다. 1968년에는 비핵 3원칙이 공표되어, 핵무기의 제조, 보유, 반입을 불허하게 되었다.

1967년에는 무기수출금지 3원칙이 선언되고, 1976년에 이를 보다 강화하여, 일본내 방위산업체가 생산한 무기들을 공산권 국가 및 분쟁 중인 국가에 대해서 만이 아니라 미국과 같은 동맹국에 대해서도 수출하지 못하게 하였다. 1969년에는 국회 결의로 "우주의 평화적 이용 원칙"을 공표하여, 우주에 대한 군사적 이용을 하지 못하게 하였다. 1976년에는 방위비 1% 이내 원칙을 공표하여, 일본의 방위예산은 GDP의 1%를 넘지 못하도록 하였다. 1977년에는 당시 후쿠다 수상이 동남아시아를 순방하면서, 일본은 군사대국이 되지 않는다는 원칙을 공표하기도 하였다.[9] 또한 1950년대 후반, 일본이 유엔에 가

8 공중급유기도 공격용 무기로 간주하여 1973년 일시적으로 공중급유기 비보유 원칙이 공표되었으나, 1978년 철회되었다.

9 "군사대국이 되지 않는다"는 원칙은 현재에도 방위백서 등에 재천명되고 있다.

입하면서부터는 유엔 회원국이 갖는 "집단적 자위권" 보유 여부가 논란이 되었는데, 일본 정부는 "집단적 자위권" 을 원칙상 보유하나, 행사하지 않는다는 입장을 줄곧 표명해 왔다.

이같은 문민통제 규범, 전수방위원칙, 비핵 3원칙, 공격용 무기 비보유 원칙, 무기수출금지 3원칙, 우주의 평화적 이용원칙, 기반적 방위력 개념, 방위비 GNP 1% 이내 원칙, 집단적 자위권 관련 규범들이 1950년대 이후 냉전기 일본 방위정책 체계를 특징지워왔다. 이로 인해 일본의 방위정책은, 일본은 물론 구미의 연구자들에 의해서도 평화주의, 혹은 반군사주의(anti-militarism)적 성격을 지녔다고 간주되기까지 하였다.[10]

4. 탈냉전기 일본 안보전략, 군사규범, 군사제도의 변화

앞장에서 살펴본 전후 일본의 방위체제는 1990년대를 전후하여 변화의 계기를 맞기 시작하였다. 그 배경으로는 냉전기 소련의 군사적 위협이 탈냉전기 접어들어 사라지고, 다른 포괄적 안보위협요인들이 등장하기 시작한 점, 고도 경제성장을 지속한 일본의 국제적 위상을 바탕으로 일본이 탈냉전기 이후 새로운 국가전략을 모색하기 시작한 점, 그리고 동아시아 지역에서 중국과 북한의 군사적 영향력 대두 등을 들 수 있다. 이하에서는 3개 장에 걸쳐 ① 방위전략과 군사관련 규범, ②방위비와 군사력, ③미일동맹과 글로벌 안보정책의 범주로 나누어, 일본의 방위정책이 탈냉전기 이후 어떻게 변화되었는가를 개관하려 한다.

10 Thomas U.Berger, "From Sword to Chrysanthemum: Japan's culture of anti-militarism", *International Security*, Vol.17, No.4 (Spring 1993), Peter J.Katzenstein, Cultural Norms & National Security:Police and Military in Postwar Japan (Ithaca:Cornell University Press, 1996).

1) 방위정책 관련 비군사화 규범의 변화

앞서 전후 일본이 다양한 비군사화 규범을 공표해 왔음을 설명하였다. 그런데 탈냉전기 이후 이러한 규범들이 수정되거나, 혹은 새로운 규범과 법률들이 제정되면서, 자위대의 활동을 보다 적극적으로, 그리고 해외에서도 가능하게 하는 법률적 장치들이 마련되기 시작하였다. 〈표1〉은 90년대 이후 안보관련 주요 법제 및 규범의 변화를 예시한 것이다.

〈표 1〉 90년대 이후 안보관련 주요 법제 변화

연도	법률	주요 내용
1992	PKO 법 제정	
1997-98	신가이드라인, 주변사태법	한반도 분쟁 발생시 자위대가 주일미군 후방지원 역할 명시
2001	테러대책특별조치법	미국이 수행하는 대테러전쟁을 지원하기 위해 이라크 및 인도양상 자위대 파견 법적 근거
2003-04	유사법제	일본 및 주변지역 분쟁 발생시 국가기관 및 자치체, 항만 및 공항 등 주요시설 행동요령 규정
2008	우주기본법 제정	우주의 평화적 이용원칙 수정, 방위목적을 위한 우주 개발 가능해짐
2009.7	해적행위 처벌 및 대처 특별법	소말리아 해상자위대 파견 법적 근거 확보
2010.12	기반적 방위력 개념 폐기 동적 방위력 개념 대체	2010 방위계획대강을 통해
2011.12	무기수출 3원칙 완화	평화구축과 인도주의적 목적에 국한해 일본 방산업체 생산 무기 및 군수품의 해외 수출 허가

〈표1〉에 따르면 냉전기 일본이 표명한 비군사화 관련 규범 가운데 "우주의 평화적 이용원칙", "무기수출 3원칙", "기반적 방위력 개념" 등이 변경되었음

을 알 수 있다.[11] 또한 주변사태법이나 유사관련 법제 제정을 통해 일본이 직접 분쟁에 휘말리거나, 주변 지역에서 분쟁 사태가 생겨날 경우에 대비한 법적 체제를 정비하고 있음을 볼 수 있다. 나아가 PKO법이나 테러대책 특별조치법, 해적행위 처벌 및 대처 특별법의 제정에 의해 일본 본토 뿐 아니라 자위대가 해외분쟁 지역에 점차 파병될 수 있는 범위가 확대되고 있는 추세를 발견할 수 있다.

2) '방위계획대강'의 변화

'방위계획대강'이라고 하는 문서는 일본의 국가안보전략 기본문서로서의 성격을 갖고 있다. 미국은 매번 신행정부 출범시에 백악관에서 국가안보전략서(National Security Strategy), 국방부에서 국가국방전략서(National Defense Strategy), 합참에서 국가군사전략서(National Military Strategy)등을 발표하면서, 새로운 안보전략과 국방전략 체계를 표명해 왔다. 일본은 이러한 문서전략 체계를 갖고 있질 않으나, 방위청(2007년 이후 방위성)에서 작성하여, 내각의 결정을 거쳐 공표되는 '방위계획대강'이 실질적으로 국가안보전략 및 국방전략문서로서의 성격을 갖고 있다고 할 수 있다.[12]

방위계획대강은 1976년에 최초로 발표된 이후 1995년, 2004년, 2010년, 4차례에 걸쳐 각각 개정되어왔다. 각 방위계획대강은 대체적으로 전반부에서 국제안보정세를 평가하면서, 일본에게 영향을 미칠 잠재적 안보위협요인과 기회요인을 식별하고, 본론에서 일본이 추구해야 할 안보정책의 방향을 제시하면서, 자위대 군사력의 증강 목표와 개념, 미일동맹 및 주변국과의 다자안보

---

11 이에 대해서는 졸고, 「군사력 관련 규범의 변화와 일본 안보정책 전망」『한일군사문화연구』 제14호 (한일군사문화학회, 2012.10) 참조.

12 이하는 졸고, 「방위계획대강 2010과 일본 민주당 정부의 안보정책 전망」『일본공간』 제9호 (국민대 일본학연구소, 2011)를 참조.

협력 기조를 밝힌다. 그리고 마지막으로 〈별표(別表)〉를 첨부하여, 육해공 자위대의 무기체계별 군사력 증강 목표를 제시하는 구성으로 되어 있다. 4차례 개정되어온 각 방위계획대강의 주요 골자는 〈표2〉과 같다.

방위계획대강의 최근 변화 내용을 볼 때 특기할 만한 사항은 〈2004 방위계획대강〉부터 중국과 북한이 실명으로 거론되면서, 그 잠재적 안보위협요인에 대한 서술이 추가되기 시작했다는 점이다. 이러한 중국과 북한에 대한 위협인식은 민주당 정권 하에서 작성된 〈2010 방위계획대강〉에서도 유지되고 있다.

〈표 2〉 「방위계획대강 2010」 논점과 기존 방위계획대강들과의 비교

	1976년 대강	1995년 대강	2004년 대강	2010 대강
안보 환경 평가	미소 양국 대립 조선반도 긴장 계속, 주변제국 군사력 증강	미소 냉전 소멸 지역분쟁, 핵과 미사일 확산	북한 위협 중국 주의	글로벌 위협 북한 불안정 요인 중국 동향 주의
자위대 임무	적절한 방위력보유 침략 미연방지 한정적, 소규모 침략 독력배제	일본방위 안보환경 구축 공헌	일본 위협 배제 국제안보환경개선	일본에 대한 위협 배제 국제안보환경 개선
미일 동맹	국제관계 안정유지 및 일본에 대한 본격적 침략 방지에 큰 역할	일본 안전확보 불가결	일본 안전확보 불가결, 아시아태평양지역 평화와 안정 유지에 불가결	미일동맹 금후 필요불가결 지역내 불측사태 대비 일미협력 지역적 글로벌 협력 추진
국제 사회 와의 안보 협력			국제평화협력활동 유엔기구 개혁 아세안지역포럼 등 다국간 노력	한국 및 오스트레일리아와 안보협력 중국, 러시아와 안보대화 유엔, ARF 등 협력
방위력 규모	적절한 방위력을 보유하여 효율적으로 운용하는 태세 구축 핵 위협에 대해서는 미국 핵 억지력에 의존	기반적 방위력 합리화 효율화 컴펙트화	기반적 방위력 다기능 탄력적 방위력 개념 제기	기반적 방위력 개념 폐기 동적 방위력 개념 제시

이러한 위협인식 변화와 더불어 자위대가 증강해야 할 군사력의 기준 개념에 대해서도 변화가 나타나, 〈2004 방위계획대강〉에서는 종전의 '기반적 방위력'에 더해 '다기능 탄력적 방위력'을 갖춰야 한다는 점이 제시되었고, 〈2010 방위계획대강〉에서는 아예 '기반적 방위력' 개념이 폐기되면서, '동적 방위력(Dynamic Defense Force)' 개념으로 대체되었다.[13]

역대 방위계획대강은 일본 자신의 방위력 강화 뿐만 아니라 미일동맹 강화 및 주변국과의 안보협력 강화를 일본이 추진해야 할 안보정책의 방향으로 제시해 왔는데, 〈2010 방위계획대강〉에서는 특히 한국 및 오스트레일리아와의 안보협력 심화 필요성을 강조하기도 하였다.

3) 방위 관련 제도의 변화

탈냉전기 이후 일본의 방위관련 제도에도 적지 않은 변화가 있었다. '청(廳, Agency)' 단위였던 방위청은 2007년 방위성으로 승격되었다. 병렬형 지휘체제의 구조를 갖고 있던 통합막료회의와 육해공 자위대 간의 지휘체계는 2006년을 기해 한국형 합동지휘체제, 즉 통합막료감부가 육해공 자위대의 작전부대(육상자위대 중앙즉응집단, 해상자위대 함대사령부, 항공자위대 항공총대사령부)를 통할 지휘하는 체제로 변화된 바 있다. 이에 더해 수상 관저 내에 정보수집 및 위기관리를 담당하는 참모부서가 강화되고, 정보본부도 종전의 통합막료회의 산하 기구에서 방위성 직할 기구로 변화되면서, 정보수집 및 분석기능이 대폭 강화된 바 있다.

방위제도의 변화에도 불구하고, 방위성 대신을 문민인 정치가가 담당하고,

---

13 〈2010 방위계획대강〉 작성 작업에 직접 참여한 일본 방위연구소의 다카하시 스기오 연구원은 '동적 방위력' 개념이 평시의 억제, 유사시의 대처 기능에 더해, 테러리즘이나 해적 등의 회색지대 (grey zone)적 위협요인에 대해서도 즉각적 대응이 가능한 전력, 즉 정찰감시능력, 신속기동능력, 타국과의 연합작전능력 강화를 의미한다고 설명하였다. Takahashi Sugio, "Changing Security Landscape of Northeast Asia in Transition:A View from Japan" (한국전략문제연구소 국제심포지움 발표논문, 2012.7.5.)

방위성 주요 관료들이 현역이 아닌 민간관료로 충원되는 등 문민통제의 원칙은 유지되고 있다.

5. 일본 국방비 및 군사력 변화 추세

1) 국방비의 변화

일본은 국방예산을 GDP의 1% 이내를 지출한다는 규범을 암묵적으로 표명해 왔다. 이 원칙은 일시적인 예외를 제외하고는 대체적으로 준수되고 있다. 〈표3〉은 2000년대 이후 동북아 주요 국가의 국방비 지출 추세를 나타내고 있다. 〈표3〉에 의하면 2011년도 현재 일본 국방비는 GDP의 1% 수준인 580억불 수준을 보이고 있다.[14] 이 정도 규모의 국방비는 한국 국방예산의 2배 정도에 해당되며, 세계적으로는 6위 수준이다.

절대적인 액수로는 일본의 국방비 지출이 적은 것은 아니지만, 세계 3위의 경제대국인 일본의 위상을 고려한다면 일본의 국방비 지출이 과다한 것은 아니라고 보여진다. 더욱이 지난 10년간 다른 동아시아 주요 국가들 국방비가 미국은 2.04배, 중국은 3.47배, 러시아는 5.3배 등으로 증액되어온 데 반해, 일본 국방비는 0.94배로서 지난 10여년간 상승폭이 상대적으로 완만하였다는 점을 간과해선 안된다. 또한 2007년을 기점으로 중국의 국방예산 총액이 일본을 추월하기 시작했다는 점도 놓칠 수 없다.

14 다만 영국 학자 크리스토퍼 휴즈는 나토 국가들 국방비 기준에 따를 경우 일본도 군인연금이나 해상보안청 예산을 국방비에 포함할 필요가 있으며, 이를 포함할 경우 일본 국방비는 GDP의 1.1%-1.5%에 달한다고 지적한다. Christopher W. Hughes, Japans Remilitarization (London:The International Institute for Strategic Studies, 2009),p.39.

〈표 3〉 동북아 주요 국가의 국방비 지출 추세
(Military Balance, 2001-2011, 단위: $bn)

	2001	2002	2003	2004	2005	2006	2007	2008	2009	2010	2011
미국	329	362	456	490	505	617	625	696	693	722	739
중국	17	20	22	25	29	35	46	60	70	76	90
일본	40	42	43	45	44	41	43	46	50	52	58
러시아	7.5	8.4	10	15	19	24	33	40	38	41	52
한국	12	14	15	16	20	24	27	24	22	25	28
북한	1.3	1.4	1.6	1.7	2.2	2.3	2.3	2.3	2.3	4.3	

2) 육해공 자위대 군사력의 변화

일본의 방위예산은 주로 육해공 자위대의 인건비(44%), 전력유지 및 증강비(40%), 그리고 주일미군의 유지비(9.5%) 등으로 지출되고 있다. 육해공 자위대의 군사력 규모에 대해 일본 정부는 방위백서와 언론 등을 통해 상대적으로 러시아, 중국 등에 비해 열세라는 점을 보여주려 한다. 예컨대 〈표4〉와 같은 자료들이 그러하다.

〈표 4〉 극동지방 각국 군사력 비교(방위백서 2011, 『朝日新聞』 2012.2.20)

	러시아(극동)	중국	북한	한국	일본	주일미군 주한미군
육군	8만명	160만명 해병대 1만	100만	52만 해병대 2.7만	14만	주일1.9만 주한1.7만
해군	함정 250척 55만톤	950척 134.1만톤	650척 10.7만톤	190척 18.1만톤	143척 44.8만톤	7함대 20척 33.6만톤 함재 60
공군	작전기 400기	2040기	620기	570기	430기	주일 140기 주한 60기

〈표4〉에 의하면 일본 육상자위대는 병력 면에서 중국이나 북한, 그리고 한국에 비해서도 열세인 것으로 보이며, 해상자위대 전력의 함정 수는 러시아, 중국, 북한에 비해 소수인 것으로 비춰진다. 항공자위대가 보유한 작전기도 중국이나 북한은 물론, 한국에 비해서도 열세인 것으로 인식될 수 있다. 중국이나 한국이 가진 해병대 전력을 일본은 보유하지 못한 점도 부각되고 있다.

〈표 5〉 역대 방위계획대강에 나타난 자위대 군사력 규모 변화

		1976 방위계획대강	1995 방위계획대강	2004 방위계획대강	2010 방위계획대강
육상자위대	편성정수	18만인	16만인	15만5천인	15만4천인 상비 14만7천인 즉응예비 7천인
	평시지역배비	12개사단	8개사단 6개여단	8개사단 6개여단	8개사단 6개 여단
	기동운용부대	1개기갑사단 1개공정단 1개헬리곱터단	1개 기갑사단 1개 공정단 1개 헬리곱터단	1개 기갑사단 中央卽應집단	중앙즉응집단 1개 기갑사단
	지대공유도탄 부대	8개고사특과군	8개고사특과군	8개고사특과군	7개 고사특과군 /연대
	전차 및 화포	1200량	전차 900량 약 900문	약600량 약 600문	400량 400문
해상자위대	호위함부대 (기동운용)	4개 호위대군	4개 호위대군	4개 호위대군 (8개대)	4개 호위대군 (8개대)
	호위함부대 (지방대)	10개대	7개대	5개대	4개 호위대
	잠수함부대	6개대	6개대	4개대	6개 잠수대
	소해부대	2개 掃海隊群	1개 掃海隊群	1개 掃海隊群	1개 소해대군
	초계기부대			9개대	9개 항공대
	호위함	약 60척	약 50척	47척	48척
	잠수함	16척	16척	16척	22척
	작전용 항공기	220기	170기	약 150기	약 150기

항공자위대	항공경계관제 부대	28개경계군 1개 비행대	8개 경계군 20개 경계대 1개 비행대	8개 경계군 20개 경계대 1개 경계항공대 (2개 비행대)	4개 경계군 24개 경계대 1개 경계항공대 (2개 비행대)
	요격전투기부대	10개 비행대	9개 비행대	전투기부대 12개 비행대	전투기부대 12개 비행대
	지원전투기부대	3개 비행대	3개 비행대		
	항공정찰부대	1개 비행대	1개 비행대	1개 비행대	1개 비행대
	항공수송부대	3개 비행대	3개 비행대	3개 비행대	3개 비행대
	지대공유도탄 부대	6개 고사군	6개 고사군	6개 고사군	6개 고사군
	공중급유.수송 부대			1개 비행대	1개 비행대
	작전용 항공기	430기	약400기	약350기	340기
	이 가운데 전투기	350기	약300기	약260기	약260기
MD	이지스시스템탑 재호위함			4척	6척
	항공경계관제 부대			7개 경계군 4개 경계군	11개 경계군/대
	지대공유도탄 부대			3개 고사군	6개 고사군

그러나 실제 일본 육해공 자위대의 전력을 분석해 보면, 육해공 자위대의 실제 전력, 특히 해상자위대와 항공자위대의 전력은 상당한 수준에 있다. 〈표5〉는 역대 방위계획대강 〈별표〉에서 제시된 각 시대의 육해공 자위대의 전력 증강 목표를 비교한 것이다. 〈표5〉를 기준으로 육해공 자위대의 전력에 대한 질적 분석을 해보면 아래와 같다.

육상자위대는 5개 방면대 예하에 8개 사단 및 6개 여단으로 구성되어 있으며, 2010년 방위계획대강 기준으로 상비병력 14만 7천명, 전차 400대, 화포

400문을 보유하고 있다.[15] 기존의 육상자위대는 지역방어의 임무를 띤 각 방면대 예하 부대들의 전력 증강에 중점을 두어 왔으나, 최근에는 2007년 신편된 '중앙즉응집단(Central Readiness Force)' 예하의 공정부대, 특수작전부대, 국제긴급원조부대들의 훈련과 기능을 강화하는 특성을 보이고 있다. 〈표5〉에는 나와있지 않지만, 정찰헬기, 다용도 헬기, 전투헬기 등 440기에 이르는 헬기전력 강화도 추진되고 있다.

해상자위대는 2013년 현재 총 4개의 기동함대(요코스카, 쿠레, 사세보, 마이츠루 기지가 모항), 2개의 잠수함대, 2개의 항공대로 편성되어 있으며, 총병력은 4만5천명이다. 2010년 방위계획대강 기준으로 48척의 호위함, 22척의 잠수함, 6척의 미사일 방어체제 탑재 이지스함 등이 주력을 이루고 있다. 호위함 전력 가운데에는 배수량 1만3500톤급의 헬기탑재호위함(DDH) 2척에 더해, 최근에 1척이 진수된 1만9500톤급 총 2척도 포함되어 있다. 해상자위대는 이미 수상함정과 배수량 측면에서 세계 2위, 함대 방공능력에서 세계 3위로 평가된 바 있으나[16], 소해함정들의 소해능력, 그리고 100여기로 구성된 해상초계기의 대잠탐지능력도 세계 정상급 전력으로 평가된다.[17]

항공자위대는 〈표5〉에서 나타난 바와 같이 2010년 방위계획대강 기준으로 전투기 260기를 포함한 작전용 항공기 340기를 보유하도록 되어 있고, 2013년 현재 자위관 정원은 4만7천명으로 알려져 있다. 보다 구체적으로 항공자위대가 보유한 공중전력을 보면, 2011년 현재 F-15J 전투기 202기, F-4 팬텀 전투기 67기, F-2 지원전투기 93기를 보유하여, 전투기 전력이 360기에 달하고

---

15 2010년 이후 육상자위대는 기존의 90식 전차를 신형 10식 전차로 교체하기 시작하였다. 10식 전차는 미국의 M1A1 전차 등과 유사한 기능을 갖고 있다고 평가된다.

16 Jennifer M. Lind, "Pacifism or Passing the Buck?:Testing Theories of Japanese Security Policy" *International Security*, Vol.29, No.1 (Summer 2004).

17 해군의 주요 무기체계를 각각 전력지수화하여 동북아 각국 해군 전력을 비교한 국방대 김종형 대위 석사 논문에서도 해상자위대 전력이 2010년 시점에서 중국 해군에 비교하여 1.7-1.8배 정도의 우위를 보이는 것으로 분석되었다. 김종형, 「대안적 분석모형에 의한 탈냉전 이후 동북아 재래식 전력지수 평가:1991-2010 해공군력을 중심으로」(국방대학교 군사전략전공 석사학위 논문, 2011). 미 해군대학 제임스 홈스 교수도 센카쿠(다오위다오) 해상에서 중일간 해전 벌어질 경우, 해상자위대가 유리할 것으로 전망하였다. Foreign Policy, 2012년 게재 논문.

있다. 이에 더해 E767 공중조기경보통제기 4기, E2C 조기경계기 13기, C-130 수송기 16기, 2008년 이후 도입된 KC767 공중급유기 2기 등 지원항공세력도 상당수에 달하고 있다. 2000년대 초반 시점에 항공자위대의 현세대 전투기 능력, 조기경보능력, 조종사 숙련도 등은 미국, 영국, 프랑스에 이어 세계 4위권으로 평가된 바 있다.[18] 향후 항공자위대는 기존의 노후한 F-4 팬텀을 대체한 F-35 전투기 40기를 2017년까지 도입완료하고, 독자적 으로 개발중인 스텔스 전투기 F-3 를 2014년 이후 실험비행하고, 무인전투기도 개발하여 시험비행중이기 때문에, 이같은 전력수준은 계속 유지될 것으로 보여진다.

6. 일본의 군사전략과 동아시아 안보질서

탈냉전기 이후 일본 방위정책이 적극화되는 경향을 보이고, 이와 병행하여 역사문제 및 영토문제에 대해 강경한 입장이 나타남에 따라, 한국과 중국 등 주변국에서는 일본이 군국주의로 회귀하는 것이 아닌가하는 우려도 표명되고, 군국주의로 회귀하지 않는다고 하더라도 헌법 개정 및 집단적 자위권 용인을 통해 '전쟁을 할 수 있는 국가'로 되는 것이 아닌가하는 경계도 제기되고 있다.

다만 일본이 1920-30년대에 군국주의의 길을 선택하게 된 배경과 비교해볼 때, 현재의 일본이 군국주의로 회귀하고 있다고는 보기 힘들다.[19] 첫째, 군국주의 시대 하의 일본에서 대부분의 정치가들과 군인들이 주변국들을 적대시하고, 국제사회에 도전하는 팽창적이고 공세적인 국가전략을 추진했던 데에 반해서, 현재 일본의 정치세력이나 자위대는 "방위계획대강" 에서 나타났

18 Jennifer M. Lind, 앞의 논문 참조.

19 졸고, 「인간, 국가, 국제체제, 그리고 일본의 전쟁」『국제정치논총』45집4호(2005년 겨울).

듯이 공세적인 전략을 채택하고 있지는 않다. 둘째, 군국주의 하에서 일본은 육군과 해군에 걸쳐 가상 적국들을 압도하려는 군사력 증강을 단행하고, 국가 예산에서 점하는 군사비 비중도 50%에 육박했던데 반해, 현재 일본의 군사력 증강에는 여전히 '공격용 무기 비보유 원칙'이나, '비핵 3원칙'에 따라 과도한 군비증강이 제약받고 있으며, 방위비도 GDP의 1%, 국가예산의 5% 수준에 머물러 있다. 군국주의 시대 하의 일본 주변에는 조선이나 청국, 그리고 러시아 등이 국내 사정으로 인해 약체화되어 있었고, 이것이 일본의 해외팽창을 부추기는 요인이 되었었다. 그러나 현재의 한국과 중국 등은 세계에서도 손꼽히는 발전국가가 되고 있어, 설령 일본이 다른 의도를 갖고 있다고 할지라도 그 실력행사를 곤란하게 만들고 있다. 더욱이 미일동맹 하의 일본이 미국의 세계전략과 어긋나는 군사행동을 하기란 더욱 곤란하게 되어 있다. 우리는 이러한 현실을 직시하면서 일본의 변화하는 군사전략과 안보정책을 판단해야 한다.

다만 일본 정부의 역사인식이나 방위정책은 현재 동아시아 안보질서에 불안요인을 던져줄 수 있다. 일본의 방위정책 변화가 북한과 중국에 안보딜레마를 야기시키면서, 동아시아에 군비경쟁의 양상이 노정될 위험성도 존재한다.

우리는 이런 점을 고려하면서, 일본의 방위정책이 한반도 및 주변지역의 불안요인이 되지 않도록 일본과의 안보대화를 확대해 나가야 한다. 나아가 중국 등도 포함한 동북아의 다자간 안보협력 증진을 통해 일본은 물론 동아시아 역내 국가들 간에 신뢰가 구축되도록 포괄적인 대외안보정책을 추진해 가야 한다.

참고문헌

김종형,「대안적 분석모형에 의한 탈냉전 이후 동북아 재래식 전력지수 평가:1991-2010 해공군력을 중심으로」(국방대학교 군사전략전공 석사학위 논문, 2011).

박영준,「군사력 관련 규범의 변화와 일본 안보정책 전망」『한일군사문화연구』제14호(한일군사문화학회, 2012.10).

박영준,「방위계획대강 2010과 일본 민주당 정부의 안보정책 전망」『일본공간』제9호(국민대 일본학연구소, 2011).

박영준,「인간, 국가, 국제체제, 그리고 일본의 전쟁」『국제정치논총』 45집 4호(2005년 겨울).

박영준,「청일전쟁 이후 일본의 대외정책론, 1895-1904:야마가타 아리토모의 전략론과 대항담론들」『일본연구논총』제27호(현대일본학회, 2008년 6월).

박영준,「러일전쟁 이후 동아시아 질서구상: 야마가타 아리토모의 전후경영 론과 안중근의 동양평화론 비교」『한국정치외교사논총』제30집 2호(2009.2).

田中明彦,『安全保障:戰後50年の模索』(讀賣新聞社,1997)

坂元一哉『日米同盟の絆:安保條約と相互性の模索』(有斐閣,2000)

佐道明廣,「日本の防衛体制は領土有事に機能するか」『中央公論』(2012년 11월)

『海上保安廳レポト2008』(海上保安廳,2008)

『防衛白書 2013』(防衛省,2013)

Berger, Thomas U., "From Sword to Chrysanthemum: Japan's culture of anti-militarism", *International Security*, Vol.17, No.4 (Spring 1993), Peter J.Katzenstein, Cultural Norms & National Security:Police and Military in Postwar Japan (Ithaca:Cornell University Press, 1996).

Dower, John W., "Occupied Japan and the American Lake, 1945-1950" Edward Friedman and Mark Selden, America's Asia: Dissenting Essays on Asian-American Relations (New York: Random House, 1969).

Hughes,Christopher W., *Japan's Remilitarization*(London:The International Institute for Strategic Studies, 2009).

Lind,Jennifer M. "Pacifism or Passing the Buck?:Testing Theories of Japanese Security Policy" *International Security*, Vol.29, No.1(Summer 2004).

Millet, Allan R.& Peter Maslowski, *For the Common Defense: A Military History of the United States of America* (New York:The Free Press, 1994).

Peattie,Mark R., *Ishiwara Kanji and Japan's Confrontation with the West*(Princeton: Princeton University Press, 1975).

Samuels, Richard J., "New Fighting Power!:Japan's growing Maritime Capabilities and East Asian Security" *International Security*, Vol.32, No.3 (Winter 2007).
Sugio,Takahashi, "Changing Security Landscape of Northeast Asia in Transition:A View from Japan" (한국전략문제연구소 국제심포지움 발표논문, 2012.7.5.).

비교군사전략론

chapter 05

러시아의 군사전략

chapter 05

러시아의 군사전략

김경순(국방대학교)

1. 서론

2012년 5월 푸틴 3기를 출범한 러시아는 급변하는 국제정세 하에서 강대국으로 자리매김하려는 적극적인 행보를 보이고 있다. 러시아는 2013년 2월에 발표한 신 "대외정책개념" 에서 세계 정치경제에 있어 서방의 역량이 감소하고, 다중심적(polycentric) 국제질서가 형성되고 있으며 국제질서의 축이 서방 중심에서 아태지역으로 이동하고 있다고 평가하고 있다.[1] 러시아는 이러한 세력전환기에 다시금 강대국의 지위를 확보하고 국제적 역할 범위를 확대해가고자 하고 있다.

1 <Концепция внешней политики Российской Федерации Утверждена Президентом Российской Федерации В.В.Путиным 12 февраля 2013 г> (이하 〈대외정책 개념 2013〉) http://www.mid.ru/brp_4.nsf/0/6D84DDEDEDBF7DA644257B160051BF7F(검색일: 2013.5.30)

냉전기 미국에 대적하는 초강대국(superpower)의 지위를 누렸던 러시아는 소연방와해 이후 과거와 달리 약화된 국가위상을 배경으로 국가안보전략과 군사전략을 유지해왔다. 연방와해 이후 러시아는 대내적으로 정치 · 경제의 불안정, 체첸과의 분쟁 및 테러와 비전통적 안보위협을 겪었다. 대외적으로는 서방과 미국의 NATO 동유럽 확대, 중앙아시아지역으로의 영향권 확대, 러시아 국내정치 개입, 유럽의 MD 구축 등 서방의 안보위협에 직면해왔다. 이러한 위협에 수세적으로 대응해왔던 러시아는 2007년 뮌헨 유럽안보회의에서 중앙아시아에서 미군 철수 요구를 시작으로, "재래식 군사력(CFE: Conventional Armed Forces in Europe) 감축조약" 유예, 2008년 조지아 침공 등 보다 공세적으로 대응해왔다. 이는 2000년 푸틴정권 등장 이후 '강대국 건설'을 기치로 내걸고 90년대의 참담한 경제현실에서의 회복, 에너지와 핵군사력에 기반을 둔 러시아 위상 재정립에 기초한 것이었다.

2012년 '강대국' 지위를 회복하려는 열망을 지닌 채 푸틴 3기가 출범했다. 푸틴대통령은 2000년부터 두 차례의 대통령직과 총리직을 맡아 국정에 관여해왔기 때문에 러시아의 안보군사정책에 있어 큰 변화가 발생할 것으로 보이지 않는다. 하지만 급변하는 안보환경과 도전에 직면해 러시아는 2008년부터 군개혁을 추진하고, 군사력 현대화에 박차를 가하고 있다. 이러한 군사정책은 주권, 영토, 안보, 경제발전 등의 일반적 국익 뿐 아니라 '강대국 위상 회복'이라는 국가목표 달성을 추구하고 있다. 이러한 변혁과정에서 러시아의 군사전략을 조망해보고자 한다.

군사전략은 국가의 목표를 달성하기 위한 국가안보전략을 실행하도록 하는 방안이다. 협의로는 군사력 운용방법이며, 광의로는 안보환경과 구조, 군사적 목적, 수단, 사고체계를 포함하는 포괄적 개념으로, 군사력 운용 뿐 아니라 군사력 건설과 국방체계 전체를 포용하는 개념이다. 국가에 따라 각기 군사전략의 구성요소는 다르지만, 대체적으로 "군사적 목적, 방법, 수단"을 포함한다. 목적은 달성하고자 하는 목표이며, 방법이란 그 목표를 어떻게 수행할 것인가 하는 전략적 개념이나 행동방침이며, 수단이란 어떤 자원을 사용할 것인가 또는 어떤 자원을 발전시킬 필요가 있는가라는 의미의 자원을 뜻한다.(Yarger 2006, 79-113) 이처럼 일국의 군사전략은 국가의 목표를 수행하는 도구적 개념이며, 국가안보전략을 상위개념으로 하고 있다. 따라서 군사전략을 살펴보기 위해서는 국제 안보구조에 대한 평가, 국가가 처한 안보상황과 안보위협에 대한 인식을 기반으로 한다. 이러한 기반 위에서 구체적으로 어떠한 양상의 전쟁이 전개될 것인가를 평가하고, 그에 대비하는 태세와 군사력 운용방식이 도출되는 것이다. 물론 이러한 군사력 운용방식을 현실화하기 위해서는 그에 걸 맞는 군사력을 건설하고 체계를 유지하려는 노력이 수반되어야 한다.

소연방 해체 이후 러시아는 국가의 목표와 안보관에 상당한 변화를 겪어왔다. 이러한 변화는 "국가안보개념"("국가안보전략 2020"),[2] "대외정책개념", "군사독트린" 등의 기본 안보관련 문서를 통해서 제시되어 왔다. 특히 러시아 "군사독트린"은 서방의 군사독트린에 비해 구체적이지 못하고 정책적인 특성을 가지고 있어 군사교리로서보다는 국방정책이나 군사전략을 이해하는데 도움이 되고 있다. 이들 3개 문서는 1990년 연방 붕괴 이후 여러 차례 수정, 발전되어 왔는데, 2009년 "국가안보전략 2020", 2010년 "군사독트린", 2013년 "대외정책개념"이 발표됨으로써 푸틴 3기의 바탕이 되는 안보상의 목표와 인식, 방향을 제시하고 있다. 개략적이지만 이러한 문서와 최근 진행되고 있는 군개혁과 국방정책은 러시아의 군사전략을 이해하는데 중요한 의미를 지니고 있다. 따라서 이러한 주요 안보문서를 기초로 러시아의 전략환경과 위협인식, 안보전략 기조와 2008년부터 시작된 군개혁, 군사전략과 군사력 변화를 살펴보기로 한다.

2 러시아는 2009년 5월 〈국가안보전략 2020〉("Russia's National Security Strategy to 2020")을 발표하였다. 이는 1997년과 2000년 〈국가안보개념〉("National Security Concept of the Russian Federation")을 대체하는 기본 문서이다.

2. 러시아 전략환경과 위협인식 변화

1) 러시아 전략환경의 변화

소연방이 붕괴한 지 20여년이 경과하면서 러시아를 둘러싼 국제 안보환경은 변화를 거듭해왔다. 1990년 소연방의 와해로 미소 양극체제는 무너지고, 미국이 절대적으로 우세한 '일초다강(uni-multilateral)' 또는 '단극(unipolar)' 질서가 유지되어왔다. 특히 9.11사태 이후 미국이 아프가니스탄전과 이라크전을 주도하면서 군사력에 기초한 미국의 일방주의적 국제질서는 비난과 견제를 받으면서 지속되어왔다. 하지만 중국의 부상과 2008년 미국발 세계 금융위기에서 비롯된 미국주도 단극질서의 퇴조는 세계질서의 근간을 변화, '다극(multipolar) 질서'로 재편되고 있는 양상이다.

이에 러시아는 2013년 2월 발표한 "대외정책개념"에서 미래 국제질서를 '다중심적' 구도로 규정하고 있다. "대외정책개념"에 따르면 세계 정치 · 경제를 지배하는 서방의 역량은 감소하는 반면 세계적 강대국과 발전 잠재력은 더욱 분산되고, 그 축이 동쪽, 특히 아태지역으로 이동하고 있다고 한다. 국제질서는 유럽중심에서 아태지역으로 서서히 이동하고 있으며, 결과적으로 아태지역은 경제발전과 정치적 영향력이 증대하고, 주요 협력지역이며, 주요 이해당사국과 다자기구의 활동공간이 되고 있다. 따라서 러시아 역시 유라시아국가로서의 입지를 강화하기 위해서는 아태지역 질서에 적극 동참하고 주체적인 활동 영역을 넓혀야 한다는 점을 지적하고 있다. 하지만 국제관계에서 이러한 다중심적 국제질서의 형성과정은 상당한 정치 · 경제적 혼란을 수반하게 되며, 국제관계는 보다 복잡하고 예측하기 어려울 것으로 보인다. 이러한 불확실한 미래환경 하에서 러시아는 국제관계와 협력의 중심으로서 UN의 중요성을 강조하고, 국제안보 강화를 위한 국제관계에서 군사력의 역할 축소, 신 START조약 준수, 비확산 협력, 비핵지대 구축, 우주 무기배치 반대,

우주공간 활동에 있어 국제조약 체결을 지적하고 있다. 특히 MD를 전략적 안정과 국제안보를 침해하는 것으로 반대하고 있다.

신 "대외정책개념"(2013)에서는 다중심 국제질서로의 이행과 더불어 국제안보질서를 위협하는 몇 가지 요인을 제기하고 있다. 첫째, 핵전쟁을 포함한 대규모 전쟁의 위험은 축소되고 국가와 세력집단 간의 군사력 균형이 변화되고 있다. 공세적 잠재력을 구축하고, 새로운 무기체계를 개발 · 배치하는 것은 군비통제 조약에 기초한 국제안보구조를 부식시키고 있다. 둘째, 전략적 자원에 대한 경쟁이 심화되고 있으며, 이는 중요한 분쟁의 근거가 된다. 특히 에너지가 중요한 분쟁의 요소가 되고 있다. 셋째, 국제질서가 한편으로는 세계화로 수렴하지만 다른 한편으로는 그와 반대되는 갈등적 속성을 드러내고 있다. 즉 여러 민족이 각각의 문화적 정체성과 민족적 뿌리를 회복하려고 하는데, 이것이 갈등을 유발한다는 것이다.

이렇듯 대외환경의 변화와 더불어 대내적 변화가 러시아로 하여금 국제질서를 수용하는 시각과 대응태세에 영향을 미치고 있다. 러시아가 2000년대 중반 이후 미국이나 유럽과 거리를 두면서 비판적인 입장을 취하게 된 데에는 국내 상황변화에서 비롯한다. 무엇보다 연방붕괴와 더불어 와해되었던 러시아경제가 회복되고 국제적 지위가 향상된데 기인한다. 1990년대 경제개혁의 실패와 1998년 채무불이행사태로 이어진 러시아의 경제위기는 2000년대에 들어서면서 변화를 보였다. 2000년 이래 연 5~7%의 지속적 성장으로 2006년에는 GDP규모에서 세계 10위권에 들어섰으며, 2007년 9월에는 4,200억 달러에 이르는 세계 3위의 외환보유고에 힘입어 IMF, 파리클럽에 대한 채무를 조기상환함으로써 미국 등 서방세계의 대러 영향력도 약화되었다.(고재남 2007, 4) 2011년 말에는 WTO에 가입하면서 국제적으로 주요 경제 주체로서 활동할 수 있는 기반이 조성되었다.[3] 국제 에너지가격 상승에 기반한 경제성

3 1993년 시작된 러시아의 WTO 가입노력으로 마침내 2011년 12월 WTO에서 러시아 가입이 승인되었다. 2012년 중반 러시아 의회에서 비준이 완료되어 2012년부터 가입 효력이 발효되었다.

장으로 러시아는 국제적 위상을 향상하고, 영향력을 확대해가고자 하였다.

경제회복과 더불어 러시아가 천연가스와 석유를 보유한 '에너지 강국'이라는 점 역시 러시아의 전략환경에 중요한 영향을 미쳤다. 러시아는 CIS국가들뿐 아니라 유럽국가에 대한 에너지 공급국으로서 강력한 지역적 · 세계적 강국으로 발돋움했다. 러시아의 원유매장량은 795억 배럴, 천연가스 매장량은 47조m^3으로 전세계 매장량의 30%에 이른다. 중국을 비롯한 신흥 공업국들을 중심으로 에너지 수요량이 급증하고 있는 상황에서 세계 1위의 매장량을 가진 천연가스와 석유자원을 보유한 러시아의 전략적 입지는 강력한 것이라 할 수 있다.

군사력 역시 러시아의 전략을 구성하는 주요 요소이다. 최근 러시아는 군사력 증강에 주력하고 있다. 2000년 푸틴정부 등장 이후 '강력한 러시아' 건설을 목표로 한 러시아는 군사력 증강에 정책우선순위를 두어왔으며, 2011년 말에는 10년간 23조 루블에 이르는 대규모 국방비를 투입하는 "2011-2020년 국가무기조달계획"(이하 무기조달계획, Gosudarstvennaya Programma Vooruzheniya: GPV-2020)을 채택하였다. 러시아가 군사력 증강정책을 추진하는 데에는 러시아의 경제력 성장에 기반을 둔 것이기도 하지만 탈냉전기에도 군사력의 중요성은 약화되지 않았다는 국제안보환경에 대한 러시아 정치지도부의 인식에서 비롯된다. 유고슬라비아 공습, 미국의 아프가니스탄과 이라크 공격을 직시한 푸틴정부는 강대국이 되기 위해서는 군사력의 뒷받침이 절대적으로 필요하다고 보았다. 탈냉전기에도 군사력은 국력의 중요한 요소이며, 외교의 연장선상에 있다는 것이다(Karaganov 2012).

더욱이 경제성장으로 러시아 국방비가 증가하고 있다. 러시아 국방비는 2008년 1조 루블을 상회하였으며, 실질 국방비에 있어서도 두 자릿수에 이르는 가파른 증가를 보이고 있다.(IISS 2013, 206) 국방비 증가는 군사력 강화를 가능케 하고 있다. 러시아는 군사력 증강에 있어 중요한 첨단기술 무기체계를 확보에 주력하고 있다. 탈냉전기에 수행된 미국의 주요 군사작전에서 정밀

유도무기와 정보력을 이용한 공중전이 주효했듯이 무기체계 현대화가 전쟁에서 중요한데, 러시아는 과학기술과 무기체계에 있어 지니고 있는 기술력을 바탕으로 무기개발을 적극 추진하고 있다. 특히 Topol-M(SS-27)과 차세대 잠수함추진 탄도미사일(SLBM) 불라바(Bulava)를 개발, 배치하는 등 핵전력의 최첨단화를 통해 미국의 MD체제에 대응한다는 측면에서 전력증강을 모색해왔다. 하지만 핵전력을 제외한 재래식 무기체계의 상대적 열세는 러시아 군사력에 큰 문제점으로 지적되고 있다.

러시아 전략환경에 있어 대미견제 구도 역시 중요하다. 러시아학자들은 미국의 역할에 대한 국제적 기대와 역량간의 격차가 점차 커지고 있어, 세계정치 구도 하에서 미국이 점차 '세계적 지도국(global leader)'으로서의 역할을 감당하기 어렵게 될 것이라고 보고 있다(신범식 2009, 9). 이렇듯 국제질서는 미국이 상대적으로 쇠퇴하는 변혁기에 들어섰음에도 불구하고 미국은 군사력에 기초한 활동을 지속하고 있다. 미국은 푸틴정부의 비민주성과 인권문제 비판 등 러시아 국내문제에 개입하고 있으며, 러시아의 반대에도 불구하고 동유럽 MD계획을 완전히 철회하지 않고 있다. 또한 러시아의 전통적 영향권역인 중앙아시아와 카프카즈지역에 개입하는 등 러시아의 이해관계를 침해하고 있다. CIS국가인 조지아와 우크라이나로 NATO를 확대하려는 시도 역시 러시아의 국익을 침해하는 것으로 판단하고 있다.

이러한 평가에 따라 2008년 8월 러시아는 조지아에 대한 공격을 감행했다. 러시아는 그 원인을 조지아의 남오세치아 공격이라고 주장하며, 보다 근본적으로는 미국이 조지아를 지원하기 때문이라고 본다. 결과적으로 러시아는 서방측이 러시아에 동등하고 공정한 지위를 보장하지 않았다는 것이다. 따라서 러시아는 국제관계에서 동등성을 요구하며, 서방의 이익만을 보장하는 서방중심의 안보협력의 틀이 아니라 러시아가 국제문제에서 일익을 담당할 수 있고, 권리를 주장할 수 있는 안보질서를 원하고 있다. 이러한 측면에서 다중심세계로 변화하는 국제질서는 러시아 전략환경에 긍정적이나 다른 한편 중국

세력의 강화, 미국의 아프가니스탄 철수로 초래될 수 있는 비전통적 위협 등에 대응해야 하는 도전적 환경에도 직면하고 있다.

2) 러시아의 안보위협 인식

러시아의 안보위협에 대한 평가는 시기에 따라 변화를 거쳐 왔다. 소연방 붕괴 직후 국내 정치 불안정, 경제악화, 테러리즘 및 2차례에 걸친 체첸과의 군사분쟁을 겪었던 러시아는 국내문제 해결을 최우선시 했다. 따라서 러시아 연방 성립 초기 안보문서에서는 첫째, 미국과 NATO 등 서방으로부터의 위협, 둘째, 소연방 붕괴에 따른 분리주의자들의 독립요구와 국경지역에서의 군사분쟁, 셋째, WMD확산과 WMD의 국제테러리스트들에게로의 이전 등을 안보위협으로 지적하고 있다.

연방해체 이후 체제안정과 경제회복에 전력을 기울여야 했던 러시아는 2000년대 들어 대내적 안정을 찾자 대외적 안보위협에 주목하기 시작했다. 푸틴 출범과 더불어 발표된 안보문서에 따르면 테러에 대한 경계와 WMD확산 위협 등과 더불어 국가의 위상 약화에 따른 우려를 주요 안보위협으로 평가해왔다. 2000년 발표된 러시아 "국가안보개념" 에서는 러시아에 반하는 주요한 군사적 침략위협은 쇠퇴하고 있지만 몇 가지 대외적 안보위협을 지적하였다.[4] "안보개념" 에 근거하고 있는 "군사독트린" (2000)에 따르면 '극단주의적 민족주의자들, 종교 · 분리주의자, 테러조직의 활동' 을 불안정 요인으로 지적하고 있으며, 군사적 위협으로 러시아 남부국경에서의 분쟁위협 증대를 지적하고 있다. 또한 군사독트린에서는 안보위협으로 러시아 국내문제에 대

4 국가안보에 대한 기본적 위협요인으로 1)국제기구의 역할을 저하시키려는 개별국가 및 국가연합체의 의도, 2)러시아의 정치 · 경제 · 군사적 영향력 약화, 3)NATO 동유럽 확대와 같은 군사 · 정치 블록 및 동맹의 강화, 4)러시아 국경 인접지역에 외국 군사기지와 군대출현 가능성, 5)WMD와 운반수단의 확산, 6)CIS내에서의 통합과정 약화, 7)러시아연방의 국경 및 CIS국가 인접지역에서 갈등 발생과 고조, 8)러시아영토에 대한 소유권 주장 등으로 규정하고 있다. *Nezavisimoe Voennoe Obozrenie*, No.1(174), 2000. 1. 14.

한 개입; 국제안보문제 해결에 러시아 이익을 무시하려는 시도; 러시아의 국제적 영향력 증가에 반대하는 시도; 군사블록과 동맹의 확대; 러시아와 주변국가에 외국군 주둔; 해외거주 러시아시민의 권리 침해를 지적하고 있다. 이로써 러시아는 현시적인 안보문제로서 테러 등 비대칭적 위협을 지적하는 한편 국제무대에서 러시아의 위상을 침해하는 시도를 안보위협으로 상정하고 있다.

이러한 경향은 2003년 10월에 발표된 국방백서로 칭해지는 "러시아연방군 발전 우선과제" 에서도 계속되었다. [표 1]에서 보듯이 "국방백서" 에서는 UN의 역할 축소를 위험스러운 경향으로 보고, UN안보리의 승인없는 군사력의 일방적 사용으로 WMD에 대한 수요 확대, 새로운 NATO가입국 영토에 외국군 배치, 러시아국경 주변에서 군사력 시위, 군사블록의 확대 등을 제시하고 있다. 여기서 미국을 직접적으로 위협이라고 지적하고 있지 않지만 미국을 중심으로 한 서방세계가 러시아에 위협임을 표현하고 있다. 하지만 이 문헌에서도 주요한 초점은 비대칭 위협으로 보인다. 현대전과 군사분쟁의 특징을 대규모 재래전이 아닌 비대칭 분쟁에 초점을 맞추고 있으며, 러시아의 안보위협은 NATO, 미국 등과의 전세계적 규모의 핵전이나 재래전이 아닌 테러리즘이나 국지전이라고 지적하고 있다("러시아군발전 우선과제" 2003). 당시 이바노프(Sergei Ivanov) 국방장관도 러시아의 안보위협으로는 첫째, 러시아 인접국의 정세불안으로 국내안정이 저해되고 불가피하게 군사적 조치가 수반되는 전통적인 외적 위협, 둘째, 무력을 동원한 체제 전복기도, 불법 무장단체 구성 · 조직 · 훈련 · 불법무기거래 · 대규모 조직범죄, 분리주의자와 종교적 급진주의자 또는 국수주의자의 활동으로 야기되는 국내외 위협, 셋째, 러시아 영토 내에서 국제테러 집단과 연계된 활동 수행, 러시아 또는 동맹국내에서 활동하기 위해 다른 국가에서 테러훈련을 하는 등의 초국가적 위협을 들고 있다(Ivanov 2004). 특히 남부국경지역의 위협을 중요시하고 있는데, 이슬람극단주의 세력이 확대되면서 러시아도 중동의 침략적 정권들과 대면하게 될 것으로 보았다

(Kortunov 2006). 이처럼 러시아는 외국의 침략에 의한 대규모 전쟁의 위협은 축소되지만 러시아 남부국경의 비전통적 위협[5]과 러시아의 국제적 영향력 축소에 따른 서방의 러시아무시 태도를 주요한 안보위협으로 보고 있다.

[표 1] 러시아의 안보위협

2000년 군사독트린	2003년 방위백서	2003~2008년	2010년 군사독트린
· 러시아 국내문제 개입 · 국제 안보문제에서 러시아 국익을 무시하려는 시도 · 러시아의 국제적 영향력 증가에 반대하는 시도 · 군사블록/동맹 확대 시도 · 러시아 주변국가에 외국군 주둔 · 해외 거주 러시아시민의 권리 침해	· UN안보리의 역할 축소 · UN 승인없는 군사력의 일방적 사용으로 WMD수요 확대 · 새로운 NATO가입국/가입희망국 영토에 외국군 배치 · WMD 확산 · 국제상황을 악화시키는 냉전적 방식 지속 · 경제적 이익 보호를 위한 군사력 사용 증대 · 러시아 국내문제 개입 · 러시아국경 인접지역에서 군사력 시위 · 군사블록 확대 · 러시아 국경주변에서 이슬람 극단주의 강화 · 해외거주 러시아인의 권리와 이익 침해	· 군사블록 확대 · 전통적인 러시아 이해관계 지역에 군 주둔 · 국제 안보정치에서 러시아 무시 · 러시아가 세계적 중심 국가로 강화되는데 反하는 시도 · 미국의 국제적 · 패권적 지위 확보 및 러시아영향권에서 기지 확보 노력 · NATO 동유럽으로의 확대와 러시아 국경 인접지역 분쟁 개입 · 러시아주권에 영향을 미치고 러시아의 경제와 기타 이익을 침해할 목적을 지닌 국제 세력이나 주도국 · MD체계 구축 · WMD 확산 · 강대국들의 군사적 우위성 확보 노력	*주요군사위험(dangers) · 러시아 국경인접지역에 NATO의 군사 인프라 구축 · 개별 국가/지역의 상황 불안정과 전략적 안정 침해 시도 · 러시아/동맹국 인접영토와 접근수역에 외국군의 배치 · 국제안정을 훼손하는 MD체계의 개발 · 배치, 우주 군사화 전략적 비핵정밀무기체계의 배치 · 러시아/동맹국에 반한 영토주장과 국내문제 개입 · WMD 확산 · 무기제한 및 감축협정 위반 · UN헌장/국제법 규범을 위반하고 러시아 인접국가 영토에서 군사력 사용 · 러시아/동맹 인접국가 영토에서의 군사분쟁 · 국제테러리즘확산

출처: Marcel de Hass, "Russia's military Doctrine Development," (March 2011), p. 41.

5 국방장관 이바노프는 BBC와의 인터뷰에서 NATO는 더 이상 적이 아니며 위협은 남부지역에서 비롯된다고 하였다. "Russian Defense Minister Gives Views on Army, Terrorism," BBC Monitoring Former Soviet Union, 2004. 10. 27.

6 러시아의 2010년 "군사독트린" 에서는 군사위험(military danger)와 군사위협(military threat)을 구분하고 있다. 군사위험(military danger)은 국가간 군사위협을 유발할 수 있는 상태, 군사위협(military threat)은 상대측과 군사적 분쟁 발발 가능성이 농후한 상태로 구분하며, 군사위협의 사례로는 군사 정치상황의 극단적 악화와 군사력 사용 직전단계라고 언급하고 있다. 이전 문서들에서 군사위협에 해당하는 것은 군사위험에서 정리되고 있다.

실제로 러시아 남부지역은 군사분쟁의 가능성을 안고 있었다. 94년 1차, 99년 2차 체첸전을 겪었을 뿐 아니라 여러 차례 테러사태를 겪었다. 체첸사태 뿐 아니라 99년 여름 중앙아시아지역의 정황도 불안정했다. 아프가니스탄에서 탈레반세력이 타지키스탄 국경을 압박하였고, 이슬람 과격파조직들이 국경을 넘어 키르기스스탄과 우즈베키스탄지역에서 활동을 전개했다. 이는 러시아에게는 명백한 안보위협이었다. 따라서 러시아는 미국/NATO군의 아프간 주둔을 반대하지 않았으며, 2001년 9/11사태 이후 러시아는 중앙아시아에 미군기지 설치를 허용하는 등 아프간에서 미국의 탈레반세력 축출에 협력해 왔다.

하지만 2003년 UN의 동의없는 미국의 이라크 공격, CIS지역에서 발생한 일련의 민주화운동(색깔혁명)을 미국이 지원함으로써 미국과 서방에 대한 불신이 심화되면서 안보위협에 대한 평가도 변화되는 모습을 보였다. 최근 러시아는 안보문제에 있어 미국의 외교안보정책에 대한 비판을 우선하고 있다. 2008년에 발표된 "대외정책개념"에서는 미국의 일방주의적 행태가 전세계의 안정을 위협하며, 긴장과 군비경쟁을 자극하고, 국가간의 모순을 심화, 윤리적 · 종교적 분쟁을 만들어낼 위험성이 있다고 하였다. 미국의 이러한 일방적 행태는 다른 국가에 위협이 되며, 군사력 사용시 UN안보리의 승인이 없었기 때문에, 국제법의 기반을 훼손하고, 지역분쟁의 확대를 유도한다고 하였다. 2008년 11월 5일 메드베데프 대통령은 국정연설에서 러시아는 근래 군사적 위협에 직면하고 있는데, 가장 큰 위협은 미국이 추진하고 있는 전세계적 MD체계에 의한 유럽 미사일 배치계획과 무제한적으로 추진되고 있는 NATO의 러시아 주변으로의 확대라고 지적하였다(Medvedev 2008).

이러한 평가는 NATO 동유럽 확대를 지속하며, MD체제를 구축하는 등 국제질서에서 미국이 러시아를 존중하지 않고 있다는 점에 근거한다. 국제질서하에서 패권적 지위를 확보하려는 미국이 러시아를 대외적 동반자가 아니라 냉전기와 같이 적으로 간주하는 시각을 지속하고 있고, 잠재적 적대국의 가능성이 있는 러시아가 강력해지는 것을 원치 않고, 러시아의 부활을 경계하고 있다는 것이다. 또한 러시아는 지전략적 관점에서 러시아 주변지역의 미군주둔과 미군의 방어설비의 구축을 우려하고 있다. 하지만 2000년 이후 미국은 루마니아, 불가리아, 중앙아시아에 군 기지를 설치했고, 군전문가를 파견하여 조지아군을 훈련시키고 장비를 지원했으며, 크리미아와 서우크라이나지역에서 우크라이나군을 정기적으로 훈련시켜왔다(Trenin 2007). 전통적인 러시아 영향권인 CIS지역에서 이러한 미국의 反러시아적 행위는 러시아에게 주요한 위협이 되고 있다. 당시 총참모장 발루예프스키(Yuri Baluyevsky)는 2007년 러시아 안보리회의에서 러시아의 전통적 영향권에서 미국의 정치, 경제, 군사적 위상의 확대가 러시아 국가안보의 최대 위협이라고 했다(Pravda, 2007. 5. 3.).

러시아는 조지아와 우크라이나로의 NATO확대 시도를 명백한 도발로 간주하고 있다. 또한 이란의 핵무장화에 대한 대비라는 명목을 들어 체코와 폴란드지역에 MD체계 설치 역시 러시아에 대한 견제라는 것이다. 미국이 동유럽지역에 MD체계를 구축하려는 계획은 러시아에 대한 전략적 우위를 차지하려는 것일 뿐으로, 이란에 대한 방어라는 미국의 입장표명은 자국의 의도를 감추려는 전략에 불과하다고 평가한다. 따라서 러시아는 미국과의 협력 필요성을 부정하지는 않지만 미국을 러시아의 안보위협으로 보고 있는 것이다.

2000년대 중반부터 러시아안보에 있어 근본적인 위협을 대내위협이나 남부국경지역의 초국가적 위협보다 미국과 NATO의 위협을 강조하고 있으나, 러시아안보에 보다 직접적인 군사적 위협요소들을 배제할 수는 없다. 즉 소연방 붕괴에 따른 분리주의자들의 독립요구와 테러행위 및 국경지역에서의 군사분쟁은 지속적으로 러시아에 직접적인 안보위협이 되고 있다. 소연방 와해 이후 2차례의 체첸전은 종결되었으나 아직도 카프카즈지역은 불안정하다. 이 지역은 러시아연방의 안보를 위협하는 분리주의와 테러리즘이 지속해서 발흥하고 있다. 몰다비아의 트랜스드니에스트르(Transdniestr), 압하지아, 남오세치아 등 구소련 하에서 이미 민족 분쟁요인을 안고 있던 지역은 지속적인 안보위협이 되고 있다. 소연방에서 독립한 각 국에서 발생하고 있는 민족분규에 러시아는 밀접히 관련되어 있다. 이들 국가의 소수민족 지역은 그들에게 완전히 맡기기 어려운 러시아와 관련된 이해관계가 매우 중요하다. 2008년 조지아-러시아전쟁도 남오세치아와 관련되어 있다. 러시아는 조지아가 아닌 자국에 편입되기를 원하는 남오세치아의 지원국이다. 따라서 지역의 평화유지군으로 군사주둔을 하겠다는 입장이다. 이들 분쟁지역에서 러시아의 안보우려는 두 가지인데, 하나는 조지아전쟁과 같이 민족갈등이 국가간 분쟁으로 비화되는 것이며, 또 하나는 이 지역 문제의 해결에 있어 러시아 중심이 아닌 서방국가 중심의 안보구도가 형성되는 것이다. 또한 에너지 강국으로 자리매김하고 있는 러시아는 자국의 천연가스와 석유의 수송을 방해하거나 주변 CIS지역의 에너지자원에 접근하지 못하게 하는 모든 행위도 위협으로 간주하고 있다. 이처럼 러시아는 푸틴정부기에 국내질서가 어느 정도 안정되면서 급박한 혼란을 초래하는 대내 안보위협은 현저히 축소되는 반면 국가위상 제고에 부정적인 영향을 미칠 수 있는 잠재적 위협을 보다 중요시하는 방향으로 변화되고 있음을 알 수 있다.

이러한 경향은 [표 1]에서 보듯이 2010년 2월 발표된 "군사독트린" 에서도 나타나고 있다. "군사독트린"(2010)에는 주요 군사위험으로 러시아 국경 인접지역의 NATO군 인프라 구축; 러시아와 동맹국 인접 영토와 접근 수역에 외국군의 배치; 미사일 방어(MD)체계의 형성과 배치, 우주 군사화; 러시아와 동맹국에 반하는 영토주장과 대내문제 개입; WMD 확산; 국제법적 규범을 위반하고 러시아 인접지역에서의 군사분쟁; 국제테러리즘의 확산 등을 지적하고 있다. 군사위협으로는 국가간 관계에서 군사-정치상황의 극단적 악화; 러시아 국가와 군사명령통제체계의 작동 차단, 전략핵군, 미사일 조기경보체계, 우주정찰체계, 핵무기저장시설, 핵에너지시설, 원자력과 화학산업시설 등 파괴; 러시아와 동맹국의 영토에 비합법적 군대 형성, 훈련 및 활동; 러시아와 동맹국 인접영토에서의 도발적 목적의 군사력 시위; 부분 · 완전동원을 포함한 무력적 행위의 단계적 상승을 지적하고 있는데, 이러한 군사위협은 즉각적 분쟁 유발 직전단계라 할 수 있다.

이렇듯 러시아의 안보위협에 대한 인식은 시기별로 변화하고 있으며, 국가위상에 대한 침해라는 차원의 대서방 위협과 실제적인 군사분쟁 가능성이 높은 주변지역에서의 갈등과 테러리즘과 같은 비전통적 위협의 두 가지를 상정하고 있다. 따라서 서방과의 안보협력으로 러시아의 군사위협이 완전히 해결될 수 없다. 2007년 1월 러시아 군사아카데미 회의에서 총참모장 발루예프스키는 현재의 안보위협이 미국으로부터 비롯된다고 주장했다. 그는 미국이 전세계 패권을 추구하며 러시아가 전통적인 영향력을 지닌 발판을 취하려 한다고 보았다(Haas 2011, 22). 결과적으로 러시아에게 안보위협은 한편으로는 강대국들이 군사 우월성을 확보하려는 데서 비롯되며, 다른 한편으로는 조직범죄, 마약거래, 극단주의와 분리주의, 테러와 같은 위협이 공존하는 것이다. 이러한 위협의 이중성은 러시아 군사적 사고와 대응방법 도출의 특성을 구성한다.

3. 러시아의 안보전략 기조와 군개혁

국가안보전략은 국가의 목표를 어떻게 수행해나갈 것인가에 대한 방법을 제시하고 있는 것이다. 이러한 안보전략을 바탕으로 국방정책과 군사전략이 구체화되는 것이다.

1) 러시아 안보전략 기조

러시아 국가목표로는 국가와 국민의 보호, 평화와 안정 보장 및 강대국의 지위 확보로 볼 수 있다. 이를 위해서 러시아는 다음과 같은 안보전략을 구사하고 있다.

(1) 미국 견제와 다자주의 외교정책의 추구

2008년 11월 5일 대통령 메드베데프는 의회 국정연설에서 러시아 안보문제로 조지아의 남오세치아 침공[7]과 국제금융위기를 지적하였다. 그는 이 두 사건은 별개의 문제이지만 그 원인에는 공통점이 있는데, 그것이 바로 미국의 일방주의와 연관되어 있다고 하였다. 따라서 이제 미국주도의 국제정치·경제의 틀을 개혁하여야 한다고 하였다. 미국의 일방주의정책은 복잡한 국제문제를 해결할 수 없으며, 다수의 국가가 함께 국제문제를 해결하는 다자간 협력체제로 나가야 한다는 것이다. 특히 러시아는 기본적으로 국제현안을 해결함에 있어 대화와 협력을 우선하지만 카프카즈지역과 동유럽에서의 미국 일방주의정책에 단호히 대처할 것이라는 입장을 밝히고 있다(Medvedev 2008). 러시아는 이전부터 탈냉전기에는 미국이 국제 안보질서를 주도하는 일극체제가 아닌 세력의 다원화를 바탕으로 한 다극체제가 유지되어야 한다고 주장해 왔는데, 이러한 다극체제를 바탕으로 한 다자간협력이 국제문제 해결을 위해 필요하다는 것이다. 이러한 입장은 2008년 "대외정책개념"에서 일방주의적 행태가 전세계의 안정을 위협하며, 러시아는 국제문제에서 다자주의 원칙을 강화하는데 주력하겠다는 표현으로 드러나 있다.

러시아와 미국은 CIS국가로의 NATO확대, 동유럽 MD배치, 러시아 민주주의 후퇴 논란, 이란 핵문제와 코소보 독립문제 등에서 이견을 보여 왔다. 미국은 우크라이나와 조지아의 NATO가입을 허용해야 한다는 입장을 보였으나 러시아는 이들 국가의 가입을 허용할 수 없다는 입장을 지켜왔다. 동유럽 MD문제에 있어서도 대립이 치열한데, 러시아는 미국의 동유럽에서 MD구축은 명분상 이란으로부터의 탄도미사일에 대한 조기대응이라고 하지만 실제로는 전세계적인 전략적 우위를 점하려 한다는 것이다. 미국은 MD체계 구축을 위해 2002년 ABM조약을 일방적으로 파기하였을 뿐 아니라, 동유럽에서 러시

7 러시아의 조지아 침공에 대해 러시아는 조지아의 남오세치아 침공으로 보고 있다.

아를 억제하려고 MD 체계를 구축하고 있다고 본다. 러시아는 동유럽국가에 MD체계 설치 계획의 하나인 체코에 설립하고자 하는 X-밴드 레이더기지 대신 아제르바이잔의 러시아 레이더기지 사용을 제안하였으나 미국은 이를 받아들이지 않았다. 이러한 미국의 행태는 전세계적인 전략적 우위를 지속하려는 패권전략이며, 동유럽 MD는 러시아를 위협하는 것이라고 본다. 이에 2007년 4월 뮌헨 유럽안보회의에서 푸틴은 미국이 모든 방면에서 국경을 넘어서 월권하고 있으며, 국제관계에서 군사력 사용을 억제하지 않고 있다고 비난했다.[8] 뿐만 아니라 러시아는 대응책으로 2007년 12월 유럽의 재래식무기 감축의 기반이 되었던 CFE조약 이행을 공식적으로 중단했다.[9] 반면 NATO측은 몰도바와 조지아에서 러시아군의 철수를 요구하며 비준을 미루고 있었다. 이것이 군축조약의 전반적 와해로 보기는 어렵지만, 이는 미국을 중심으로 한 서방의 군사력에 기반을 둔 국제정책에 대응한 러시아의 미국을 견제하는 안보전략의 하나로 볼 수 있다.

러시아는 미국을 견제하기 위해서는 다자질서의 확립이 무엇보다도 중요하다고 본다. 이러한 구도를 형성하기 위해서 러시아는 '독립, 주권, 영토완결성' 등 절대적 주권을 확립하고, 군사적 안보를 확고히 보장하며, 주변국과의 우호적 관계 구축해야 한다는 것이다(Katz 2006, 144-152). 즉 러시아는 다자질서를 확립하기 위해서는 스스로 강대국으로서 위상을 확보하는 것이 필요하며, 다른 한편 대미견제를 위해 동아시아지역 국가들과의 협력이 중요하다고 보고 있다. 이러한 입장에서 러시아는 중국, 인도 등 국가와 협력확대를 추진하고 있다. 러시아는 1996년 형성한 중국과 전략적 동반자관계를 바탕으로

---

8 V. Putin, "Speech and the Following Discussion at the Munich Conference on Security Policy," February 10, 2007(http://archive.kremlin.ru/eng/speeches/ 2007/02/10/ 0138_type 82912type82914type82917type84779_118123.shml. 검색일: 2010년 5월 20일)

9 2007년 4월 푸틴대통령이 CFE조약 이행을 중단한다고 선언한데 이어 7월 국가두마(하원)가 "CFE조약 및 유관 국제조약에 대한 러시아의 참여중지" 법령을 발효하였다. 러시아는 CFE조약 이행 중단의 원인을 1999년 개정한 CFE조약을 비준하지 않은데 따른 조치라고 주장하고 있다. 정은숙, "러시아의 CFE조약 유예선언과 유럽안보," 「정세와 정책」(2007년 8월). pp.11-13.

미국의 일방주의에 대한 견제라는 측면에서 상호 협력하고 있다. 러시아의 입장에서 아시아의 강대국인 중국과 우호관계는 경제적으로도 중요하지만, 미국을 견제한다는 공동의 안보적 이해관계를 지니고 있는 것이다.

하지만 러시아가 반미일변도 정책을 취하는 것은 아니다. 러시아는 여러 부문에서 미국과의 협력이 반드시 필요하다는 사실을 인식하고 있다. 러시아는 국제정치 · 경제 활동에서 미국의 후원이 필요하며, 이러한 미국의 후원을 거부하면서 중국과만 긴밀한 협력을 취하는 것은 아니다. 중국이 현재 러시아의 중대이익을 위협하고 있지는 않을지라도 중장기적으로 강력해진 중국이 러시아에 협력적 관계만을 기대할 수 없기 때문이다. 러시아가 중장기적으로 원하는 바는 스스로가 미국, 중국과 동등한 수준에서 대우받고 국제문제에서 일익을 담당하는 전세계 주요 전략적 국가로 기능하는 것이다. 현재 세계적 전략상황은 유동적이고, 이 과정에서 러시아는 최대한 자국의 활동영역을 확보하고자 하는 것이다. 러시아의 국제적 위상 제고와 실질적인 국익에 따라 미국과 광범위한 협력보다는 가능한 한 대등한 입장을 존중받는 '선택적 협력'을 하게 될 것이며, 이러한 가운데에서 안보전략적 측면에서는 미국의 일방주의에 대한 견제가 두드러질 것으로 보인다. 이러한 원칙 하에서 러시아는 조지아와 우크라이나의 NATO와 EU가입에 적극 반대하고 있다. 더불어 러시아 안보에 치명적일 수 있는 MD 동유럽배치는 최대한 억제하고자 하고 있다.

(2) CIS지역에서의 통합질서 구축

러시아는 안보전략으로서 자국의 전통적 영향권이라고 주장하는 CIS 지역에서 러시아가 중심이 되는 정치, 경제, 군사를 망라한 통합 질서를 구축하고자 한다. 역내 공동 경제통합기구인 유라시아경제공동체(EurAsEc),[10] 공동 안보

10 2008년 "대외정책개념" 에서는 유라시아경제공동체(EurAsEc)를 통한 CIS의 통합과정 강화를 주요 과제로 제시하고 있다.

기구인 집단안보조약기구(CSTO: Collective Security Treaty Organization) 뿐 아니라 2010년 7월 러시아, 카자흐스탄, 벨라루스 3자 관세동맹(Customs Union)이 출범했고, 2011년 10월 CIS 자유무역지대 조약이 체결되었다. 러시아의 통합의지로 2012년 1월 상품, 자본, 서비스, 노동력의 자유로운 이동을 원칙으로 한 단일 경제공간(CES: Common Economy Space)이 출범하였으며, 이러한 경제통합 뿐 아니라 정치안보분야에서도 통합을 추구, 궁극적으로 러시아를 중심으로 하는 통합체로서 '유라시아연합(Eurasian Union)'의 창설을 지향하고 있다. 경제통합을 바탕으로 EU와 같은 '유라시아연합'으로 발전시켜 과거 소연방의 영역을 통합하겠다는 것이다. 푸틴은 대통령 3기 취임 직후 "대외정책 대통령령"을 통해 'CIS역내 다자협력과 통합'을 주요 과제로 제시하였다.[11]

러시아가 미국을 비난하고 견제하게 만든 중요한 이유 중의 하나는 미국이 전통적 러시아 영향권인 CIS지역을 인정해주지 않고 개입하는데 근거한다. 따라서 러시아는 미국의 동유럽지역과 중앙아시아에 대한 영향력 확대를 견제하기 위해 CIS국가들에 대해 보다 적극적인 입장을 보이고 있다. 2003~05년 CIS지역을 휩쓸었던 민주화운동으로 정권에 대한 도전을 인식한 일부 중앙아시아 정치지도자들은 자신의 권력유지를 위해 反민주, 親러시아의 입장을 보였다. 러시아는 이를 최대한 활용하여 결속을 강화해왔다. 중앙아시아 국가들 가운데 대표적으로 反러 입장을 취해왔던 우즈베키스탄이 2005년 5월 안디잔사태 발발이후 親러 입장으로 돌아섰다. 우즈베키스탄은 CIS 내 반러성향 기구인 GUUAM[12]에서 탈퇴하고 러시아중심의 협력체인 SCO에 가입했으며, 2005년 11월에는 러시아-우즈베키스탄 상호 군사보호조약을 체결

11 "Executive Order on measures to implement foreign policy," 7 May 2012(http://eng.news.kremlin.ru/acts/3762/print 검색일: 2012.11.26.)

12 GUUAM은 구 소련 공화국들인 조지아, 우크라이나, 우즈베키스탄, 아제르바이잔, 몰도바로 구성된 지역협력체이다. 1997년 조지아, 우크라이나, 아제르바이잔, 몰도바 4개국이 러시아의 영향에서 벗어나기 위해 창설된 기구로 초기에는 4개국의 머리글자에 붙여진 GUAM이었고, 1999년 우즈베키스탄이 회원국으로 가입하면서 GUUAM으로 바뀌었다. 하지만 2005년 우즈베키스탄이 GUUAM에서 탈퇴, 그 기구의 명칭도 원래대로 GUAM으로 바뀌었다.

하였다. 더불어 우즈베키스탄에 주둔하고 있던 미군도 완전히 철수하였다. 2006년 3월에는 카리모프(Islam Karimov) 우즈베키스탄 대통령이 러시아와 군사동맹조약에 서명하였다.(연합뉴스 2006/03/07) 2005년 12월에 치러진 카자흐스탄 대선에서도 16년간의 장기집권과 철권통치로 비판을 받아온 친러 성향의 나자르바예프(Nursultan Nazarvaev) 대통령이 91%의 압도적인 지지를 얻어 3선에 성공하였다. 우크라이나에서도 친미성향의 오렌지혁명의 승리자인 유시첸코(Viktor Yushchenko)정부가 2010년 친러성향의 야누코비치(Viktor Yanukovych)정부로 교체되었다. 벨라루스는 러시아와 국가통합이 논의되고 있다.

이들 국가들과 정치적 협력관계 뿐 아니라 군사안보협력도 박차를 가하고 있다. 러시아는 소연방붕괴 이후 최초로 중앙아시아 키르기스스탄에 칸트 공군기지를 건설하였으며, 상하이협력기구(SCO)를 통해 우즈베키스탄의 미군 군사기지 철수를 공식적으로 주장하였다. 나아가 2006년 6월 민스크에서는 CSTO를 구성하고 있는 6개국(러시아, 아르메니아, 벨라루스, 키르기스스탄, 카자흐스탄, 타지키스탄) 대표들이 CSTO의 기능 확대를 제안하고, 미래에 CSTO군으로 대체될 집단위기관리군과 집단평화유지군을 창설하여 지역의 위협이나 외부침략 발생 시 공동대처하자고 제의하였다(Vozzhenikov 2007, 136-145). 이러한 움직임은 상당히 진척되어, 2008년 11월 9일 메드베데프 대통령은 5,000명으로 예상되는 연합군 창설안을 의회에 제출하였고, CSTO의 서기장인 보르듀자(Nikolai Bordyuzha)는 이 안이 참가국의 비준이 이루어지면 즉각 시행될 것이라고 발표했다(Zhussip 2008). 이는 10개 대대로 구성되는 특별 연합 신속대응군의 형태가 될 것이며, 참가국이 평등 원칙하에 재정지원을 하게 되지만 무기는 러시아가 제공할 것으로 보인다. 러시아가 추진 중인 유라시아 통합은 아직 불확실하지만 전통적 영향권으로 간주하는 CIS지역에서 러시아중심의 통합질서의 구축을 주요 안보전략으로 상정하고 있다.

(3) 에너지 안보의 강화

러시아에게 에너지자원은 경제회복을 위한 자원 이상의 의미를 지닌다. 에너지는 러시아를 강대국 지위를 회복시킨 기반이 되었으며, 국가위상을 제고시킬 수 있는 전략적 자원의 역할을 수행하고 있다. 이렇듯 에너지는 러시아 안보의 중요한 자원이 되고 있다.

러시아는 2003년 5월 "2020년까지 에너지전략" 을 채택, 석유와 천연가스 뿐 아니라 석탄과 수력을 포함한 포괄적인 에너지 전략을 수립했다. 또한 필요한 법률적 조치를 도입, 에너지 수출제도와 조세제도를 정비하였다. 푸틴 대통령은 이러한 일련의 과정을 통해 에너지의 전략적 활용도를 높이고, 에너지자원을 러시아외교정책의 기본적 수단으로 제기하였다(Kupchinsky 2006). 실제로 2005년 12월 우크라이나-러시아 가스분쟁시 푸틴은 에너지를 국익을 위해 이용할 수 있다는 에너지의 전략적 입장을 표명했다.[13] 에너지가 국가의 자원임을 인식한 푸틴은 에너지의 국유화를 추진했고, 이는 2003년 유코스(Yukos)사태를 유발, 서방의 많은 비난에도 불구하고 푸틴은 2005년 유코스를 국유화시켰다.

또한 러시아는 CIS 국가들에 대한 영향력 확대에 있어 에너지자원을 지렛대로 최대한 이용해왔다. 에너지를 러시아에 전적으로 의존하고 있는 CIS국가들에게는 러시아가 이들에게 적용하는 에너지 특별가격이 경제에 있어 절대적으로 중요하다. 이러한 상황을 이용해서 러시아는 2005년 말, 친미성향의 CIS국가들에게 에너지 공급가격을 대폭 인상하겠다고 통보하였다. 이러한 조치는 어려운 경제상황에 놓여있는 CIS국가들에게 심각한 압력으로 작용하였다. 결국 이 문제는 우크라이나에 대한 가스공급 중단이라는 사태로 발전, 러시아로부터 가스를 공급받는 유럽지역 전체를 긴장시켰다. 다행히 양국간

---

13 푸틴은 "러시아는 에너지시장에서 보다 우세한 지위를 차지할 수 있는 자연적인 이점을 지니고 있으며, 러시아는 국익을 위해 이러한 지위를 사용해야만 한다" 는 입장을 표명했다.(Kupchinsky 2006)

협의를 통해 가격을 조정하여 가스공급은 몇 일만에 재개되었으나, 에너지가 상대국의 대외관계를 통제하는 역할을 할 수 있다는 점은 주목할 만하다.

에너지가 중요한 자원으로 대두되면서 CIS국가 가운데 중앙아시아지역의 중요성도 강화되었다. 러시아는 에너지 생산지로서 중앙아시아와 러시아를 잇는 생산축(종축)과 세계에너지 최대 소비시장으로서 서유럽과 아태지역을 잇는 소비축(횡축)을 연결하는 '십자로'를 구축하여 세계 에너지시장에서 막강한 영향력 행사를 추구하고 있다(이재영 2008, 1-4). 에너지 생산지이기는 하나 내륙 한가운데 위치한 중앙아시아는 에너지 개발과 수송을 위해 다른 국가들과의 협력이 필수적이다. 실제로 에너지 수송로를 둘러싸고 서방과 러시아간의 미묘한 대결도 벌어지고 있는데, 러시아는 중앙아시아에서 카스피해를 통해 지중해로 연결되는 바쿠(Baku)-트빌리시(Tbilisi)-세이한(Ceyhan)의 BTC라인을 극력 저지해왔다. BTC노선의 개통을 막지는 못했지만 러시아는 2007년 5월 카자흐스탄, 투르크메니스탄과 카스피해에서 러시아를 거쳐 흑해로 연결되는 노선을 새로이 건설하기로 합의하는 등 대규모 에너지 프로젝트를 추진하고 있다. 또한 카자흐스탄, 투르크메니스탄, 우즈베키스탄 등과 함께 '유라시아 석유-가스동맹' 창설을 계획하고 있다.

강대국으로서의 위상 증진을 바라고 있는 러시아로서는 국제적 영향력 강화를 위해 에너지 자원의 활용이 필수적이라고 본다. 2009년 "국가안보전략"에 따르면 러시아의 자원 잠재력이 러시아의 국제적 영향력 강화 가능성을 확대해왔다고 지적하고 있다. 러시아에게 에너지자원은 외교정책의 도구이며, 지렛대이다. 더불어 러시아는 자원에 대한 경쟁적 투쟁에서 군사력을 사용할 수 있음을 시사하고 있다. 미국의 MD계획이 유럽에 대한 러시아의 독점적 가스공급을 막기 위한 것이며, 이러한 측면에서 미국은 주요 적이라는 입장을 피력하였다. 또한 "안보전략"(2009) 47조에서는 에너지가 러시아의 국가안보에서 중요하다는 점을 강조하면서 "국가안보에 대한 위험요소로 세계위기와 지역의 재정-은행체계, 자연자원, 특히 에너지, 수력, 소비재 확보를 위한 전쟁의 심화요소를 지적할 수 있다" 고 지적, 에너지를 둘러싼 분쟁 가능성을 제기하고 있다(Kupchinsky 2009).

(4) 강력한 군사력 건설 추진

러시아의 주요 안보전략 기조로 군현대화를 통한 군사력 강화를 지적할 수 있다. 러시아의 대외안보정책은 철저히 현실정치(Realpolitik)에 입각해 있으며, 국제정치에서 脫군사적인 사고는 더 이상 지지하지 않고 있다. 각국은 국제적 영향력을 확대하고자 자국의 경성·연성적 힘을 확보하려고 한다. 결과적으로 국익에 입각해 대외정책을 수행하기 위해서는 필수적으로 군사적 역량이 뒷받침되어야 하는 것이다. 이러한 군사력증강의 안보전략을 추진하는 데에는 몇 가지 안보적 시각에서 비롯된다. 첫째, 국제정치가 UN과 같은 국제기구의 이상주의적 협력에 의해 해결되지 않는다는 점이다. 러시아는 미국이 몇 차례에 걸친 전쟁에서 정치적 목적을 위해 압도적으로 우세한 군사력을 사용해왔다는 점에 주목했다. 보스니아 폭격, 유고슬라비아 공습, 아프가니스탄과 이라크침공 등에서 미국은 UN의 승인을 받지 않은 채 NATO조약에 따라 전쟁을 수행했다. 실제로 NATO 동맹국들은 세계 어떤 지역에서도 대테러전의 수행이 가능하다고 보고 있다. 보스니아사태에서 보여주었던 미국의 인본주의적 의미의 군사적 개입은 2000년대 들어 아프간에서 '대테러' 이라크에서는 'WMD확산방지'를 명분으로 하고 있으며, 전쟁을 선제공격이나 예방전쟁적 차원으로 확대하였다(Malyshev 2007, 54-66). 결과적으로 군사력은 탈냉전의 국제정치에서 더 이상 의미없는 것이 아니라 가장 중요한 국력이며, 외교의 수단이라는 것이다. 둘째, 군사력의 강화에 있어 중요한 것은 첨단기술력을 갖춘 무기체계이다. 탈냉전 이래 수행된 미국의 주요한 군사작전은 정밀 유도무기와 정교한 정보력에 기초한다. 따라서 군사력 강화를 위해서는 무기체계의 현대화가 무엇보다 중요하다. 셋째, 러시아의 경제가 침체에서 벗어나 성장하고 있다는 점이다. 국제유가 상승을 바탕으로 한 러시아의 경제성장은 국방비 증대가 가능하도록 하였고, 이를 바탕으로 군사현대화의 가능성을 제고시키고 있다는 것이다.

푸틴은 2012년 2월 대통령 선거전 당시 러시아의 주요 일간지인 "로시이스카야 가제타"에 일련의 논문을 게재하여, 국제정세의 변화와 러시아의 대응책에 대한 입장을 표명했다. 그는 국제정세의 변화를 고려해 주도국들과의 경제협력과 군사협력이 필요함과 동시에 위협에 대응하기 위해 강력한 군사력 건설의 필요성을 주장하였다. 군사력 증강을 위해 러시아는 한편으로는 군구조의 개혁을 통한 효율성을 증대하고, 다른 한편으로는 무기체계의 현대화에 주력하고 있다. 러시아는 아직 현대적 전투와 안보위협에 대응할 수 있는 강력한 전투력과 군조직을 가지고 있지 못한데, 이를 극복해야 한다는 것이다. 따라서 현재 진행되고 있는 군개혁을 통해 직업군을 확충해 나갈 것이며, 이들을 중심으로 신속대응군체계로 발전시켜 나갈 것이다. 이들 직업군은 주로 지역분쟁에서 공격작전을 할 수 있는 부대로 유지되며, 징집부대는 주로 방위작전에 투입될 것으로 보인다.

무기체계의 현대화도 추진되고 있다. 러시아의 강대국화 기조에 맞물린 군현대화를 위해 "국가무기체계조달" 계획을 2011년 말 채택하였다. 러시아정부는 국방에 대규모 예산이 투입되는 현대화계획의 당위성과 더불어 러시아의 강대국화를 위해서는 강력한 군사력 건설이 필수적이라고 주장하고 있다. 러시아는 우선 핵무기를 보완하여 강대국의 위상을 유지하는 한편 첨단무기체계를 중심으로 무기체계현대화를 통해 상대적인 재래식 무기의 열세를 극복해나간다는 방침 하에 국방비를 증가시키고 있다. 이렇듯 러시아는 강력한 군사력을 통해 국익과 주권을 보장하며, 국가의 국제적 위상을 강화시킨다는 입장이다.

(5) 북극정책과 북극항로 개척

러시아의 국제무대 진출에 있어 해양 전략의 비중이 커지고 있으며, 그 가운데 북극해 개발에 주력하고 있다. 러시아의 북극정책은 북극에 관심을 갖고 있는 나라들 중에서 가장 적극적이면서, 때로는 공격적인 입장을 취하기까지 한다. 러시아는 2001년 태평양과 북극해 대륙붕 외연을 확장하기 위해 UN 대륙붕한계위원회에 관련 자료를 제출했으며, 2007년에는 러시아 북극해 탐험대가 북극점 해저 4,261m 지점에 러시아기를 꽂아 자국 영토임을 국제사회에 알렸다. 또한 러시아는 2020년까지 북극해 대륙붕 국경을 확정하고 자국 군대를 주둔시키며, 러시아 최북단 프란츠 요제프제도(Franz Josef Land)와 북극해 일부를 묶어 '러시아 북극'(The Russian Arctic) 국립공원 건설계획을 통해 북극을 자국의 관할권으로 만드는데 주력하고 있다.

러시아 안보리에서는 2008년 9월 13일 "북극해에서의 러시아 이익" 을 주제로 프란츠 요제프에서 회의를 개최하였으며, 러시아정부는 "2020년까지 러시아연방 북극해 기본정책" 을 발표했다. 여기서 자원의 보고로서 북극지역의 중요성을 강조하고, 경제성장을 수행하기 위한 북극개발 프로젝트를 추진하려는 정부의 의지와 교통로로서 북극해의 활용이 지니는 국익의 중요성을 강조했다. 이와 더불어 북극해 여단의 창설 가능성도 제기되었다. 더불어 2009년 3월에는 러시아 대통령부 안보리에서 북극이 2020년까지 자연자원의 근원지라는 정책을 승인하고 4월에는 푸틴총리가 프란츠 요제프제도를 시찰하기도 했다. 2010년 여름에는 초대형 유조선이 북극해 항해를 성공적으로 마쳤다. 러시아는 노르웨이와의 조약을 통해 바렌츠해와 북극해의 경계를 확정하고 북극해에서의 협력 추진에 합의했다.

러시아가 이렇듯 북극지역을 중요하게 간주하는 이유는 첫째, 자연자원 개발, 둘째, 주요 교통로로서의 북극해 루트 개발, 셋째, 안보적 관심에 있다(NIDS 2013, 272-280). 무엇보다 북극지역은 아직 탐색되지 않는 상당량의 자원이 매장되어 있는 것으로 추정된다. 탐사되지 않은 가스전의 30%, 원유매장량의 13%가 이곳에 있는 것으로 알려져 있다. 러시아는 북극 대륙붕 지역 총 450만㎢ 중 약 60%에 해당하는 270만㎢ 에서 주권을 행사할 수 있는데, 자국 관할지역만 대상으로 할지라도 자원 매장량은 막대한 것으로 보인다. 더욱이 기후온난화로 북극빙하가 해빙되고 있다. 2012년 9월 16일 북극빙하의 규모는 349만km² 이하로 축소되었으며, 기술의 발전으로 북극의 자원 개발이 더욱 용이해지고 있다. 2011년 러시아 석유회사 로스네프찌(Rosneft')는 러시아 북극 대륙붕에서의 석유자원 공동개발을 위해 미국의 엑슨 모빌(Exxon Mobile)사와 계약을 체결했다.

러시아가 북극을 중요시하는 또 다른 중요한 이유는 연간 북극해를 통해 북해 루트에서 항해할 수 있는 기간이 늘어나고 있다는 점이다. 이 통행로는 해로로 유럽에서 아시아를 잇는 가장 단거리 루트이며, 이를 감안할 때 충분히 새로운 상업적 교통로의 기능이 가능하다는 것이다. 수에즈나 파나마운하를 통과하는 것보다 북해 루트의 활용은 거리를 단축하고 항해시간을 축소할 수 있다. 더욱이 해협과 같은 좁은 지점이 없어 해적으로부터 공격위험이 축소, 해상교통로로서 각광받을 수 있다. 러시아에게 북극해로의 활용은 경제적 부양효과를 가질 수 있다. 북해 루트는 러시아의 새로운 간선 통행로가 되는 것이며, 러시아 EEZ에서 외국선박에 통행료와 호송하는 쇄빙선 비용을 지불케 함으로써 새로운 수입원이 될 수 있다. 2012년 7월 말 푸틴은 북해 루트를 따라 상업항해를 조정하는 연방법을 인준했다. 이는 러시아가 새로운 항해로 통제를 위한 행정조직을 서둘러 마련하려는 것이다.

북해 루트의 출현은 러시아의 안보문제에 대한 관점에 상당한 변화를 일으키기 시작할 것이다. 북극빙하가 줄어든다면 이 지역은 군사안보지역이 될 수 있다. 과거 북극이 소련과 미국이 직접적으로 대면하는 전선임에도 불구하고 기후적 요인으로 냉전기 내내 군사적 작전지역으로 취급되지 않았다. 군사적 측면에서 이 지역은 ICBM이 통과하는 지역에 불과했다. 하지만 북극해가 열리고 많은 국가들의 해군함정이 이 통로를 이용하게 되면 이 지역은 새로운 전선이 될 수 있다. 즉 북극해에서 군사력 투사가 가능해지면 러시아의 지정학적 가치와 군사전략에서 중대한 변화가 일어날 수 있다. 북극해가 활용도가 높은 해역으로 변화되면 북극해에서 태평양으로 나아가는 오호츠크 해가 러시아군에게는 사실상 내해가 되고 러시아의 북극지역에서 수행하는 군사작전의 중요성도 커지게 되는 것이다.

이러한 제반 상황을 살펴볼 때 러시아당국은 북극에서 자국의 이익을 극대화하는 한편 북극에서의 활동 증가에 따른 안보도전에 대한 준비가 필요하다고 인식하고 있다. 따라서 이 지역에서 경제, 군사, 생태 활동의 안전과 통제를 위한 탐색과 구조 역량, 감시, 항해체계 발전에 주력하고 있다. 이를 위해 러시아는 2015년까지 조기 경보, 예방 및 위기관리 능력을 포함한 포괄적인 안보체계의 창설을 목표로 하고 있다. 또한 러시아는 북극해에서 국제적 협력강화정책 추구하고 있다. 러시아는 북극해의 대륙붕 경계설정을 포함해 여러 문제들은 북극국가들과의 상호 교류하면서 주요 지역포럼으로 북극이사회(Arctic Council)의 틀 내에서 해결하고자 하고 있다(Zysk 2010, 107). 최근 러시아는 해군과 연안경비함정 기지를 위해 북해루트를 따라 군사시설을 설치할 계획이며, 북극해 특수군(Special Arctic Brigade)을 창설하고자 하는 등 국익확보를 위한 안보전략으로서 북극에 대한 관심을 고조시키고 있다(IISS 2013; 202).

2) 러시아 군 개혁

러시아는 2008년 러시아-조지아전 이후 대대적인 군 개혁을 추진하였다. 2007년 국방장관에 임명된 세르듀코프(Anatoly Serdyukov)는 보수적인 군의 저항 속에서 개혁을 추진하지 못하고 있었는데, 조지아전을 계기로 군개혁에 박차를 가할 수 있었다. 전쟁 직후 2008년 9월 메드베데프 대통령과 세르듀코프 국방장관은 급진적인 군개혁에 착수했다. 2008년 11월 5일 의회연설에서 메드베데프 대통령은 조지아전에서 드러난 군사적 문제점과 미국의 전세계적 MD구축과 NATO확대 의지 때문에 러시아군의 새로운 틀을 마련하고 재무장한다고 발표했다.[14] 이 발표를 구체화시킨 2008년 12월 세르듀코프 군개혁안은 대규모 육상, 해상, 공중전에서 군의 전투력과 기동성을 갖추고, 최소한 3개 지역의 지역전과 국지전에 참가할 준비가 된 군으로 변화시키겠다는 의지를 보였다. 군 개혁의 주요 내용은 군이 국내외 안보위협에 효과적으로 대응하기 위해 실전에 투입해서 전투력을 발휘할 수 있는 군을 만드는 것이었다. 이를 위해서 지휘구조의 통합, 병력의 감축, 부대의 기동성 증진과 경량화, 무기체계 현대화를 추진했다(김경순 2012).

(1) 군구조의 개편

2010년 7월 메드베데프 대통령은 이전의 6개 군관구(Military Districts)체계를 4개 군관구/전략사령부(전시에는 합동전략사령부(Joint Strategic Commands)체계로 개편하겠다고 발표했다(*RIA Novosti* 2010/07/14). 〈그림 1〉에서 보듯이 새로 개편된 4개 군관구는 서부, 중앙, 남부, 동부로 나뉜다. 모스크바와 상트페테르부르그 군관구를 통합한 서부군관구/전략사령부는 본부를 상트페테르부르그에 두고 있으며, 북해함대(세베르보르스크)와 발트함대(칼리닌그라드)를 관할하고 있다. 남부군관구/전략사령부의 본부는 로스토프나돈에 위치하며, 흑해함대(세바스토폴)와 카스피해 소함대(아스트라한)를 관할하고 있다. 중부군관구/전략사령부는 이전의 볼가-우랄 군관구지역와 시베리아군관구의 서부지역을 통제하며, 본부는 예까테린부르그에 위치하고 있다. 동부군관구/전략사령부는 과거 극동군관구과 시베리아군관구 대부분과 태평양함대(블라디보스톡)를 관할하며, 본부는 하바롭스크에 있다. 군관구에 따라 합동전략사령부체계를 운영하지만 우주군, 전략미사일군으로 최고사령부 직할체제를 유지하고 있다(*RIA Novosti* 2010/07/15).

---

14 "Address to the Federal Assembly of the Russian Federation," November 5, 2008 (http://eng.kremlin.ru/transcripts/296 검색일: 2011. 10. 20)

〈그림 1〉 러시아의 4개 군관구/지역사령부

4개 군관구는 자체적인 전략사령부체계를 확립, 각 군의 합동사령부로서 지위와 권한을 보유하게 되어, 지상군 편제 뿐 아니라 사령부 관할지역 내의 해군, 공군자산을 총괄하며, 내무부, 비상사태부, 국경수비대의 부대들을 통제하게 된다. 즉 군의 연합작전 기획과 훈련 등 전투대비를 군종별이 아닌 관구별로 진행하게 됨으로써, 전역에서 발생하는 분쟁에서 군별 명령체계가 아닌 군종간의 연합작전을 체계적으로 추진할 수 있다는 것이다.[15]

이와 더불어 군구조의 여단화를 추진했다. 2009년 말 23개의 사단급 부대를 해체하고 여단구조로 재편했다(IISS 2013; 175). 여단화는 군부대의 즉응력 향

15 대통령 직속으로 남아 있는 전략로켓군에 속한 병력은 제외된다. 전략로켓군은 제한전이나 국지전이 아닌 전면전에서의 억지력를 확보한다는 차원으로 보인다.

상을 위해 부대를 경량화하려는 조치였다. 즉 이렇게 경량화된 여단들은 유사시 즉각적인 대응작전을 가능하게 하는 것이다. 러시아 군구조상 전통적인 1만 명 규모의 사단은 기본적으로 현대전에 부적합한 것으로 드러났다. 사단은 냉전기 재래식 전쟁에 맞는 구조로 기갑부대와 무장보병, 기본보병으로 구성되어 있다. 이는 중(重)무기와 유기적 전투지원부대(포병)와 전투물자(병참)에 의해 지원되며, 상당 정도 자체적인 전쟁수행력을 지니게 된다. 무기의 경우도 대부분 사단의 수준에서 보유하고 있으며, 필요시 연대로 보내는 방식이다. 사단은 빠른 기동성이 요구되는 현대전에 대처하기에는 기민성과 유연성이 떨어졌다. 실제로 냉전이후 서방에서는 사단체계를 여단체계로 변혁하였다. 여단은 대략 사단 규모의 1/3 정도이며, 일반적으로 경(輕)장비를 갖추고 있는데, 명령·통제 측면에서 보다 관리하기 적합한 구조로 알려져 있다. 러시아정부도 사단은 현대세계에 일반적인 국지전(local conflicts)에 대처하기에는 너무 규모가 커서 비효율적이며, 명령통제를 최적화하기 위해서는 신속한 전투전개가 가능한 소규모 편제의 여단이 우세하다고 판단했다. 1만여 명 규모의 사단에 비해 4,000~5,000명 규모의 여단은 관리에 적합할 뿐 아니라 유연성 확보에 있어 우세하다는 것이다.

이러한 여단구조로의 이행과 함께 기동력 향상을 위해 군 당국은 러시아 전역에 '무기장비수리보관기지'를 설립하였다. '무기수리장비보관기지'는 무기부품을 보관, 보수하는 시설로, 유사시에 다른 지역에서 긴급하게 전개된 증원부대와 지역 내의 예비부대에 중장비를 보급하여 전력화하기 위한 시설이다. 국토가 광활한 러시아로서는 적은 병력으로 전국을 방어하기 위해서 전역간 기동성이 매우 중요하다. 따라서 분쟁 발생지역에 신속하게 병력을 파견, 집중시키기 위해서는 중장비를 가능한 한 경량화시켜야 한다. 즉 병력과 최소한의 장비를 항공기로 긴급 전개하고, 중장비는 현지의 '무기장비수리보관기지'에서 조달받는 방식이다. 2010년 60개소의 '무기장비수리보관기지'가 편성되었다(小泉悠 2011, 49).

(2) 병력구조의 개편

옐친과 푸틴의 군개혁 계획에서도 그러했듯이 러시아의 군개혁에서 병력 감축과 계약군제의 확립은 주요한 이슈였다. 2008년 세르듀코프 국방장관에 의해 추진된 개혁안은 2020년까지 3단계 변혁을 추진하겠다고 설명하고 있는데, 그 첫 단계로 병력구조의 변화를 강조하였다. 즉 병력구성에 있어 15만 명의 장교, 10~12만의 직업하사관, 나머지는 장병으로 구성되며, 총병력은 1백만 규모로 축소한다는 것이다.(*RIA Novosti* 2010/10/31) 즉 이전의 군 개혁이 전반적인 병력의 규모를 축소하는데 치우쳐 있었다면 세르듀코프는 과도하게 상층계급이 많은 달걀형의 계급구조를 변화시키기 위해 장교와 장군의 수를 축소하는 개혁을 추진했다. 세르듀코프 국방장관은 러시아군 총병력을 120만에서 100만으로 삭감하는 동시에, 군 장교급 인원을 15만 명 규모로 축소하고자 하였다. 그는 장교직위를 총 병력의 15% 정도로 축소시키고자 하였다.[16]

군의 전문화를 위해 채택하고 있는 중요한 병력계획의 하나는 징병제 병력을 축소하고 계약군제도를 추진하는 것이다. 러시아 국방부는 135,000명의 고위 장교직위를 축소시켰다. 2017년까지 45만 명으로 계획하고 있는 계약병제로 추진은 재정부족으로 어려움이 예상되나 군전문화를 위한 노력을 지속하고 있다.

(3) 무기현대화

무기현대화는 러시아 군사력 증강을 위해 매우 중요하다. 조지아전에서 러시아군사력 평가결과 현대전을 수행할 능력이 의심스럽다고 할 정도로 재래식 전력이 낙후되어 있음을 확인했다. 따라서 국방장관은 군을 현대식 첨단무기로 무장시켜야 하며, 그를 위해서 2015년까지 전체무기의 30% 이상을 현

16 *Rossiskaya Gazeta*, 2008.10.15. 개혁 당시 35만 5천명의 장교 가운데 20만 명을 2016년까지 축소한다는 계획을 제시했다. 보다 구체적으로는 총 병력을 2012년까지 16.6% 삭감해 1백만 명 수준으로 축소하며, 소령은 90,000명에서 40,000명으로 56%, 중령은 99,550명에서 25,000명으로 76%, 대령은 25,665명에서 9,114명으로 64.5%, 장군은 1,107명에서 877명으로 20.8%를 축소할 계획이다.

대화하며, 2020년까지는 70% 이상을 무기체계 현대화를 이루겠다는 의지를 보였다.(*RIA Novosti* 2010/10/31) 실제로 국방장관은 정부에 "2011~2020년 무기조달계획" 을 위해 20조 루블의 무기구매계획을 제출하였다. 2011년 러시아 국가무기조달 비용은 1조 5천억 루블(480억 달러)로 전년대비 33% 증가하였다.(*RIA Novosti* 2010/12/08) 무기획득의 주요 지침은 기동성 향상과 하이테크전에 대응하는 재래식전력의 근대화, 전략핵억지력 유지, 장거리 군사력 투사능력의 회복 등이었다.

2011년 초 총참모장 마카로프(Nikolai Makarov)는 무기현대화의 필요성이 군개혁의 중요한 동기라고 했으며, 국방 제1차관인 포포브킨(Vladimir Popovkin) 역시 "2020년까지 국가무기조달계획" 에서 첨단무기 획득이 가장 중요하다고 강조했다. 그는 정부가 23조 루블(7,300억 달러)을 새로운 "무기조달계획" 에 할당하고, 불라바 탄도미사일을 장착한 8대의 잠수함, 600대의 항공기, S-400, S-500 대공방어체계를 구매할 것이며, 해군은 대함 크루즈미사일(3M-54)과 지상기지의 표적을 파괴할 장거리 크루즈미사일(3M-14)을 발포할 수 있는 Kalibr 미사일체계를 장착한 새로운 잠수함, 구축함, 코르벳함을 이양받게 될 것이라고 하였다.(*RIA Novosti* 2011/03/11) 더불어 디지털 통신체계 확보에도 2012년까지 100억 달러를 투자할 것이라고 하였다.(*RIA Novosti* 2010/12/14) 지상군, 해군, 공군 전력의 근대화에 있어서 C4ISR 체계 구축하고, 모든 무기체계를 디지털화하여 운용력을 증강을 계획하였다.[17] 공군은 신형 Su-34 전투 폭격기 4대를 현 무기현대화 계획의 일부로 2010년 수령했다. 총 70대의 항공기가 2015년까지 구형 Su-24 Fencer 전투폭격기를 대체할 예정이다. 또한 미국의 F-22 Raptor에 비견되는 러시아 5세대 전투기인 PAK-FA/T-50을 개발하고 있다.

17 러시아전투기 개보수 프로그램을 보면 Su-27S의 개선형인 Su-27SM은 엔진교체, 목표물 동시추적과 공격이 가능한 체계, A737 항법시스템을 탑재하고 있다. Su-27과 더불어 러시아 공군의 주력기인 Mig-29의 경우도 Mig-29SMT를 2009~2010년 34기를 도입했는데, 표준형에 비해 레이더체계를 변경하여 목표물 추적과 4개 목표 동시공격을 가능하게 하였다.

4. 러시아의 군사전략

군사전략은 국가안보 목표를 달성하기 위해 군사력을 어떻게 사용하고 그를 위해 자원을 어떻게 효과적으로 배분할 것인가에 대한 군사력 운용지침이라고 할 수 있다. 즉 군사전략은 달성하고자 하는 목표와 그러한 목표를 이루기 위해 선택하는 행동방침 및 그러한 행동을 가능하도록 하는 자원으로 통합하는 것이다. 이러한 목표, 행동방침, 수단이 적절히 조화될 때 그 효과는 배가될 수 있다. 이러한 러시아 군사전략의 중요한 부분은 공개되지 않기 때문에 개괄적인 방향을 제시하고 있는 "국가안보전략," "대외정책개념," "군사독트린," "국방백서" 등 안보 · 군사관련 문서, 정책 및 자원 배분을 종합 검토하여 러시아의 군사전략을 살펴본다.

1) 러시아의 현대전 평가

러시아의 군사전략과 군사교리는 구소련시절 대규모 전면전에 입각해 있었다. 하지만 앞으로의 전쟁은 과거 2차 대전과 같은 대규모 전면전의 가능성은 희박하다고 본다. 오히려 국지분쟁이나 테러전쟁의 가능성이 크다. 전쟁이 발생할 가능성은 희박하며, 분쟁이 발생한다면 이는 국지적 분쟁의 발생 가능성이 높다는 것이다. 또한 국제 테러리즘, 인종갈등, 대량살상무기 확산, 마약밀매 등 비대칭적이며, 초국가적 위협이 증가하고 그에 대한 대응이 시급하다고 판단하고 있다.

전쟁의 양상이 사회발전에 따라 변화하고 있다. 과학 · 기술의 발전은 정밀유도기술, 우주기술, 스텔스기술 등이 급속히 발전하고 있다. 특히 21세기는 산업화시대에서 벗어나 정보화시대에 돌입했으며, 아날로그시대에서 디지털시대로 탈바꿈하였다. 따라서 전쟁의 양상도 기계화 전쟁에서 정보화전쟁의 형태로 변화되고 있다. 실제로 미국은 2002년 아프간과 이라크에서의 대테러전에서 전쟁 초기부터 대규모 공습과 지상전을 병행한 '신속결정작전(Rapid Decisive Operation)'을 수행하였다. 미국은 전쟁에서 정밀타격무기를 대량 동원하였고, 전투조직들간의 네트워크를 통해 효율적으로 명령·통제하는 '네트워크중심전(Network Centric War)'을 수행하였다.

러시아는 이러한 전쟁에서 현대 전쟁양상의 특성을 도출해내고 있다. 현대전은 첨단우주전과 정보전, 심리전을 중심으로 수행될 것이라고 보고 있다. 보다 구체적으로는 전역에서 군은 작전에 신속히 전개되며, 공격은 초기에 제공권(制空權)을 장악하는 것이 무엇보다도 중요하다는 것이다. 공격시에는 중요한 전쟁 잠재력을 지닌 목표를 대상으로 공격을 시작하여 전개된 모든 군사력을 총동원하여 집중적으로 대응하는 전투형태로 진행된다. 따라서 초반에 제공권을 장악하는 것이 매우 중요한데, 공중전에서 우위를 확보하기 위해서는 장거리 정밀 유도무기체계가 필수적이라고 보는 것이다. 특히 명령통제의 중추기능을 하는 C4ISR 체계가 발달되어야만 아군의 지휘통제를 보호하면서 적에게 타격을 줄 수 있는 것으로 보인다.

2003년 러시아 "국방백서"는 현대전의 특성을 다음과 같이 분석하고 있다: 대부분의 분쟁은 비대칭적 특성을 지닌다; 분쟁의 결과는 초기 단계에서 결정된다; 초기에 주도권을 확보한 측이 이점을 지닌다; 군사력 뿐 아니라 정치, 군사, 명령 및 통제체계 (경제적) 구조, 인구 등이 기본적인 표적이 된다; 정보/전자전이 오늘날 전쟁에서 가장 큰 영향력을 가진다; 공수부대, 공군, 특수군의 활용이 증가되고 있다; 통합 명령/통제, 연합전투, 특히 지상군과 공군간의 철저한 협력이 필수적이다; 코소보전, 아프가니스탄전, 이라크전과 같은 분쟁에서 보여주듯이 현대전의 가장 특별한 역할은 공중에서 우위권을 확보한 이후 공군력과 협력해 장거리 정밀유도무기에 의해 이루어진다는 점을 지적하고 있다.

2010년 "군사독트린"에서는 현 시점에서 군사분쟁의 특징을 다음과 같이 정리하고 있다: 군사력과 비군사적 성격의 파워와 자원의 통합적 사용; 효율성 측면에서 핵무기와 견줄 수 있는 무기와 군사장비체계의 대량 사용; 영공과 우주에서의 무력사용 규모 확대; 정보전의 역할 증대; 단기간 내에 군사작전 수행을 위한 준비; 수직적 명령통제체계에서 전세계로 네트워크화되고 자동화된 지휘체계로 이행에 따른 통제의 즉시성 증대라고 한다.

러시아 전투교리에 의하면 현대 전투의 중요한 특성으로 전투의 긴박성, 신속성 및 역동성; 작전, 전술적인 복잡한 상황; 전투의 동시성; 전 종심에 대한 강력한 화력 및 전자전 운용; 전투행동의 신속한 전환; 다양한 수단 사용으로 지적하고 있다. 따라서 전투에 참여하는 연합부대는 지속적 전장 감시, 승리에 대한 강한 의지, 숙련된 무기, 전투장비의 운용능력; 전투원의 정신, 신체적 완전성; 고도의 기동성과 조직성; 엄격한 군기와 결속력이 제시되고 있다.

2) 러시아의 군사전략

러시아의 군사위협과 현대전의 특성에 대한 평가를 바탕으로 러시아군은 "공격적 방어전략"을 구사하고 있다. "공격적 방어전략"의 중심에는 재래식 군사력이 열세에 있다고 판단한 러시아가 기본적으로 주요 국가들과 전방위적 협력을 강화하겠다는 협력적, 방어적 입장을 천명하는 반면 자국의 주요 국익이라고 판단되는 사안에 대해서는 적극적 반대 입장의 피력하면서 단호한 무력적 공격행위도 불사하면서 국익을 확고히 고수하겠다는 내용을 담고 있다. 러시아는 NATO의 탈소국가-우크라이나, 조지아-로의 확대나 동유럽 MD배치에 대해 극력 반대의지를 제기하면서 조지아영토인 남오세치아 분쟁에 무력 개입하여 러시아-조지아전쟁을 수행하는 공세적인 태도를 보였다. 하지만 이러한 공세적 입장은 세력 확장을 위한 공격이 아니라 국가의 기본이익 방어를 목적으로 하고 있는 것이다. 냉전기에 러시아는 초강대국으로서 핵능력과 대량동원에 기초한 전면전을 수행하는 전략을 구사해왔다. 하지만 탈냉전기에는 강대국의 위상 유지를 위한 핵억제력 확보와 더불어 발발 가능성이 높은 국지전에서는 신속대응, 합동작전 및 CIS 군사통합에 기초한 전략을 추구하고 있다.

(1) 핵무기 의존 억제전략

탈냉전이후 러시아 핵전략의 특성의 하나는 핵무기에 대한 의존이 증가되고 있다는 점이다. 러시아는 탈냉전이라는 새로운 전략환경 하에서 핵무기 전략으로 과거 구소련 고르바쵸프의 "합리적 충분성" 의 핵전략 원칙(심경욱 1994, 232)을 포기하고 적극 대응전략으로 변화시켰다. 약화되고 있는 재래식 군사력에 대한 보완조치로 러시아는 1993년 구소련의 "선제불사용(no-first-use)" 선언을 폐기하고 핵무기는 군과 안보전략에서 주요한 무기로 간주하였다. 러시아는 지난 20여 년간 여러 차례에 걸쳐 국가안보전략과 군사전략을 수정해왔는데, 그 방향은 핵무기에 대한 의존이 보다 증대되는 방향으로 진전되었다.(Hoffman 2000) 예를 들어 1997년에 발표된 군사독트린(2000년 독트린 초안)은 러시아연방의 존망에 위협이 될 경우 핵무기 사용을 허용하고 있다. 2000년 군사독트린은 러시아와 그 동맹국에 대해 WMD를 사용한 공격과 러시아연방 국가안보에 중대한 상황에서 재래식무기를 사용하는 대규모 침공에 대응해서 핵무기를 사용할 수 있다고 그 사용범위를 확대하였다. 2009년 중반 러시아국방전략의 수정에 대한 논의시 러시아 국가안보리 서기인 파트루셰프(Nikolai Patrushev)는 전면전, 지역전, 국지전에서 조차 재래식병기를 사용하는 침략자에 대해 "핵 선제공격" 을 할 수 있을 것이라는 입장을 제시하기도 하였다(McDermott 2009). 그런데 실제로 2010년 초 독트린의 최종안에 발표되었을 때 핵무기의 예방적 선제공격 조항은 제외되었다. 대신 러시아와 동맹국에 반한 핵과 WMD사용과 국가의 존재를 위협에 빠트리는 재래식 무기 공격시 핵무기를 사용할 권리를 유보한다고 나타나 있다.[18]

18 2010년 군사독트린은 두 부분으로 나뉘어 군사 · 정치 부분은 공개하고 핵무기를 포함한 군사력 부분은 비공개될 것이라고 하는 주장이 있었다. D. Litovkin, " Part of Military Doctrine Closed," Izvestiya, 2009. 8. 12.

이렇듯 러시아가 핵무기에 대한 의존을 증가시키는 요인은 러시아 재래식 무기체계의 상대적으로 열세한 상황에서 NATO 동유럽 확대 등의 군사위협 대처 방안으로서 억제력을 확보하기 위한 것으로 보인다. 러시아로서는 국지 분쟁이 대규모 지역전(regional war)으로 확전되지 않도록 하고 압도적인 전력을 갖춘 재래식 군사공격을 억지하기 위해 핵무기를 제한적으로 사용할 수 있다고 본다. 냉전기와 달리 러시아군은 주요 위협이 공중 또는 해상 플랫폼으로부터 발사된 장거리 고도정밀무기에 의해 초래될 수 있다고 보고 있다. 따라서 러시아는 전술핵 또는 전략핵무기의 제한된 사용을 가정해서 자국의 패배도 막고, 핵파국으로 확산되는 것을 막고자 하는 것이다. 특히 전술핵무기에 의해 전투지역을 타격하거나 적의 깊숙한 후방, 인구가 희박한 지역에 위치한 표적에 저출력의 핵무기를 통한 "시위적 타격"을 가정하고 있다. 이렇게 볼 때 러시아는 핵사용 제한범위(Nuclear Threshold)를 낮추어 '핵 선제공격'을 허용하여 전쟁 억지력을 행사하고 있는 것으로 볼 수 있다. 즉, 우선적으로 러시아의 핵 군사력은 러시아와 동맹국에 대한 핵공격의 경우에 보복을 할 수 있다. 둘째, 화학, 생물 및 방사능무기를 사용하여 러시아와 동맹국에 대한 공격에 대응해 핵무기 선제사용을 할 수 있다. 셋째, 재래식군사력과 무기를 사용해서 러시아연방에 대한 공격 결과 심각한 파국에 직면하게 된다며 핵무기의 선제사용을 할 수 있다. 재래식무기, 특히 고도정밀무기에 있어 NATO군과의 격차가 확대됨으로써 초래되는 위협과 동아시아지역에서 러시아가 직면할 수 있는 전략적 위협을 언급하는 것이다(Arbatov 2011, 13-23).

더욱이 핵무기는 실질적 억제력을 발휘할 뿐 아니라 강대국의 지위를 유지하게 하는 외교정책 자원으로도 활용된다. 또한 상대적으로 열세에 놓여있는 재래식 군사력을 보완하기 위해서는 핵무기가 주효하며, 이를 위해서 푸틴대통령은 최근에도 핵전력 강화의지를 피력하고 있다. 무기체계 현대화 추구에 있어 핵무기의 전략적 역량 강화를 위해서 핵무기자산의 현대화를 추진하고 있다. 2012년 10월 전략핵군의 군사훈련시에 ICBM, SLBM 뿐 아니라 장거리 폭격기에서 4기의 공중발사 크루즈미사일(ALCMs)이 발사된 것으로 알려졌다.

(2) 신속대응 전략

앞으로 러시아에 대한 대량동원에 의한 대규모 전쟁이나 전면전의 발생 가능성이 극히 낮다고 볼 때 러시아가 준비해야 하는 군사적 주요위협은 국지전과 비전통적 · 비대칭적 분쟁이다. 더욱이 현대전 평가에서 보듯이 현대전쟁은 다량의 첨단무기와 정보전, 우주전으로 치러진다. 따라서 이러한 분쟁이나 전투에 대해 러시아는 첫째, 러시아와 동맹국의 독립, 주권, 영토완전성을 보호하기 위해 침략을 억제하고, 침략당한 경우에는 침략자를 진압하고 러시아와 동맹국의 이익에 맞는 조건으로 군사작전을 종료시킨다. 둘째, 지역의 긴장을 확대시키지 않으며, 초기에 전쟁과 분쟁을 종료시킬 수 있는 상황을 만들고, 분쟁 발발시 초기단계에 전쟁을 종결시켜야 한다.

그런데 구소련의 경우 국토가 넓고 대규모의 강대국간 전면전만을 수행, 소규모 군이나 저강도 분쟁에 개입하지 않았다. 따라서 언제든지 전쟁을 치를 수 있는 즉응성(readiness)의 개념은 필요하지 않았다. 하지만 이러한 구소련식 전면전에 입각한 대응은 러시아의 아프간전, 체첸전, 조지아전을 치루면서 여러 가지 어려움에 노출되었다. '신속배치', '전투즉응성' 등의 개념을 지니고 있지 않은 러시아군에게 조지아전은 매우 혼란스러운 것이었다. 동원된 지상군 58사단의 대응은 너무 늦어, 수백 km떨어진 곳에서 온 공수부대와 거의 비슷하게 도착했다(Thornton 2011). 속도가 중요한 현대전에서 심각한 문제를 드러낸 주요한 계기였다.

전쟁의 양상이 전면전이 아닌 국지전이나 비대칭적인 비정규전의 가능성이 높아진 상황에서 더 이상 대량동원에 기초한 지구전 전략은 의미가 없다. 필요할 때 빠르게 전장에 투입될 수 있는 상시 준비되어 있는 상설 즉응군이 전장에서 중요하다. 또한 이들 병력이 징병이 아닌 자발적인 계약군인으로 구성될 때 전략의 효용성은 보다 높아질 수 있다. 또한 군구조 개혁에서 보았듯이 조지아전을 통해 볼 때 러시아 지상군의 전반적 구조가 현대전 수행에 적합지 않은 것으로 드러났다. 따라서 4,000여 명 수준의 여단구조로 변화시키고 보유하고 있는 무기도 경량화하여 기동성을 확보하도록 하는 신속대응 전략을 취하고 있다.

(3) 합동작전 전략 강화

조지아전은 러시아의 군사구조와 전략의 재편을 초래한 중요한 계기로 작동하였다. 전쟁 중에 조지아군에 대응하는 러시아군의 군종간 연합기획과 합동작전은 명확하지 않았고, 효과적으로 수행되지도 않았다. 특히 러시아공군은 조지아 공중방어체계의 압박을 포함해 폭격을 위해 필요한 기본적 정보도 부족했고, 명령통제에 필요한 커뮤니케이션도 이루어지지 않았다. 군종간의 협력도 잘 이루어지지 못했고, 특히 공대지 공격이 제대로 이루어지지 못했다. 북카프카즈군관구 사령관은 전역에서 공군의 전투행위를 통제하지 못했다. 공군에 대한 통제는 전투지역에서 멀리 떨어져 있는 공군사령관 젤린(Aleksandr Zelin) 장군이 통제하고 있었다. 결과적으로 러시아는 5일간의 전투에서 4대의 전투기가 격추당하는 손실을 보았다. 이에 대해 퇴역장군 가레예프(Makhmut Gareyev)는 "통합사령부의 부재"가 러시아 전투기 손실의 근원이며, 지상부대에 대한 효과적인 밀접 공중지원을 하지 못했기 때문이라고 보았다(*RIA Novosti* 2008/09/11). 조지아전을 통해 러시아군이 현대전에서 전투를 수행할 준비가 되어 있지 못했다는 점이 여실히 드러났다(Herspring and McDermott 2010, 295-296). 러시아는 현대전에 필요한 C4ISR 체계의 기반도, 전투장비도 갖추고 있지 못했다. 전투시 명령 · 통제에 필요한 러시아의 GLONASS는 제대로 작동하지 못했다.[19] GLONASS의 기능문제는 기본 항법과 발포통제 임무에만 영

---

19 1996년 GLONASS 체계에 21개의 위성이 있었으나 1998년 초에는 단지 16개만 남아 있었다. 제1세대 러시아위성은 빈약하고 예산삭감으로 기능이 향상된 대체물을 배치할 수 없었다. 1998~2000년 6개 위성이 추가되었으나, 낡은 위성을 대체할 수 없었고, 2001년에는 단지 7개만 작동하였다. 이러한 상황은 조지아전이 시작된 2008년까지 개선되지 못했다.

향을 미친 것이 아니라 네트워크 중심(Network-Centric)전을 수행할 수 없게 만들었다.

조지아전 이후 추진된 러시아 군개혁은 이러한 경험에 바탕을 두고 수행되었다. 6개 군관구를 4개로 축소하는 대신 각 군관구에 통합사령부를 두어 모든 군종과 병종을 관할하는 합동작전을 추진하도록 하였던 것이다. 군종간의 명령과 통제체계가 일원화되어야 하며, 육군과 공군의 합동전투체계가 유지되고 긴밀한 협력이 요구된다. 현대전에서는 초반에 공군의 역할이 중요하며 전자전을 치를 수 있는 항공방어체계가 필요하다. 현재와 같이 탱크로 무장한 보병중심의 재래식 군은 정밀유도무기체계와 대량공습이 수행된 다음에 필요한 것이다. 따라서 전투가 군별로 개별적으로 수행되는 것이 아니라 군종, 병종 및 부대간에 유기적인 통일이 요구되며, 지휘체계의 일원화가 필요하다. 따라서 각 관구별 합동전략사령부가 통합작전을 지휘하는 전략을 구사하고 있다.

(4) CIS의 군사통합과 연합작전

러시아가 상정하고 있는 위협 가운데 전면전과 국가존립의 위협에 대해서는 핵에 의한 억제력 확보를 주요 전략으로 상정하고 있는 반면, 주요 위협으로서 테러와 같은 비대칭전이나 비정규전에 대한 대응은 다른 전략을 구사해야만 한다. 이러한 위협에 대응하기 위해서는 핵과 같은 WMD 사용 위협을 통한 억제가 어렵다. 따라서 테러와 분리주의, 극단주의 위협이 높은 러시아 남부지역에서의 대응 군사전략은 러시아 군 자체의 신속한 기동력 확보전략과 더불어 CIS 국가들과의 연합작전이 중요하다고 판단하고 있다.

러시아는 동맹인 집단안보조약기구(CSTO) 국가에 대한 공격을 러시아에 대한 공격으로 간주하여 자위권을 발동한다는 것이다. 특히 러시아는 군사적 위협의 가능성이 가장 높은 중앙아시아 국가들과 CSTO 내의 군사력을 통합하는 한편 이 지역에서 기동성을 향상하기 위해 기지 확보에 주력해왔다. 이에 따라 키르기스스탄, 타지키스탄을 비롯해 우즈베키스탄에 기지를 확보하였다. 2006년 12월 러시아-우즈베키스탄 협정으로 러시아는 나보이(Navoi) 항공기지를 사용할 제한적 권한을 갖게 되었다.(Blank 2008, 80) 이들 기지는 CSTO 국가들에 효율적인 연합작전을 구축하는 발판이 되고 있다. 또한 러시아는 이들과의 군사적 통합과 협력을 위해 중앙아시아 국가들에 러시아무기를 싼 가격에 판매하고 훈련을 제공하며, 확대된 카스피해 소형선대를 구축하고 중앙아시아에 대한 신속한 군 투사력 향상, CSTO를 통해 중앙아시아 국가들과 통합된 군사동맹을 구축하고 있다.

이러한 통합과 연합작전을 통해 러시아는 중앙아시아에서 동아시아로 이어지는 방어망을 구축하고자 한다. 이를 위해 러시아는 중앙아시아 동맹국들과 SCO, 중국, 인도 등과의 훈련을 시작하고 있다. 2005년 8월 카스피해에서 카자흐스탄과의 해상훈련, 2011년 9월 군사작전 첸트르(Tsentr'), "평화의 사명"이라고 불리는 SCO와의 연례적 연합훈련 등이 이러한 계획의 일환이다. 2012년 9월에는 CSTO의 집단신속대응군과 '브자이모제이스트비예(상호작용)'란 명칭의 훈련을 아르메니아에서 실시하였다. 이는 중앙아시아지역 전역에 대한 군투사력을 확고히 하는 것이었다. 최근 러시아의 우즈베키스탄을 비롯해 중앙아시아지역 군사기지 확보는 공군과 육군의 확대를 위한 안정적 발판을 제공하는 것이다. 2004년부터는 기지를 발판으로 군을 빠르게 격전지로 이동시키는 군사력 투사 훈련이 이루어지고 있다. 최근에는 2014년에 예정된 아프가니스탄 국제 주둔군의 축소에 따른 위협에 대처하기 위해 CSTO 정상회담에서 이들 국가간의 군사협력이 논의되었다.

5. 러시아의 군사력

군사력은 군사전략이 성취하려는 목표와 수행방법을 지원해주는 수단으로서의 군사역량이다. 수단인 군사력은 국력을 구성하는 주요 요소의 하나이며 군사전략을 실현가능하게 하는 구성소이기도 하다. 수단으로서 군사력은 기술발달과 더불어 그 중요성이 더욱 심화되고 있으며, 각국은 국가의 생존과 국민의 보호 및 국가의 위상 확립을 위해 군사력 확보를 추구해왔다. 러시아는 강대국으로서 지위를 확보하고 군사전략을 수행하는 수단으로서 군사력 확보에 주력해왔다.

1) 전략핵전력 증강

구소련방의 해체 이후 러시아에서는 핵전력과 재래식전력간의 전력 증강 우선순위에 대한 논란이 지속되어왔다. 이러한 논란에 있어 대규모 전면전의 가능성이 희박하지만 핵무기는 강대국으로서의 국가위상 확립, 억지력 확보, 재래식 전력열세 보완, 외교 · 안보정책 도구라는 측면에서 핵전력 증강을 우선하고 있다.

핵능력에서 대응전략을 구사하고 있는 미국과 러시아는 2010년 4월 "신 START" 조약을 체결, 양측이 실전에 배치할 수 있는 전략핵탄두의 수를 1,550기, 전략핵운반체계(SNDV: Strategic Nuclear Delivery Vehicle)인 ICBM, SLBM, 장거리 폭격기를 총 800기(비배치 운반체 제외한 실제 배치 SNDV를 700기로 규제)로 제한하고 있다. 더불어 START I에 준거, 엄격한 검증체계를 갖추고 있으며, 발효 후 7년간의 감축기간을 거치게 된다. 유효기간은 발효 후 10년, 양측 합의하에 5년 추가 연장 가능하다.

러시아는 2013년 초 약 2,500기의 전략핵탄두를 보유하고 있으며, 이 가운데 1,800기는 미사일과 폭격기에 탑재되어 있고,[20] 약 700기는 저장되어 있

20 신 START식 계산에 의하면 492기의 배치 발사체에 1,480기가 있는 것으로 추정된다. 이러한 탄두수는 평가보다 낮은 수치인데, 이는 폭격기에 저장된 무기를 계산하지 않고, 대신 폭격기당 1기로 계산하였다. 실제로 러시아폭격기는 각 6~16기의 핵무기를 운반할 수 있다.

다.(Kristensen and Norris 2013, 71-81) 신 START 조약에서는 핵탄두수 계산에 있어 폭격기 1기의 탑재 탄두수를 1기로 산정하기 때문에 러시아가 신 START 조약의 제한 탄두수 유지는 어렵지 않을 것으로 보인다. 단지 러시아로서는 탄두를 발사할 운반체계의 질적 개선이 전략핵 전력의 증강을 의미한다고 볼 수 있다.

ICBM 경우, 러시아는 1,050기의 탄두를 탑재한 326기의 ICBM을 배치하고 있다. 전략로켓군은 현재 SS-18, SS-19, SS-25 미사일 3종이 약 72%를 구성하고 있는데, 앞으로 이들은 ICBM 군사력 중 40%만을 담당하도록 하겠다는 목표를 세우고 있다. 2012년 발표된 계획에 의하면 구형 미사일의 98%를 퇴출시키는 등 앞으로 10년간 러시아의 ICBM 전력은 상당한 변화가 예고되고 있다. 구형 ICBM을 퇴출하는 대신, SS-27 Mod.2(RS-24)으로 대체시킬 계획으로 있다. 2012년 전략미사일군의 군사력은 현저히 증강되었다. 타티시체보(Tatishchevo) 제60 미사일 사단에 격납고용 미사일 SS-27(Topol-M) 60기가 배치되었으며, 모스크바 북쪽에 위치한 테이코보(Teykovo)의 제54 미사일 수비사단(54th Guards Missile Division)에는 18기의 이동식 미사일 Topol-M이 배치되었다. 노보시비르스크(Novosibirsk) 제51 미사일 수비사단과 코젤스크(Kozelsk) 제28 미사일 수비사단에도 SS-19를 대체해 RS-24s(일명 Yar)의 배치를 추진하고 있다.

탄도미사일 잠수함(SSBN)과 잠수함발사탄도미사일(SLBM) 부문에서 전력증강이 전개되고 있다. 15년 이상 개발과 생산에 주력해온 신형 보레이급 SSBN인 "유리 돌고루키(Yuri Dolgoruki)" 가 2013년 1월 취역했다. 새로운 SSBN을 시작으로 Delta III, Delta IV급의 대체계획이 시작되었다. 러시아해군은 각 6기의 탄두를 장착할 수 있는 16기의 SS-N-32(Bulava) SLBM이 장착된 보레이급(Project 955) SSBN 8대를 2020년대 초까지 구축할 계획으로 있다. 첫 번째 보레이급 SSBN은 Delta III를 대체하기 시작하는 캄차카반도의 태평양함대로 이전할 계획이었으나 러시아 정부는 유리 돌고루키함을 북해함대에 배치하였다. 두 번째 함인 넵스키(Alexander Nevsky)함을 태평양함대에 배치할 것으로 알려졌다.[21] 넵스키함은 2010년에 진수되었고, 시험항해 중이다. 일련의 미사일 시험발사를 시행한 이후 2013년 말이나 2014년 초에 운항예정이다. 세 번째 함인 모노마흐(Vladimir Monomakh)함은 2012년 말에 진수되었고 2~3년 후에 운항예정이다. 네 번째 이후의 보레이급 SSBN은 보레이-II(Project 955A)로 알려진 개량형으로 건조될 예정이다. 개량형 보레이급 전함인 블라디미르(Knyaz Vladimir)함이나 니콜라이(Svyatitel Nikolai)함은 2012년 7월 건조가 시작되었으며, 2015~2017년 취역 예정이다. 5, 6번인 수보로프(Alexander Suvorov)함과 쿠투조프(Mikhail Kutuzov)함은 2013년에 준공 예정으로 2010년대 말에 취역할 수 있을 것으로 보인다.(*RIA Novosti* 2013/02/20) 러시아는 2007년 이후 시네바(Sineva)로 알려진 SS-N-23 SLBM을 탑재한 Delta IV급 잠수함을 개량해왔다.

전략폭격기는 2종이 운행되고 있다. Tu-160 Blackjacks과 Tu-95MS Bear H. 2종의 重폭격기는 핵 AS-15 Kent(Kh-15) 공중발사 크루즈미사일(ALCM)과 중력탄을 운반한다. 또한 Tu-160은 핵 AS-16 Kickback(Kh-15) 단거리 공격 미사일을 운반할 수 있다. Kh-102 신형 핵 크루즈미사일은 개발 중에 있다. 폭격기와 탑재된 핵탄두의 수는 일치하지 않는다. 2009년 말 Tu-95 4기가 퇴역하고 72기만이 운행 중이며, 훈련용을 감안할 때 약 60기 정도의 전략폭격기가 있는 것으로 추산하고 있다(Kristensen and Norris 2013, 72). 스텔스기능을 갖춘 5세대 전략폭격기 PAK-DA 개발이 추진되고 있으며, 이것이 앞으로 Tu-160, Tu-95MS 중폭격기, Tu-22M3 중거리 폭격기를 대체할 것으로 알려져 있다. 하지만 아직은 구형 폭격기를 개량하고 있는 것으로 알려져 있다(*RIA Novosti* 2012/07/07).

---

21 "First Borei Class sub to serve in Northern Fleet," September 3, 2012 http://rusnavy.com/news/navy/index.php?ELEMENT_ID=15816(검색일: 2013. 6. 20)

2) 우주방위군의 설립

대공방어능력의 중요성을 강조하고 있는 러시아는 미사일 방어능력을 배가시키는데 주력하고 있다. 러시아는 우주군, 공군 防空부대, 항공우주 방위전략사령부를 하나로 통합하여 2011년 12월 1일 항공우주방위군(VKO)을 구축했다. 러시아의 핵억지력에 위협이 되는 미국과 NATO의 MD체계 발전이 새로운 우주방위군과 사령부를 형성시킨 주요 요인이 되고 있다. 주로 고도가 높은 중층, 상층부의 위협에 초점을 두고 있으며, 장비로는 조기경보체계, 우주 추적 체계, 러시아 탄도미사일방어체계(A-135), 미사일체계로 구성된다. 현대전이 네트워크중심의 전자전화되면서 우주에서 강대국간의 각축은 대단히 치열하다. 우주방위군은 현대적 도전과 위협에 정밀하게 대응할 필요가 있다는 측면에서 군사기술 발전의 첨단을 이루는 한편 유럽에서 MD체계를 추진하고 있는 미국과의 전략적 동등성을 확보하는데 있어 러시아에게 중요하다.

우주방위군은 러시아 무기현대화에 있어 중요한 부문으로, 러시아 국가무기조달계획의 최우선 순위의 하나를 차지하고 있다. "국가무기조달계획 2020" 기금의 약 15~20%가 VKO군 발전에 투입될 예정이다(*RIA Novosti* 2012/02/14). 다른 보고서에 의하면 국가무기조달 기금의 1/4이 우주방위군이 소속된 전략핵군에 투입될 것이라고 한다(Litovkin 2012).

우주방위군의 주요 무기는 신형 대공무기체계이다. S-400 'Triump'와 한 단계 진전된 S-500 'Prometeus'인데, S-400 중장거리 지대공 미사일체계는 4.8km/sec로 목표물을 요격할 수 있다.(*RIA Novosti* 2012/08/31) 현재 러시아는 모스크바지역(오블라스트), 발틱함대, 동부군관구에 배치된 S-400의 4개 연대를 보유하고 있다.(Airforce Technolog 2012/10/17) 이보다 한 단계 진전된 장거리 고고도 요격기인 S-500은 최대속도 7km/sec에 이르며, 600km 범주의 10개 목표물을 동시에 교전할 수 있는 능력을 지니고 있다(*RIA Novosti* 2012/10/05). 또한 S-500은 항공기, 무인항공기, 크루즈미사일, 극초음속 크루즈미사일을 포함해 모든 종류의 목표물을 파괴하도록 고안되었다. S-400과 비교해서 S-500은 더 작고 기동력을 지닌 것으로 기대된다(The Voice of Russia 2012/07/02). "무기조달계획 2020"에 의하면 S-500 10개 대대가 2015년 군에 인도될 예정이지만, 아직 설계단계로, 생산추정 시기는 2014~2020년에 이를 것으로 보인다(Zyga 2013).

대공방어체계와 더불어 탄도미사일 공격 경보를 위해 새로운 보로네즈(Voronezh)형 조기 경보 레이더체계가 우주방위군에 포함된다. 2011년 11월 보로네즈-DM 레이더가 칼리닌그라드에서, 2012년 2월에는 보로네즈-M 밴드 레이더가 레닌그라드 지역(오블라스트)에서 가동되었다.[22] 또 하나의 레이더는 2013년 초에 크라스노다르 지역에 설치될 예정이며, 이르쿠츠크에서도 보로네즈-M이 시험 중에 있다(*RIA Novosti* 2012/12/01). 2012년 12월 말까지 러시아가 사용했던 아제르바이잔의 가발라(Gabala) 레이더 기지를 대체해서 아르마비르(Armavir)에서 레이더가 가동될 예정이다(*RIA Novosti* 2012/12/11). 55Zh6ME로 알려진 새로운 장거리 이동형 레이더 또한 시험 중에 있어 곧 우주방위군에서 사용될 것으로 보인다. 이 레이더는 거리 1,800km, 고도 1,200km 범주의 목표물을 격추시킬 수 있는 것으로 알려졌다(*RIA Novosti* 2012/10/17). 러시아영토 내에 더 많은 레이더 장비들이 후발 미사일을 추적할 계획이다. 3기의 새로운 보로네즈급 레이더가 2013년 크라스노야르스크, 알타이 공화국, 오렌부르그지역에 건설될 예정이다(*RIA Novosti* 2013/01/06).

이렇듯 러시아는 군사력을 배가시키는데 있어서 우주의 전략적 가치가 매우 중요하다고 보고 있으며, 탄도미사일 발사 추적, 정보수집 위성, 우주 감시 추적 등 광범위한 체계를 지니고 있을 뿐 아니라 신호 전파방해(jamming) 등을 연구하고 있으며, 기술 수준이 높은 것으로 알려져 있다.

---

22 "Novaya RLS voisk VKO," Voenno-Promishlennij Kur'or (http://vpk-news.ru/news/13108)

3) 재래식 전력

러시아 지상군은 인적문제에도 불구하고 2020년까지 26개의 새로운 보병 여단을 배치할 예정이다. 자동화 여단과 연합여단은 인원의 30~50%를 삭감하여 완전한 즉응태세를 갖출 계획이다. 또한 2개 기계화여단이 T-72BM, BMP-2M, BTR-82 등으로 편성되었으며, '우랄(Ural),' '카마즈(Kamaz)' 등 신형 다목적 차량 3,600대가 보급되었다. 동부군관구에는 KA-52 등 신형 헬기 30대, 남부군관구에는 Mi-8 헬기 19대를 배치하였다. 남부군관구는 신형 방공무기체계인 TOR-Mi-2U 130기를 배치하였고, 포병장비 300대를 배치하였다. 특히 주요 자주포 및 다련장포에는 GLONASS 장비를 장착하여 정확한 위치식별과 신속한 타격이 가능하도록 하였다(김규철 2013; 81).

러시아 국방장관 쇼이구(Sergei Shoigu)는 러시아군의 무기조달에 있어 국산품 우선 원칙을 강조하였다. 그는 국가무기조달계획의 일부로 2015년까지 10억 달러에 해당하는 이탈리아 Lynx 경형 다목적 차량을 구입하지 않고 대신에 러시아산 Tigr-M으로 대체한다고 발표하였다. SPM-2 GAZ-233036 Tigr는 기동성이 좋은 다목적 군용차량으로 시간당 최대 150Km 속도와 9명이 탑승하며. 1.2톤의 수하물을 운송할 수 있다. 또한 공정부대는 Typoon 6X6 장갑운송차량을 주문하였다(*RIA Novosti* 2013/02/26). 2013년 러시아 공정부대는 국내에서 생산된 Tigr-M 장갑차를 인도받았다. 2013년 이후 인도예정인 신형 T-95 전투용 탱크도 개발 중에 있다.

〈표 1〉 러시아 무기조달(2010-2012) 및 무기조달계획의 2020년 목표

	2010		2011		2012		2020
	계획	실제	계획	실제	계획	실제	
ICBM	30	27	36	30	-	-	400+
군사위성	11	6	5	2	-	-	100+
고정익항공기	28	23	35	28	58	-	600+
헬기	-	37	109	82	124	-	1100+
S400방공체계	-	-	2	2	2	2	56
전략핵잠수함	2	0	2	0	2	-	8
다기능핵잠수함	1	0	1	0	1	-	7(추정)
수상전투함	-	0	6	2	5(추정)	-	50+
탱크	61	61	0	0	0	0	2300+

* 출처: IISS, Military Balance 2013, p.207.

"국가무기조달계획 2020" 에서 전략핵군을 제외하면 해군의 재무장에 가장 많은 예산이 투입된다. 해군은 장거리 정밀무기를 장착한 연합해군력을 확대하고자 한다. 해상무기체계의 특성상 많은 투자가 필요한데 앞서 제시한 불라바 전략핵미사일을 탑재한 8대의 SSBN 외에 8대의 다목적 핵잠수함, 8대의 디젤 잠수함, 51대의 현대적 전함(15대의 프리깃함, 25대의 코르벳함, 4대의 미스트랄 수륙양용함)이 2020년까지 취역할 예정이다. 최초의 미스트랄 수륙양용함은 2014년 말에 완성 예정이며, 다목적 재래식 잠수함, 구축함, 연안용 코르벳함 및 항모 개발계획이 추진 중에 있다(IISS 2013; 202-203). 2014년 최초 project 11356 프리깃함이 러시아 흑해함대에 합류할 예정이다. 이 함정은 배기량 3,850톤의 독립함이나 호위함으로 대지, 대잠 전투용으로 고안되었으며, 공중방위체계로 무장되어 있다. 이들 함정은 Kalibr와 Kliub(3M54E) 대함, 지대지 미사일용 8개 발사대, 공중방어용 100mm 주포, Kashtan/미사일, Shtil 수직 발사 공중방어미사일체계, 두 기의 torpede tubes, 대잠 로켓시스템과 Ka28, Ka-31 헬기 등

으로 무장된 것으로 알려졌다(*RIA Novosti* 2013/04/29).

러시아공군은 새로운 전략 전투기 개발과 배치에 힘을 쏟고 있다. 공군사령관 본다레프(Viktor Bondarev)는 Tupolev(TU)-160, TU-95MS, TU-22M3 항공기를 현대화하는 노력과 더불어 새로운 전략비행체계 개발하고 있다고 공군 100주년 기념 국제회의에서 언급했다. 새로운 항공기는 군이 전략적 임무와 국가의 안보전략에 필요한 잠재력 확보를 위한 것이다. 추가로 러시아공군은 앞으로 상당 수준 선진화된 항공기와 방어체계를 확보하게 될 것이다. 본다레프는 "앞으로 10년 내에 전체적인 선진항공체계의 비율을 80%에 이르도록 할 것이라고 했다." 그는 또한 수호이 Su-34 폭격기(bomber), Su-35 다기능 전투기, 5세대 항공기 Mig-29SMT, Mig-35 다목적용 전투기가 러시아의 전위 항공의 기초가 될 것으로 보았다(Interfax 2012/08/10). 또한 공군은 공중보급기 Il-476(Il-476 airlifter) 현대화도 추진하고 있다(Lvov 2013).

4) 군사훈련

러시아는 군 개혁 프로그램의 입증을 위해 많은 군사훈련을 실시한 것으로 알려졌다. 2012년 약 600여 회의 군사훈련을 실시하였다. 푸틴대통령은 훈련에 참여하는 부대의 전투태세와 숙련도를 개선을 위해 훈련의 중요성을 강조하였다.

러시아는 군 개혁 프로그램의 일부로 군관구체계의 재조직화로 구성된 4개 군관구에서 순차적으로 매년 대규모 작전, 전략훈련은 수행해왔다. 2009년 서부군관구에서 '자파드(Zapad:서부) 2009', 2010년 동부군관구에서 '보스토크(Bostok:동부) 2010', 2011년 중앙군관구에서 '첸트르(Chentr:중앙) 2011', 2012년 9월 17~23일 남부 군관구에서 '카프카즈 2012'가 수행되었다. 2012년 수행된 '카프카즈 2012' 훈련은 육, 해, 공군의 병력 8,000명, 탱크 200대, 포 100대 해군 함정 10대, 항공기 80대가 참여한 대규모 군사훈련이었다. 러시아 남부지역은 현시적인 군사위협으로서 테러, 비정규전의 위협 가능성이 높은 지역으로 남부사령부의 연합군사훈련에 있어 중요한 의미를 지니고 있다. 훈련의 가장 중요한 목적의 하나는 2008년 러시아-조지아 분쟁에서 얻은 군대응 태세의 문제점을 해소하고, 최근 명령통제체계의 효율성을 검증하는 것이었다.

2013년 4월 러시아는 다시금 '자파드 2013'을 실시했다. 이번 훈련은 벨라루스와 함께 실시하였고, 폴란드로부터의 가상공격에 대응하는 것으로 알려졌는데, 이에 폴란드는 러시아가 폴란드에 대한 선제핵공격 연습계획이 포함되었다는 우려의 입장을 표명하였다. 러시아는 5월 흑해에서 대규모 해상군사훈련을 실시, 유럽과 중동지역으로의 전력투사 능력을 검증하고자 하였다.

더불어 러시아는 2013년에 들어 일련의 불시훈련을 수행하고 있다. 2월 말 경계훈련에 이어 5월에 항공우주방위군의 불시 경계훈련이 실시되었고, 7월에는 푸틴대통령의 지시로 극동지역에서 대규모 군사훈련이 실시되었다. 16만 명의 병력, 1,000대의 탱크, 130기의 비행기, 70대의 전함이 참여했는데, 훈련 기간 중 푸틴대통령이 사할린 섬에 방문하는 등 큰 관심을 보였다. 푸틴은 대통령 3기 출범이후 강력하고 민첩한 군, 신뢰할 수 있는 군의 필요성을 역설하고 있다. 이를 위해서 군지도자들에게 군사력 개선을 위한 일련의 조치와 더불어 신속한 전투 즉응태세를 갖추려는 군사훈련을 강조하고 있다.

6. 결론: 러시아 군사전략의 평가와 전망

러시아는 21세기 안보도전에 성공적으로 대처하고 강대국으로 다시금 발돋움하기 위해 '기동력과 유연성을 지닌 군'의 현대화를 추진하고 있다. 더불어 최근 전략환경의 변화와 전쟁기술의 혁신에 조응할 수 있는 첨단무기체계와 전문직업군을 확보하려고 노력하고 있다. 이러한 노력의 일환으로 러시아는 국방비를 대폭 증가, GDP 대비 3%를 상회하는 예산을 투입하고 있다.

그럼에도 불구하고 러시아의 안보군사전략은 몇 가지 문제점을 지니고 있다. 첫째, 러시아의 군사전략은 목표와 수단의 불일치 현상을 보이고 있다. 즉 러시아의 안보군사전략 목표는 일반적인 국가존립과 국민보호를 넘어서 강대국의 지위를 회복하려는 열망에 근거하고 있다. 러시아로서는 지극히 현실주의적 사고라 할 수 있는데, 러시아가 현재 지닌 가장 중요한 자원을 군사력과 에너지라고 평가하면서 그것을 바탕으로 다중심 국제질서에서 한축을 담당하는 강대국이 되겠다는 목표를 제시하고 있다. 따라서 러시아는 가까운 미래에 대규모전의 가능성이 거의 없으며, 군의 진정한 위협은 비대칭, 비정규전의 양상이라는 전제에도 불구하고 강대국 위상 확보를 위한 강력한 군사력을 확보하고자 하고 있다. 이는 당연히 자원의 분배를 왜곡시키게 된다. 즉 러시아는 핵무기를 비롯해 첨단무기체계를 중심으로 군사력 확충을 추구하고 있어 국가경제에 큰 부담으로 작용할 수 있다는 점이다. 군사력에 기초한 러시아의 강대국화 전략은 국민적 희생과 비용이 큰 전략인 것이다.

둘째, 러시아가 제기하고 있는 신속대응작전을 수행하기 위해서는 징병제에서 계약병제를 통한 전문직업군을 추진해야 한다. 하지만 재정적인 문제로 전군의 계약병제로의 이행은 어려울 것이며, 군구조의 변화에 있어 상급장교직위의 축소도 추진하기 쉽지 않다는 점이다. 특히 이 문제는 옐친기와 2000년대 전반의 군 개혁 실패에서 보여주었듯이 군 내부의 조직적 저항이 발생할 수 있다는 점이다(김경순 2012, 150-157).

셋째, 강력한 의지를 표명하고 있는 군현대화 추진 역시 비용 문제에 직면할 수 있다. "2011-2020 국가무기체계조달계획"은 금융위기 이전 러시아 GDP가 평균 6% 이상 성장한다는 낙관적인 예상에 근거해서 편성되었다. 하지만 현실적으로 국제 고유가가 유지되지 않는 한 이러한 성장은 어렵다. 또한 대담하게 추진하고 있는 무기조달은 러시아내 방위산업의 문제로 제 때에 무기와 장치를 조달하지 못하고 있는 실정이다. 방위산업의 후진성과 부정부패의 척결도 쉽지 않은 과제이다.

넷째, 러시아의 군사전략이 정규전을 대상으로 전쟁을 기획하고 수행하고 있기 때문에 실상 가능성이 큰 테러와 같은 비정규전이나 비대칭전에 있어서는 큰 준비를 하고 있지 못하다는 것이다. 러시아의 최근 군 개혁과 군사전략의 변화 모색은 2008년 조지아전의 경험을 바탕으로 한 것인데, 실제로 러시아가 직면하게 될 군사위협에 대한 군사전략도 구체화할 필요가 있을 것으로 보인다.

다섯째, 러시아는 정보전이나 네트워크 중심전에 대비한 합동 군사작전과 무기체계를 첨단화하려는 노력을 지속할 것이다. 첨단군사과학기술의 발달에 근거한 C4ISR, 정밀유도무기, 스텔스 등을 확충하는 구도는 러시아의 중심이 되는 강대국전략을 CIS권역에서 운영하는 또 다른 패권적 제국의 구도를 만들어 낼 수 있다는 사실에 주목해야 할 것이다.

참고문헌

I. 동양 자료

고재남. 2007. "러시아의 재부상과 한반도정책에 대한 함의." 외교안보연구원.『주요국제문제 분석』(2007. 11. 22).

김경순. 2012. "러시아 군개혁의 동향과 전망."『국제관계연구』. 17권 1호(봄). 147-178.

김규철. 2013. "러시아군, '강력한 러시아'를 향한 도정." 한국외대 러시아연구소.『2012 Russia Report』. 71-87.

신범식. 2009. "21세기 러시아의 동맹·우방정책의 변화와 전망." 동아시아연구원(EAI). EAI NSP Report. 41 (12월).

심경욱. 1994. "러시아 연방 신군사독트린에 대한 소고." 한국슬라브학회 편.『러시아, 새 질서의 모색』. 서울: 열린책들.

이재영. 2008. "러시아·중앙아시아국가들의 자원외교 전략." 세종연구소.『정세와 정책』. 144호(4월호). 1-4.

정은숙. 2007. "러시아의 CFE조약 유예선언과 유럽안보." 세종연구소.『정세와 정책』. 136호(8월호). 11-13.

小泉悠. 2011. "總括!2010年のロシアの軍事情勢."『軍事硏究』. 1月号.

II. 서양 자료

Arbatov, Alexei. 2011. "Comparative Analysis of Modern Nuclear Doctrines." Alexandre Kaliadine and Alexei Arbatov, *Russia: Arms Control, Disarmament and International Security* (Moscow)

Blank, Stephene J. 2008. "The Strategic Importance of Central Asia: An American View." *Parameter*. 38, No.1 (Spring)

Hass, Marcel de. 2011. "Russia's military Doctrine Development." Stephene J. Blank, *Russian military Politics and Russia's 2010 Defense Doctrine*, SSI Monograph (March)

Herspring, Dale and McDermott, Roger. 2010. "Serdyukov Promotes Systemic Russian Military Reform." *Orbis*. 54-2, 295-296.

Hoffman, David. 2000 "New Russian Security Plan Criticizes West, Doctrine Broadens Nuclear Use Policy." *Washington Post*. January 15, 2000.

IISS. 2011. *The Military Balance 2011*. London: Routledge (March)

IISS. 2013. *The Military Balance 2013*. London: Routledge (March)

Ivanov, Sergei. 2004. "Russia's Geopolitical Priorities and Armed Forces." *Russia in Global*

Affairs 2, No.1(Jan.-Mar), 8-21.
Katz, Mark N. 2006. "Primakov Redux? Putin's Pursuit of "Multipolarism" in Asia." *Demokratizatsiya*, 14, No.1(Winter), 44-152.
Kortunov, Sergei. 2006 "Russia's External Challenges in the 21st Century." *RIA Novosti*. 2006.08.15.
Kramnik, Ilya. 2010. "New command system for the Russian military." *RIA Novosti*. 2010. 07.15.
Kristensen, Hans M. and Norris, Robert S. 2013. "Russian Nuclear Forces, 2013," *Bulletin of the Atomic Scientists*. 69-3 (May/June), 71-81.
Litovkin, D. 2009. "Part of Military Doctrine Closed." *Izvestiya*. 2009. 8. 12.
Malyshev, A.I. 2007. "Military Strategy of the Russian Federation in the Early 21st Century." *Military Thought* 16, No.3/4(July-Dec.), 54-66.
Mikhalev, Igor. 2012. "Russia to develop sea-based space-defense system." *RIA Novosti*. 2012. 08.31
Nekhai, Oleg. 2012. "S-500-a miracle of a weapon." *The Voice of Russia*. 2012.07.02.
NIDS (The National Institute for Defense Studies). 2013. *East Asian Strategic Review* 2013.
Thornton, Rod. 2011. "Military Modernization and the Russian Ground Forces," Strategic Studies Institute, June 2011.
Trenin, Dmitri. 2007. "Russia's Threat Perception and Strategic Posture." R. Craig Nation and Dmitri Trenin. *Russian Security Strategy under Putin: U.S. and Russian Perspectives*. SSI Monograph(November).
Vozzhenikov, A.V. and Alkhlayev, Sh.M. 2007. "The Evolution of CIS Military-Political Cooperation." *Military Thought* 16-1(Jan-March), 136-145.
Yarger, Harry R. 2006. "Toward a Theory of Strategy: Atrt Lykke and the Army War College Model." in J. Boone Bartholomees, Jr., (ed.) *U.S. Army War College Guide to National Security Policy and Strategy*, 2nd edition, Carlisle, PA: SSI, U.S. Army War College, (June), 79-113.
Zhussip, Sultan-Khan. 2008. "Russia Expands Its Military Presence in Central Asia." *Radio Free Europe/Radio Liberty*. November 12, 2008.
Zysk, Katarzyna. 2010. "Russia's Arctic Strategy: Ambition and Constraints." *JFQ*, 57 (2d quarter), 103-110.

III. 인터넷 자료

"Aktualniye Zadachi Razvitiya Vooruzhennykh Sil RF" ("러시아군발전의 우선과제") http://www.mil.ru/articles/article5005.shtml (검색일: 2005. 9. 20)

"Concept of the Foreign Policy of the Russian Federation on 12 February, 2013 http://www.mid.ru/brp_4.nsf/0/77389FEC168189ED44257B2E003913B16D (검색일: 2013.7.30.)

"Executive Order on measures to implement foreign policy." 7 May 2012.http://eng.news.kremlin.ru/acts/3762/print (검색일: 2012.11.26).

"First Borei Class sub to serve in Northern Fleet," September 3, 2012 http://rusnavy.com/news/navy/index.php?ELEMENT_ID=15816 (검색일: 2013. 6. 20).

Karaganov, Sergei. 2012. "Why Russia should build up its military might even in a favorable foreign environment?." *Russia in Global Affairs*, December 27, 2012.

http://eng.globalaffairs.ru/number/Keeping-the-Power-Dry-15810 (검색일: 2013.06.26.).

Kupchinsky, Roman. 2006. "Russia: The Marriage of Energy and Security." *Radio Free Europe/Radio Liberty*, February 2, 2006.

http://rferl.org/featuresarticleprint/2006/02/7428f1aa-b0af-4262... (검색일: 2007. 12. 13).

Kupchinsky, Roman. 2009 "Energy and Russia's National Security Strategy." May 19, 2009 http://www.atlanticcouncil.org/blogs/news-atlanticsisit/energy-and-russias....(검색일:2012.10.10.).

Litovkin, Viktor. 2012. "Rearmament and Modernization of the Russian Defense industry by 2020." Valdai Discussion Club, December 06, 2012. http://valdaiclub.com/defense/52340.html (검색일: 2013. 5. 2).

Lvov, Andrei. 2013. "Russia Looks at air force overhaul," 2013. 2. 21 http://rbth.ru/politics/ 2013/02/21/new_air_force_one_planes_in_wing_for_putin_23123.html (검색일:2013.5.2).

McDermott, Roger. 2009. "Patrushev Signals a Shift in Russian Nuclear Doctrine." *World Security Network*(2009. 10. 28) http://www.worldsecuritynetwork.com/Russia/McDermott-Roger... (검색일:2013. 10. 11).

Medvedev, Dmitry. "Address to the Federal Assembly of the Russian Federation," November 5, 2008. http://eng.kremlin.ru/transcripts/296 (검색일: 2011. 10. 20).

"Novaya RLS voisk VKO," Voenno-Promishlennij Kur'or http://vpk-news.ru/news/13108 (검색일:2013.04.20).

Putin, V. "Speech and the Following at the Munich Conference on Security Policy." February 10, 2007 http://archive.kremlin.ru/eng/speeches/2007/02/10/0138_type82912type82914type82917type84779_118123.shml. (검색일: 2010. 5. 20).

"Russia's National Security Strategy to 2020" http://rustrans.wikidot.com/printer—friendly/russia-s-national-security -strategy-to-2020 (검색일: 2012. 10. 14).

"The Foreign Policy Concept of the Russian Federation." (2008. 07. 12) http://archiv.kremlin.ru/eng/text/docs/2008/07/204750.shml (검색일: 2010. 10. 5).

"The Military Doctrine of the Russian Federation." (2010.2.5.).

http://carnegieendowment.org/files/2010russia_military_doctrine.pdf (검색일: 2011. 2. 10).

Zyga, Ioanna-Nikoletta. 2013. " Russia' s new aerospace defense forces: keeping up with the neighbours." (2013.02.22.).
DGEXPO/B/PolDep/Note/2013_85 (검색일: 2013.04.05.).

Airforce Technolog.
Interfax.
RIA Novosti.
Rossiskaya Gazeta.

chapter 06

NATO의 군사전략

chapter 06

NATO의 군사전략

박민형(국방대학교)

1. 서 론 : NATO와 유럽안보

1990년대 초 독일의 통일과 구소련의 붕괴로 인해 유럽은 국경지대로부터의 직접적인 위협이 급격히 약화되었다. 특히, 냉전 구도의 한 축을 담당하고 있던 구소련의 붕괴는 결국 동구권 국가들 간에 유지되어 왔던 바르샤바 조약 기구(Warsaw Treaty Organization)의 해체를 가져왔고[1] 더욱이 소련과 함께 동구 공산권에 있던 대부분의 국가들이 바르샤바 조약기구와 대립하고 있던 북대서양 조약기구(North Atlantic Traty Organization)에 가입하였는데 1999년 체코, 폴란드, 헝가리를 필두로 2004년에는 루마니아, 불가리아, 슬로바키아와 구 소련

---

1 바르샤바 조약기구는 1955년 소련, 폴란드, 동독, 헝가리, 루마니아, 불가리아, 알바니아(1968년 탈퇴), 체코슬로바키아 등 8개국이 체결하였으며 1991년 4월 해체되었다. 1980년 대 초 이 기국의 군대규모는 475만을 육박할 정도로 강력했으나 냉전시대의 붕괴로 인해 그 존립의 가치를 잃게 된다.

연방의 라트비아, 리투아니아, 에스토니아, 슬로베니아 등이 NATO의 회원국이 되었다 (박민형 2012, 114-118). 이를 통해 유럽 내 냉전적 대결구도는 협력의 관계로 변화하기 시작하였으며 이를 바탕으로 유럽에서는 지금까지의 전통적 안보위협보다는 국제분쟁 및 테러, 국제범죄 조직, 자연재해, 자원문제 등이 안보에 대한 새로운 위협으로 등장하였다. 이런 상황 속에서 냉전 종식 이후에도 계속 진화하고 있는 NATO의 존재는 유럽안보의 핵심이라 할 수 있다.

북대서양조약기구(이하 NATO)는 1949년 4월 공산권의 위협에 대항하여 결성된 미국과 유럽의 집단방위기구이다. NATO가 결성되었을 때 유럽은 제2차 세계대전으로 인해 경제적으로 매우 어려운 상황이었으며 안보적으로도 자신들의 능력만으로 자국을 지킬 수 없는 상황에 있었다. 이에 유럽은 미국과의 동맹 체결로 이러한 어려움을 타개하고자 하였으며 이렇게 시작된 NATO가 지금까지 유럽의 안보를 지키는 가장 핵심적 기재로 성장하게 된 것이다. 현재 NATO는 미국과 캐나다를 포함하여 21개 EU회원국과 노르웨이, 터키를 포함한 5개의 비EU국가를 포함하여 총 28개국으로 구성되어 있다. 따라서 유럽의 군사전략을 살펴보기 위해서는 각국의 개별적 군사전략 보다는 현재의 유럽연합 등을 통해서 통합을 지속적으로 추진하고 있는 유럽의 노력과 지금까지 집단방위를 통해서 자신들의 안보를 보장하고 있는 것을 감안할 때 NATO의 전략 변화를 통해 유럽의 안보지형을 전망해보는 것이 의미 있다 하겠다.

따라서 본 장은 NATO의 전략변화를 그 핵심 주제로 다룰 것이다. 이를 위해 NATO의 창설 및 발전과정을 우선적으로 살펴보고 난 후 NATO의 전략 변화 중 냉전이후 보여준 세 번의 전략변화에 집중할 것이다. 즉, 1991년, 1999년, 2010년에 발표된 전략개념들에 대해서 알아보겠다. 그리고 나서 이를 바탕으로 미래 유럽 안보에 있어서 NATO의 역할은 어떻게 될 것인지를 예측해 보고자 한다.

2. NATO의 창설 및 발전과정

1) NATO의 창설과 확대

제2차 세계대전이 끝나고 미국은 유럽에서의 소련의 팽창을 우려하였고, 유럽은 소련의 군사적 위협에 대해 자신들에게 안보를 보장해줄 강력한 힘이 필요하였다. 미국과 유럽의 이러한 이해관계의 교환이 NATO 탄생의 핵심 요인이 되었다. 즉, NATO는 소련 공산주의의 위협과 팽창을 제어하고 유럽에서의 세력균형을 회복하기 위해 1949년 4월 4일 유럽과 미국, 캐나다 사이에 체결된 군사 방위 조직으로 창설되었던 것이다. 따라서 창설 당시 NATO의 핵심목표는 소련의 군사력을 억제하는 것이었다.[2]

NATO에 대해 설명하기에 앞서 간단하게 동맹에 대한 이론을 살펴보자. 현실주의적 관점에서 국가가 자국의 안전을 보장하는 방법은 크게 두 가지로 나누어 설명할 수 있다 (Waltz 1979). 자국의 능력을 증진시켜 외부의 도움에 의존하지 않고 자국의 안전을 확보하는 것이 그 첫 번째 방법인데 이를 자체 노력에 의해 세력균형을 달성한다하여 내적 균형(internal balancing)이라 한다. 안전을 보장하는 또 다른 방법은 다른 국가들과 동맹을 결성하는 것이다. 여기서 동맹이란 위협에 대항하기 위해 2개 국가 이상이 제휴하여 힘을 모으는 것을 의미한다. 동맹의 결성은 외부의 힘을 빌려 세력균형을 달성한다 하여 이를 외적균형(external balancing)이라 한다.

위에서 설명했듯이 동맹 유지의 가장 핵심적 요인은 위협인식(threat perception)의 공유라고 할 수 있다. 즉, 동맹 체결국간에 같은 위협의 존재는 동맹의 결성, 유지를 가능하게 하는 핵심 변수라는 것이 가장 기본적인 동맹 이론의 설

---

2 NATO에 대항하여 소련은 1995년 동유럽 국가들과 바르샤바조약기구(Warsaw Treaty Organizatio: WTO)를 조직하였다. 바르샤바조약기구는 1991년 냉전의 붕괴와 독일의 통일로 해제되었다.

명이다.[3] 따라서 위협이 사라지면 동맹의 존재가치를 잃게 되고 이에 동맹 체결국들은 더 이상 동맹을 유지할 필요성을 느끼지 못하게 된다는 것이다. 또한 NATO와 같은 비대칭적 동맹관계에서는 체결국간의 존재하는 동맹부담 문제가 있을 수 있어 공동 위협의 부재는 동맹 관계 유지를 어렵게 할 수 있다는 견해가 많았다.[4] 즉, 많은 국제정치학자들은 소련의 붕괴와 냉전 체제의 붕괴로 인하여 NATO의 해체 또는 유명무실화를 예상하였다.[5]

그러나 NATO는 1991년 소련의 해체로 인해 최초 결성 당시 상정되었던 위협이 사라졌음에도 불구하고 현재까지 동맹이 유지됨은 물론 그 범위와 역할도 전 지구적인 동맹체로 발전하고 있다. 이는 단적으로 NATO의 회원국 확대를 통해서도 알 수 있는데, 출범 당시 NATO는 미국, 캐나다 등 북미 2개국과 영국, 프랑스 등 유럽 10개국을 합쳐 모두 12개국으로 구성되었다. 이 후 NATO는 1990년 7월 런던 정상회담 선언을 통해 적대 국가들이었던 중, 동유럽 국가들과의 정치, 군사적 협력을 촉구하였고 1994년 1월 브뤼셀 정상회담에서 중, 동유럽의 나토 확대를 공식적으로 선언하였다. 1997년 마드리드 정상회담에서는 헝가리, 폴란드, 체코를 초청하여 이들의 NATO 가입을 약속하였으며 이들은 1999년 4월 워싱턴 정상회담에서 정식으로 NATO에 가입하게 되었다. 이와 유사하게 NATO는 2002년 11월 프라하에서 열린 정상회담에서 불가리아, 에스토니아, 리트비아, 리투아니아, 루마니아, 슬로바키아, 슬로베니아 등을 초청하였고 이들 국가들은 2004년 3월 정식회원이 되었다. 그리고 2009년 나토 창설 60주년을 기념하여 열린 켈/스트라스부르그 정상회담에서

---

3 동맹의 결성에 대해서는 위협에 대한 억제의 목적이외에 상대국에 대한 영향력을 얻거나 다른 국가를 관리하기 위해 동맹을 결성하는 경우도 있다. 이에 대해서는 Schroeder, Paul W., "Historial Reality vs Neo-Realist Theory," International Security, Vol. 19, No. 1, pp. 108-148 참조.

4 비대칭 동맹에 대한 정의는 학자에 따라 다소 상이하나 강대국과 약소국 간에 서로 다른 동맹 이익을 추구하기 위해 결성된 동맹을 의미한다고 할 수 있다.

5 이러한 연구로는 Robert W. Rauchhaus, "Marching NATO estward: Can International relations theory keep pace?", *Contemporary Security Policy*, Vol. 21, No. 1 (2000); Christopher Layne, "The Unipolar Illusion: Why New Great Power Will Rise", International Security, Vol. 17, No. 4 (1993).

크로아티아와 알바니아가 정식회원으로 가입됨으로서 나토는 현재의 28개국 체제를 유지하고 있다. NATO의 회원국 확대를 연도별로 정리하면 〈표 1〉과 같다.

물론 NATO의 확장이 쉽게 이루어진 것은 아니었다. 확장을 위해서는 회원국들의 합의가 필요하였고 또한 러시아 등의 NATO 확대에 대한 안보 우려를 해소시킬 필요가 있었다. 특히, 러시아는 보스니아 내전 이후 자신들의 영향권에 있다고 생각한 구 유고슬라비아 영토에 NATO가 본격적으로 군사적 개입을 실시하면서 NATO의 확장정책이 러시아에 대항하는 포위망을 구축하려는 의도에서 나온 것이라고 비난하였다. 그러나 NATO는 러시아의 이러한 불안을 해소시키기 위해 노력하였다. 이러한 노력은 결국 1997년 5월 NATO-러시아 동반자 관계의 체결로 나타났고, NATO는 새로운 회원국의 영토에 전투력이나 핵무기를 배치할 의도, 계획, 그리고 이유가 없다는 점을 러시아 측에 전달하였다.

이렇듯 NATO는 현재까지 끊임없는 확장을 통해 28개국으로 확대되고 있으며 그 역할도 역외 안보에서 역내외 안보, 위기관리, 평화유지 활동 등으로 확대되었다. 이는 케네츠 왈츠가 지적하였듯이 NATO는 단지 특정 위협을 억지하는 역할인 다른 군사동맹과는 다르게 잘 제도화되어 있었고 군사뿐만 아니라 정치 분야의 중요한 사안들까지 다루고 있었기 때문에 가능하였다고 할 수 있다(Walt 2000, 23-38).

〈표-1〉 NATO 회원국 확대 현황

년도	가입국가	비고 (총가입국)
1949년 (창설)	미국, 캐나다, 영국, 프랑스, 이탈리아, 포르투갈, 네덜란드, 노르웨이, 덴마크, 룩셈부르크, 아이슬란드, 벨기에	12개국
1952년	그리스, 터키	14개국
1955년	서독	15개국
1982년	스페인	16개국
1999년	폴란드, 체코, 헝가리	19개국
2004년	라트비아, 루마니아, 리투아니아, 불가리아, 슬로바키아, 슬로베니아, 에스토니아	26개국
2009년	알바니아, 크로아티아	28개국

이러한 NATO의 진화는 냉전의 종식으로 인한 '위협의 부재'로는 설명하기 어렵다. 따라서 현재의 NATO는 '위협의 부재'가 아닌 '위협인식의 변화'로 설명하여야 한다. 즉, 동맹으로써의 NATO는 공동 위협에 대한 집단 방위를 그 핵심 목표로 하고 있어 그 존재의 의의는 위협이 존재해야 하는 것이다. 2009년 4월 NATO 정상들은 이른바 동맹안보선언을 통해 세계는 지금 테러리즘, 대량살상무기 확산, 사이버 공격, 에너지 안보, 기후변화, 불량 국가 등이 가져오는 불안정성이라는 전 지구적 위협에 직면하고 있다고 밝히고 있다. 이는 NATO의 존재 가치를 기존의 소련의 위협에 대한 대응이 아닌 전 지구적 위협에 대한 공동 대응이라고 밝히고 있다고 할 수 있다. 따라서 NATO는 구소련의 몰락으로 공동 위협인식의 부재되어 동맹의 해체의 길을 걸을 것이라는 당초 예상과는 다르게 새로운 공동위협의 등장과 발견을 통해 점차 진화

의 길을 가고 있는 것이다.

3. NATO의 전략변화

창설이후부터 지금까지 NATO가 유지, 발전될 수 있었던 것은 시대적 안보환경의 변화에 적응하면서 북대서양 조약에서 제시한 동맹의 가치와 절차에 부합하는 전략개념이 함께 발전해왔기 때문이었다(이수형 2012, 187). NATO의 전략 개념은 변화되는 안보환경을 분석하고 이에 대한 대처 방안을 제시하는 데 그 핵심 목적이 있다고 할 수 있다.

〈그림 1〉 NATO의 전략 변화

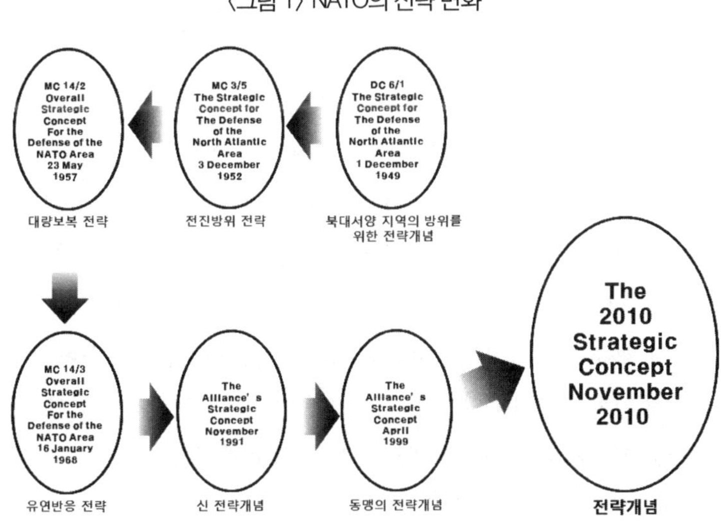

2013년 현재까지 NATO의 전략 개념의 변화는 동맹 탄생 직후인 1949년 12월 1일 '북대서양지역의 방위를 위한 전략개념'을 시작으로 1952년 12월 3일의 전략개념(전진방위전략), 1957년 5월 23일의 전략개념(대량보복전략), 1968년 1월

16일의 전략개념(유연반응전략), 1991년 11월의 신전략개념, 1999년 4월의 동맹의 전략개념, 그리고 2010년 11월의 동맹의 신전략개념 등 총 7회에 걸쳐 수립되었는데, 여기서는 현대사에서 안보 환경의 급변을 야기한 냉전의 종식과 9.11 테러를 기점으로 나타난 세 번의 NATO의 전략개념 변화를 집중적으로 살펴보고자 한다. 또한 1990년대의 발표된 두 번의 전략개념은 후자가 전자를 보완 및 발전시킨 것이므로 세부 내용은 통합하여 설명하겠다.

1) 냉전이후 NATO의 전략개념: 1990년대

(1) 1991년 신 전략개념(New Strategic Concept)

냉전기 NATO 전략의 핵심은 순수한 방어적 목적으로 명백한 하나의 적을 상정하여 이 위협(소련)으로부터 유럽지역의 안전을 보장하는 것이었다. 따라서 소련의 군사능력 변화와 의도가 NATO의 전략변화에 영향을 주는 핵심 변수로 작용하였는데 이는 NATO의 전략개념이 냉전의 한축을 담당하면서 NATO를 주도하고 있는 미국의 안보전략 변화와 연동하여 변화되는 요인으로 작용하였다. 당시 NATO의 전략은 크게 세 가지로 나눌 수 있는데 전진방위전략, 대량보복전략, 유연반응전략이 그것이다.[6] 특히, 1950년대 중반이후 NATO의 전략개념인 대량보복 전략과 유연반응전략은 기본적으로 미국의 핵전략과 그 맥을 같이 하고 있다 (이수형 2012, 189). 이는 미국의 대 소련 핵전략 변화가 당시 미국 국가안보의 핵심 지역인 유럽안보를 책임지고 있던 NATO의 전략개념 변화에 그대로 반영되었기 때문이라고 할 수 있다.

그러나 냉전체제의 붕괴는 두 번의 세계 대전으로 인해 구축된 국제 질서

---

6 전진방위전략(Forward Defense Strategy)은 가능한 한 동쪽 더 깊숙이 전진한 지역에서 유럽을 방위해야 한다는 전략으로 1952년 12월 3일 발표되었고, 대량보복전략(Massive Retaliation Stategy)은 수적으로 우세한 소련의 재래식 전력을 단지 재래식 전력으로 억지하는 것은 효과적이지 않으므로 핵을 사용하여 대량보복 하겠다는 전략으로 1957년 5월 23일 채택되었다. 한편 유연반응전략(Flexible Response Strategy)은 재래식 전력에는 재래식으로, 핵전력에는 핵전력으로 대응하겠다는 전략으로 1962년 6월 16일 맥나마라 장관의 앤아버(Ann Arbor) 연설을 통해 공표되었다.

의 근본적 변화를 가져왔으며 소련을 핵심 위협으로 상정한 NATO의 집단방위동맹으로써의 존립근거도 흔들리게 되었다. 즉, NATO는 냉전시대의 메커니즘을 변화시켜야 하는 중대한 도전에 직면하게 된 것이다. 또한 당시 서유럽의 상황은 냉전기와는 많이 다른 환경적 요인이 생겨나고 있었다. 그 중 대표적인 것이 독일의 통일, 바르샤바조약기구의 해체, 유럽통합노력의 가속화 등이었다. 뿐만 아니라 유럽 국가들의 경제적 성장이 지속되었는데 이는 제2차 세계대전 이후 NATO가 제공한 안보 우산과 미국으로부터의 경제적 지원을 바탕으로 시작된 경제 회복의 결과라 할 수 있다.[7]

이런 시기에 등장한 것이 이른바 1991년의 신 전략개념(New Strategic Concept)이다. 냉전 종식 직후 1990년 7월 런던회담에서 NATO 정상들은 급격하게 변화하는 안보 환경을 반영한 신 전략개념의 필요성에 공감하였고, 이에 NATO의 안보 목표 추구를 위한 개념적 토대를 제공하고 미래 안보에 대한 광범위한 접근 방법을 포함한 전략개념이 탄생하였다(Legge 1991, 9).

신 전략개념은 1991년 로마 정상회담에서 공식적으로 채택되었는데 냉전 종식 이후 변화된 유럽안보환경의 특성과 그에 따른 잠재적 안보 도전과 위험에 초점을 맞추고 있다. 이는 새롭게 변한 안보환경에서 NATO의 존재의의를 새로이 정립할 필요가 있었기 때문이었다. 신 전략개념에서는 기존의 전략개념에서 강조되어 왔던 유럽 각 국의 영토방위 임무에 대한 강조를 완화하였고 이에 반해 위기관리와 평화활동에 더 큰 의미를 부여하였다.

이 전략 지침은 크게 5개 부분으로 구성되어 있는데 제1장에서는 전략적 맥락, 제2장에서는 동맹의 목적과 안보기능, 제3장에서는 안보에 대한 접근 방법, 제4장에서는 방위를 위한 지침, 제5장에서는 결론을 제시하고 있다.

이 전략개념의 핵심내용은 집단방위, 구 소련을 비롯한 중, 동유럽 국가들

---

7 제2차 세계 대전 후 유럽 국가들에 대한 미국의 원조 계획을 마샬플랜(Marshall Plan)이라 한다. 공식적인 명칭은 '유럽부흥계획(European Recovery Program)' 이지만 이를 처음으로 공식 제안한 당시 미국 국무장관이었던 마샬의 이름을 붙여 마샬플랜이라 하기도 한다. 이를 통해 유럽 국가들은 경제 성장을 위한 밑거름을 제공받을 수 있었다.

과의 정기적 대화, 모든 유럽 국가들과의 협조 체제 강화 등이었다. 이 전략개념을 바탕으로 NATO는 1991년 '북대서양협력위원회(North Atlantic Cooperation Council: NACC)'를 제도화하여 NATO회원국과 중, 동유럽 국가 간의 관계 개선을 시도하였다. 이후 NACC 는 1997년 '유럽-대서양 동반자관계위원회(Euro-Atlantic Partnership Council: EAPC)로 발전하였다. 이와 함께 NATO는 '평화를 위한 동반자관계(Partnership for Peace: PfP)'를 조성하여 과거 NATO와 대립하였던 국가들과 협력할 수 있는 바탕을 마련하였다.

(2) 1999년 동맹전략개념 (Alliance's Strategic Concept)

1999년의 동맹전략개념은 1991년의 신전략개념을 수정 보완한 것이다. 1991년 신 전략개념 채택 시 이미 NATO 정상들은 1997년 7월에 있을 정상회담에서 신 전략개념을 재검토하고 이에 따라 1999년에 있을 정상회담에서 최종적 전략개념을 발표할 준비를 북대서양이사회에 지시했었다. 그러나 두 전략개념 간에 작성 배경과 임무, 역할 등에서 〈표 2〉에서 보는 것과 같이 다소 차이가 있기도 하다. 1999년 발표된 신전략개념은 4월 워싱턴에서 개최된 NATO창설 50 주년 기념 정상회의에서 최종 승인되었다. 여기서는 냉전 종식 이후 특히, 1991년 전략개념 채택 이후 변화된 안보 환경을 바탕으로 이에 대한 NATO의 대응 방향을 주로 담고 있는데 기존의 방위중심(defense-oriented)에서 안보 중심(security-oriented)으로의 변화를 그 핵심 내용으로 하고 있다.

〈표-2〉 1991년/1999년 전략개념 비교

구분	1991년 전략개념	1999년 전략개념
배 경	냉전종식, 소련해체, 독일통일, 유럽통합 등 안보환경 변화에 부응, 나토의 존재의의 재평가	91년 신전략개념 이후 국제정치 및 안보상황 변화를 포괄, 나토의 역할과 기능을 재정립
임 무	민주주의, 인권, 법의 지배라는 원칙에 입각한 공정하고 항구적인 질서유지라는 나토 본연의 임무 재확인	나토 본연의 임무에 더하여 지역 평화와 안정 유지를 추가
나토의 역할	지역 위기관리 및 평화유지 위주의 집단방어동맹	집단방어동맹 및 적극적, 공세적, 예방적 국제경찰 역할 자임
의 의	나토의 존재의의를 정립하기 위한 중간 보고서	향후 50년간에 걸친 나토의 역할과 기능, 임무를 정립시킨 보고서
기 타	국제안보환경 변화에 따라 필요시 수정할 것을 전제	수정 필요성 전제하지 않음

출처: 엄태암 외. 2000.『유럽안보정세 변화와 전망』 서울: KIDA. p. 34.

1999년 전략개념에서 인지하고 있는 위협은 크게 세 가지로 나누어 볼 수 있다. 첫째, 기존의 위협으로써 동맹국에 대한 재래식 공격과 잠재적 핵위협, 둘째 NATO 주변국에서 발생할 수 있는 인종, 종교, 영토 분쟁, 인권 탄압 등으로 야기되는 정치, 경제 사회적 혼란, 셋째 대량살상무기의 확산 등이다. 1999년 전략개념에서 밝히고 있는 이러한 위협에 대한 NATO의 대응방안으로는 지속적인 집단방위체제의 유지, 군사적 능력의 강화, 역외 발생하는 위기와 분쟁의 방지, 회원국의 확대, 역외 국가들과의 동반자관계 강화, 유럽 방위를 위한 독자능력 강화 등이다.

이 전략개념에 대해 좀 더 자세히 살펴보자. 우선, 이 전략 개념은 크게 5장으로 구성되어 있다. 제1장은 동맹의 목적과 과제, 제2장은 전략에 관한 전망, 제3장은 21세기 안보에 대한 접근방식, 제4장은 동맹군에 대한 지침, 제5장은 결론이 제시되고 있다. 각 장별 세부내용을 살펴보면 다음과 같다.

제1장에서는 NATO의 기본 임무를 밝히고 있는데, NATO는 워싱턴 조약과 유엔헌장에 기초한 동맹체로써 회원국의 자유와 안전을 보장하기 위해서 안보(security), 협의(consultation), 억제와 방위(deterrence and defence), 위기관리(crisis management), 동반자관계(partnership) 등의 기본 임무를 수행한다는 것이다.

제2장에서는 NATO가 직면하고 있는 현재의 안보 상황이 긍정적인 면도 있으나 그 반면에 언제든지 위기로 발전될 수 있는 불확실성이 잔존하고 있음을 강조하고 있다. 즉, NATO 회원국은 다양하면서도 예측하기 어려운 다방면의 군사적, 비군사적 위협에 노출되어 있다는 것이다. 여기에서 제시되고 있는 주요 위기로는 테러리즘, 사보타지, 조직범죄, 주요 자원 유통구조 파괴, 대규모 난민 발생 등이 있다. 또한, 이 장에서는 지금까지 유럽 내 안보기구들에 대한 평가가 이루어지고 있는데 특히, 유럽안보협력기구(OSCE)에 대해서는 유럽 내 평화와 안정 강구, 협력안보 증진, 그리고 민주주의와 인권향상에 결정적 역할을 하여왔으며 NATO와 OSCE는 구유고슬라비아 지역 평화를 위한 국제적 노력과정에서 긴밀한 실무 협력관계를 발전시켜 왔음을 강조하고 있다.[8] 따라서 NATO는 위에서 제시한 위협에 대해 지금까지의 협력관계를 바탕으로 회원국간의 적절한 협의해 의해 처리할 것임을 밝히고 있으며 누구든지 간에 동맹국의 영토를 침입하면 '워싱턴조약' 제5조 및 6조에 의거하여 대처할 것임을 강조하고 있다.

제3장에서는 21세기 안보에 대한 접근 방식을 강조하고 있다. NATO는 군사, 정치, 경제, 사회, 환경 등 제 측면의 중요성을 인정하는 포괄접근 방식을 추진하며 이를 통해 유럽과 대서양 지역의 안보 및 안정 강화를 모색할 것임을 천명하고 있다. 이를 위해 NATO는 환대서양(transatlantic) 연대유지, 억제

8 유럽안보협력기구에 대해서는 박경서 · 서보혁, 『헬싱키 프로세스와 동북아 안보협력』(서울: 한국학술정보, 2012) 참조.

와 방위 등의 임무 수행을 위한 효율적 군사력 보유, 유럽의 안보방위정체성(European Security and Defence Identity) 개발, 위기관리 능력 배양, 새로운 가입 국가 확보, 협력적 접근법을 통한 동반자관계를 지속 추진할 것임을 밝히고 있다. 특히, 적정 수준의 군사력 배양과 전투준비태세 유지를 동맹안보 목적의 요체로 강조하고 있으며, 가상 적(국)이 NATO 회원국들에 대한 강제나 위협, 혹은 군사적 공격이 합리적 선택이 될 수 없다는 것을 확신시키기 위한 핵심능력이라 강조하고 있다. 따라서 특수 관리가 필요한 경우를 제외하고 동맹 공동의 조직과 절차를 통해 다국적 훈련, 철저한 사전계획과 같은 능력을 배양할 것임을 밝히고 있다.

제4장에서는 동맹의 전략지침을 수록하고 있는데 NATO는 평화유지 및 억제에 필요한 최소 수준의 재래식 및 핵전력을 유럽 내 주둔 시킬 것을 천명하고 있다. 특히, 재래식 군사력만으로는 효과적 억제가 불가능하기 때문에 평화를 위한 핵무기 보유는 필수적이라는 점을 강조하고 있다. 그러나 여기서 NATO의 핵무기가 특정 국가를 목표로 하고 있지 않음을 밝히고 있기도 하다. 즉, NATO는 안보 환경의 불확실성에 대비하기 위해 최소한의 적정 전략무기를 보유한다는 것이다. 이와 함께 본 장에서는 동맹군의 임무로 효과적인 억제와 방위수행, 동맹국 영토보존 및 회복, 분쟁 시 공격자로 하여금 공격중단 및 철수 종용 등 조속한 시일 내 전쟁 종결 등을 제시하고 있다. 또한 동맹의 전력태세지침, 재래식 전력의 특징, 핵전력의 특징 등도 설명하고 있다.

제5장은 결론 부분으로 불확실한 세계 속에서 효과적 방위의 필요성에 대해 재차 강조하고 있으며 이를 위해 NATO는 새로운 세기의 도전과 기회에 대응할 준비를 하여야 한다고 강조하고 있다.[9]

---

9 "The Alliance Strategic Concept," http://www.nato.int/cps/en/natolive/official_texts_27433.htm?selectedLocale=en (검색일: 2013년 9월 8일)

2) 9.11 이후 전략개념: 2010년 전략개념

2001년 발생한 9.11 테러로 인해 안보 환경은 급격하게 변화하게 되었다. 물론 유럽 지역 내에서 전통적 안보 위협이 완전히 사라졌다고 할 수는 없으나 유럽에서 국경선은 더 이상 피아를 구별하는 의미로써의 가치가 희미해졌다. 또한 NATO의 확대 정책으로 인해 중, 동유럽은 물론 발칸 국가들까지 NATO에 가입되었고 아프가니스탄 전을 수행하는 등 NATO의 활동 범위와 그 규모가 확대되어감으로써 NATO는 새로운 전략개념이 필요하게 되었다. 이에 2010년 11월 19일 리스본에서 진행된 NATO 정상회의에서 새로운 신전략개념이 채택되었다.

본 전략개념에서 NATO는 전 지구적으로 새롭게 나타나는 테러, 탄도미사일 공격, 에너지 안보, 해적, 환경 문제 등 광범위한 비전통적 안보 위협을 핵심 위협으로 간주하고 있다. 이 전략 지침에서 나타난 NATO의 3대 핵심 임무는 집단방위(collective defense), 위기관리(crisis management), 국제안보를 위한 역외국가와의 협력안보(cooperative security) 등이다.[10]

본 전략개념에서 NATO는 새롭게 변화하는 안보상황에 대한 역할 변화를 주문하고 있으나 이와 함께 NATO 본연의 임무인 회원국 방위를 재강조하고 있기도 하다. 당시 유럽은 경기 침체로 인해 재정적 어려움을 겪고 있는 상황이었는데, 이로 인해 유럽 각국은 국방예산의 삭감을 단행하였다. 예를 들어 독일의 경우 2010년 6월, 경제위기로 인한 정부 긴축예산 편성에 따른 국방예산 대폭 축소(4년간 85억 유로)를 발표하였다. 또한 영국의 경우도 경제적 어려움으로 2010년 총선 직후, 국가재정 악화를 이유로 국방부에 25-30% 예산 절감

---

10 NATO는 이미 다양한 협력관계를 구축하고 있다. 역외 국가들과의 협력 관계를 위해 '평화를 위한 동반자관계(Partnership for Peace:PfP)', '유럽, 대서양 동반자관계 이사회(Euro-Atlantic Partnership Council: EAPC)', 'NATO-러시아 상설합동이사회(NATO-Russia Permanent Joint Council: PJC)', 'NATO-우크라이나 위원회(NATO-Ukraine Commission: NUC)', '지중해 대화상대국(Mediterranean Dialogue Partners)', '이스탄불 협력 이니셔티브(Istanbul Cooperation Initiative: ICI)' 등이 있다.

을 요구하였다. 이에 신 전략개념에서는 미래 NATO가 충분한 재정적, 군사적, 인적 자원을 확보해야 함을 강조하고 있으며 이를 위해 각국에서 시행되고 있는 국방 분야의 효율화를 위한 개혁이 NATO 차원에서 이루어져야 함을 강조하고 있다. 그러나 본 전략개념은 구체성이 떨어진다는 평가를 받고 있기도 하다.[11]

2010년 전략개념은 총 6개 부분으로 구성되어 있는데 1) 핵심 임무와 원칙, 2) 안보 환경, 3) 방위와 억지, 4) 위기관리를 통한 안보, 5) 협력을 통한 국제안보 증진, 6) 문호 개방과 동반자 관계 등이며 그 핵심 내용은 한마디로 적극적 관여와 현대적 방위(Active Engagement, Modern Defense)라고 할 수 있다. 전략개념의 내용을 살펴보면 다음과 같다.

우선, 제1장 핵심 임무와 원칙(Core Tasks and Principles) 부분에서는 NATO의 가장 기본적이면서도 지속되어온 목적은 회원국의 자유와 안보를 보장하는 것임을 재천명하고 이를 위해 NATO가 존재하고 있음을 강조하고 있다. 또한, 모든 NATO의 회원국들은 1949년 NATO 창설 이래 그 관계가 지속적으로 강화되고 있으며 이 관계를 바탕으로 NATO의 임무를 집단방위, 위기관리, 협력안보로 설정하였다. 이러한 임무를 효과적으로 수행하기 위하여 동맹국들의 지속적인 개혁과 현대화, 그리고 변환과정에 관여할 것으로 강조하고 있기도 하다.

제2장인 안보환경(The Security Environment) 분야에서는 지금까지 NATO의 성공을 바탕으로 유럽지역에서의 평화의 정착을 이룰 수 있었다는 점을 강조하면서 NATO 회원국에 대한 재래식 공격의 가능성은 매우 낮다고 밝히고 있다. 그러나 이것이 재래식 위협의 소멸을 의미하는 것은 아니며 특히 대륙간 탄도 미사일의 확산 등으로 인해 여전히 유럽 내 재래식 위협은 상존하고 있음

---

11 온대원은 NATO의 2010년 신 전략개념을 "글로벌 NATO를 통해 21세기 세계 질서를 주도하려는 미국의 야심적인 비전과 그에 대한 유럽 국가들의 우려와 반발, 그리고 현실적 제약요인 간 타협의 산물이라고 주장한다. 온대원, "NATO의 신전략개념과 글로벌 파트너쉽", 『EU연구』 제31호(2012), pp. 84-110 참조.

을 강조하였다. 이와 함께 테러리즘을 포함한 초국가적 불법행위 등이 동맹을 위협할 수 있으며 사이버 공격 또한 중대한 위협으로 간주하고 있다.

제3장 방위와 억지(Defence and Deterrence) 부분에서는 NATO의 가장 기본적 책임은 동맹국들의 영토와 국민을 외부의 공격으로부터 방호하는 것임을 최우선적으로 천명하고 있다. 이를 위한 NATO의 핵심 전략은 핵과 재래식 능력의 적절한 조화에 바탕을 둔 억제라고 설명하고 있으며 각 동맹국은 탄도 미사일 공격에 대한 방위 능력, 생화학 및 방사선, 핵무기 위협에 대처할 수 있는 능력, 또한 사이버 공격을 방지, 감지하고 공격 후 신속히 복구할 수 있는 능력을 배양해야 한다고 밝히고 있다.

제4장 위기관리를 통한 안보(Security through Crisis Management) 분야에서는 미래 NATO가 전 세계적 위기관리를 위해 적극적으로 관여 할 것을 천명하고 있다. 즉, NATO는 아프가니스탄과 서부 발칸에서의 교훈을 거울삼아 미래에는 위기 전, 위기 중, 위기 후 모든 과정에서 다른 국제 행위자들과 함께 적극적으로 관여할 것이며 이를 위해 안정화와 재건에 기여할 수 있는 능력을 갖추고 동맹국간의 정보 고유 강화 및 원정 작전을 위한 독트린과 군사능력을 발전시켜 나갈 것임을 밝히고 있다.

제5장 협력을 통한 국제안보 증진(Promoting International Security through Cooperation) 분야에서는 군비통제와 군축, 그리고 비확산 문제에 집중하고 있다. NATO는 냉전 종식이후 변화된 환경에 부응하기 위해 유럽에 배치된 핵무기를 감축하였고 전략적인 면에 있어서도 핵무기에 대한 의존도를 줄였으며 이러한 노력은 지속될 것임을 밝히고 있다. 그러나 여기서 중요한 것은 NATO의 이러한 감축은 러시아 핵무기에 대한 투명성 제고와 불균형 상태를 고려하여 시행될 것이라는 사실이다. 이와 함께 NATO는 유럽 지역 내에 재래식 무기의 군축도 지속적으로 진행할 것이라는 사실을 강조하고 있다.

제6장 문호개방(Open Door)과 동반자관계(Partnership) 분야에서는 NATO의 확대는 동맹국들의 안전보장에 기여하여 왔음을 강조하면서 향후에도 이러한

노력은 계속될 것을 천명하고 있다. 특히, NATO는 러시아와의 관계 발전에 노력할 것이며, 유럽대서양동반자관계이사회(Euro-Atlantic Partnership Council)와 평화를 위한 동반자관계(Partnership for Peace)는 유럽의 자유와 평화를 위한 핵심임을 천명하고 있다. 이와 함께 본 장에서는 지중해 지역 국가들과 걸프 지역 국가들과의 관계 개선을 위해 지중해 대화(Mediterranean Dialogue), 이스탄불협력구상(Istanbul Cooperation Initiative)를 강화할 것임을 밝히고 있다.

4. 미래 유럽안보와 NATO

NATO 창설 시부터 발표된 전략 개념에 있어서 가장 중요한 동맹의 임무는 회원국들의 영토방위였다. 이는 북대서양조약 전문에 잘 나타나 있다. 북대서양 조약 제4조에서는 "동맹국들은 어떤 동맹국의 영토 보전, 정치적 독립이나 안보가 위협받을 경우 언제라도 함께 협의할 것" 을 강조하고 있으며 제5조에서는 "동맹국들은 유럽이나 북미에서 한 동맹국 이상에 대한 무장공격을 동맹국 전체에 대한 공격으로 간주하고 그러한 무장공격이 발생할 경우, 각 동맹국들은 국제연합헌장 제51조에 의거, 개별적 혹은 집단적 자위권을 행사하여 북대서양지역의 안보를 복원 및 유지하기 위해 무장된 전력의 사용을 포함하여 필요하다고 간주되는 행동을 개별적, 그리고 다른 동맹국들과 협력하여 공격당한 동맹국이나 동맹국들을 도울 것을 합의한다" 로 적시하고 있다.

최근의 전략개념도 마찬가지로 집단안보를 핵심임무로 강조하고 있다. 그러나 여기서 주목할 것은 2010년의 발표된 전략개념에서는 그 핵심임무로 위기관리와 협력안보를 집단안보와 함께 강조하고 있다는 것이다. 즉, 창설 시 NATO가 구 소련의 군사적 위협에 대해 유럽지역의 집단안보에 집중한 동맹체라면 2010년대의 NATO는 참여 회원국의 숫자는 물론 그 활동범위와 역할도 전 지구적으로 확대해 나가고 있다는 것이다.

물론 NATO의 미래에 대해 비관적 시각을 보이는 주장도 있다. 이 중 가장 대표적인 것은 미국과 유럽국가 간의 국가이익이 다르다는 주장이다. 즉, 미국이 바라보는 세계와 유럽이 바라보는 세계는 차이가 있을 수 있다는 것이다. 예를 들어, 유럽지역 내에서 군사적 분쟁의 가능성이 있다면 미국의 경우 자국영토와 국민의 피해가 없어 자국민은 물론 영토적 피해까지 입을 수 있는 유럽과는 사뭇 다른 의사결정을 하게 될 수 있다는 것이다. 이와 함께 나토의 확장은 결국 러시아의 반발을 야기하여 미국과 유럽의 안보에 오히려 부정적이라는 주장도 제기되어 왔다.[12] 이러한 주장들이 발전되어 최근에는 유럽연합이 추진 중인 공동외교안보정책을 중심으로 유럽안보가 유지되어야 한다고 주장한다.[13]

그러나 이런 상황 속에서도 미래 NATO의 활동과 역할 그리고 가치는 쉽게 줄어들지 않을 것으로 보인다. 여러 가지 요인들이 미래 NATO의 유지 가능성을 보여준다고 할 수 있는데 이중 몇 가지를 살펴보면 우선, 위협적 측면을 살펴보았을 때, 소련이라는 공동 위협의 소멸이 NATO의 해체로 진행될 것이라는 많은 예견과는 다르게 현재 NATO는 지속적으로 진화화고 있다. 물론 소련이라는 NATO창설 당시 공동 위협은 사라졌으나 이것이 곧 유럽 안보를 보장하는 것은 아니었다. 즉, 냉전 종식이후 중 · 동유럽지역에서 나타난 안보적 불안정성은 냉전종식이후 NATO의 중요성을 오히려 더 부각시키게 된 것이다.

또한 9.11 이후 전 세계적 공동 위협으로 등장한 테러, 대량살상무기(WMD),

12 이러한 주장에 대해서는 Michael E. Brown, “the Flawed Logic of NATO Expansion”, Survival, Vol. 37, No. 1 (1995); Leszek Buszynski, “Russia and the West: Towards Renewed Geopolitical Rivalry?”, Survival, Vol. 37, No. 3 (1995) 등 참조.

13 유럽안보의 기본 성격에 대한 논의로는 대서양주의자와 유럽주의자에 대한 논쟁이 대표적이라 할 수 있는데 영국은 대표적인 대서양주의자로서 유럽에 있어서 나토의 일차적인 안보 역할을 강조하고 미국과의 안보적 유대관계를 강조하는 입장인 반면 프랑스와 같은 유럽주의자들은 나토의 군사적 측면보다는 정치적 역할을 강조하고 유럽 국가들의 안보적 자율성을 강조하는 입장이다. 유럽의 공동안보방위정책에 대해서는 이종서 · 송병준, 『유럽연합의 대외정책』, (서울: 높이깊이, 2011) 참조.

불량국가, 조직범죄, 해적 그리고 환경오염 등을 포함한 비대칭 위협은 지리적인 이격과는 상관없는 '위협의 세계화' 현상을 야기함으로써 NATO라는 동맹체를 유지 및 발전시키는데 충분한 요인으로 작용한다고 할 수 있다.

둘째, 유럽과 북미 국가들은 상호의존성 측면에서 매우 견고하게 얽혀있다. 특히, 유럽 지역의 경우 유럽연합의 탄생으로 인해 하나의 경제권으로 묶여 있는데 이는 한 국가의 정치적, 경제적 어려움이 다른 국가들에게 전이 된다는 것을 의미한다. 이러한 상호의존성의 증대는 각 개별 국가들의 자율성보다는 지역 국가들 간의 협력의 중요성을 더욱 부각시키는 요인으로 작용하고 있다. 따라서 유럽국가들 간의 군사적 대결의 가능성은 매우 낮다고 할 수 있으며 이는 유럽 내 안보 메커니즘이 탈주권적인 성향으로 변화하였음을 의미한다. 이로 인해 협력을 바탕으로 하는 군사적 동맹체인 NATO의 유용성은 미래에도 계속될 것으로 전망된다.

셋째, 유럽의 경제적 어려움으로 국방에 대한 효율화 추구 필요성이 증대되고 있다는 점이다. 사실, NATO 라는 집단방위체제를 유지한다는 것은 회원국들에게는 안보비용의 절감효과가 있다. 즉, 가장 적은 비용으로 가장 큰 효과를 볼 수 있는 안전보장 장치인 것이다. 만일 NATO가 없다면 유럽 국가들은 자국의 안보를 위해 더 많은 비용을 지불해야 할 것이다. 또한, NATO가 해체되어 새로운 집단방위 체제가 형성된다하더라도 그것이 현재의 NATO와 같은 수준으로 강화되기까지 걸리는 시간과 비용의 문제는 유럽 국가들에게 큰 부담이 될 것이다. 따라서 유럽은 자국의 국방비 지출을 감소시킬 수 있으며 이렇게 절감된 비용을 경제, 사회 등 다른 분야를 위해 재투자 할 수 있는 NATO체제를 미래에도 더 선호하게 될 가능성이 매우 높다.

넷째 지금까지 보여준 NATO의 분쟁해결 능력은 유럽 국가들에게 NATO의 중요성을 각인시키는 계기로 작용하여 NATO의 유지에 긍정적인 요소가 될 것이다. 지금까지 코소보, 보스니아-헤르체코비나 등 유럽지역에서 있었던 분쟁에서 유럽 회원국들은 대응능력의 부재를 경험하였다. 그러나 NATO는 분쟁의 정치적 해결이 불가능한 상황에서 군사적 역량을 통해 문제를 해결하는 능력을 가지고 있었으며 결국 이를 통해 지역적 문제 해결의 실마리를 풀어나갈 수 있었다. 유럽 국가들의 이러한 경험은 미래 NATO의 존재 가치를 높여주게 될 것으로 보인다.

이상과 같은 요인들을 고려해볼 때 NATO라는 집단방위체제는 당분간 미래 유럽 안보에 있어서 중요한 역할을 지속적으로 수행할 가능성이 높다 하겠다.

5. 결론

21세기의 안보환경은 급격한 지구화와 정보화로 인해 많은 변화를 겪어 왔으며 또 앞으로도 이러한 변화는 계속될 것이다. 따라서 냉전 시대의 단순한 이념적 구분에 의한 위협 인식은 이제는 그 의미가 퇴색되었고 공간적, 시간적 제약도 현시대에 있어서는 그리 큰 문제가 되지 않는다. 이로 인해 현 시대의 안보 위협은 종전의 재래식 위협은 물론 테러리즘, 국제범죄, 환경 문제, 인종 문제 등 점차 그 범위가 확대되고 있어 이제 일국의 역량만으로는 자국의 안보를 지킬 수 없는 시대로 변화하고 있다. 이러한 안보 환경의 변화는 집단방위를 목적으로 창설된 NATO의 진화를 견인하였다. 다시 말하면 NATO는 집단방위를 위한 동맹체제로 시작되어 점차 안보기구화로 진화해가고 있는 것이다.

유럽은 이제 서로를 잠재적 위협으로 인식하지 않고 있으며 상호 간에 제로 섬(Zero-sum) 게임적인 안보딜레마나 지정학적 경쟁에서 벗어나고 있다. 이러한 유럽 내 안보적 안정성의 확대는 NATO의 역할을 역내뿐만 아니라 역외 지역으로 확장시키고 있으며 이는 NATO의 최초 목적이었던 '유럽 및 북미 지역의 안전보장' 동맹목적이 '전 지구적 평화 정착에 기여'라는 새롭고 확대된 목적으로의 변화를 가져오고 있다.

물론 NATO의 지속적 확대에 대해서 우려의 목소리도 있다. 또한 '유럽안보의 유럽화'를 주장하며 유럽 국가들만의 안보협력도 강화되고 있다. 그러나 60년이 넘는 시간동안 축적되어온 NATO의 군사적, 정치적, 외교적 문제해결 능력과 미국이라는 초강대국의 존재는 유럽 국가들에게 NATO에 대한 필요성 인식을 당분간 지속시키는 요인으로 작용하게 될 것이다.

부록: 북대서양 조약 전문

1949년 4월4일 워싱턴 D.C.

북대서양조약 동맹국들은 국제연합헌장의 목적과 원칙에 대한 충실한 이행과 모든 민족 및 정부들과 평화로운 삶을 영위할 바람을 재확인한다.

동맹국들은 민주주의 원칙, 개인의 자유, 그리고 법의 규칙에 근거한 국민들의 자유, 공동의 유산과 문명을 보호해야 한다. 동맹국들은 북대서양지역의 안정과 번영의 증진을 추구한다.

동맹국들은 집단방위, 평화와 안보 보존을 위한 공동의 노력을 결의한다. 그러므로 동맹국들은 다음의 북대서양조약에 동의한다.

제1조

동맹국들은 국제연합헌장에 명시된 바와 같이 동맹국들이 관련될 수 있는 어떠한 국제분쟁이라도 국제평화와 안보 그리고 정의가 위협받지 않을 평화적 수단으로 해결하고, 국제관계에서 국제연합의 목적과 상충하는 어떠한 형태의 위협이나 무력의 사용을 자제한다.

제2조

동맹국들은 자유제도를 강화함으로써, 이러한 제도들이 수립된 원칙들에 대한 보다 나은 이해를 가져옴으로써, 그리고 안정과 번영의 조건을 증진함으로써, 평화롭고 우호적인 국제관계의 지속적인 발전에 기여할 것이다. 동맹국들은 국제경제정책에서의 갈등을 제거하고자 할 것이며 동맹국들 간에 경제적 공동협력을 장려할 것이다.

제3조

동맹국들은 북대서양조약의 목적을 보다 효과적으로 달성하기 위해서 개별적/공동으로, 그리고 지속적이고 효과적인 자구와 상호 원조 수단을 통해 무장공격을 막아내기 위한 개별적/집단적 능력을 유지 및 발전시킬 것이다.

제4조

동맹국들은 어떤 동맹국의 영토 보전, 정치적 독립이나 안보가 위협받을 경우 언제라도 함께 협의할 것이다.

제5조

동맹국들은 유럽이나 북미에서 한 동맹국 이상에 대한 무장공격을 동맹국 전체에 대한 공격으로 간주하고 그러한 무장공격이 발생할 경우, 각 동맹국들은 국제연합헌장 제51조에 의거, 개별적 혹은 집단적 자위권을 행사하여 북대서양지역의 안보를 복원 및 유지하기 위해 무장된 전력의 사용을 포함하여 필요하다고 간주되는 행동을 개별적, 그리고 다른 동맹국들과 협력하여 공격당한 동맹국이나 동맹국들을 도울 것을 합의한다. 그러한 무장공격과 그러한 결과로 취해진 모든 조치들은 즉각적으로 안전보장이사회에 보고되어야 한다. 또한 그러한 조치들은 안전보장이사회가 국제평화와 안보를 복구 및 유지하기 위해 필요한 조치들을 취했을 경우 종결되어야 한다.

제6조

제5조의 목적을 위해 한 동맹국 이상에 대한 무장공격은 유럽이나 북미, 프랑스령 알제리, 유럽의 동맹국에 주둔해 있는 전력, 북회귀선의 북대서양지역 북쪽에 있는 동맹국의 관할권에 있는 제도나 이러한 지역에 있는 어떠한 동맹국의 선박이나 항공기에 대한 무장공격을 포함하는 것으로 간주된다.

제7조

북대서양조약은 어떠한 상황에서도 국제연합 회원국인 동맹국의 헌장에 따른 권리와 의무, 또는 국제평화와 안보를 유지하기 위한 안전보장이사회의 우선적 책임에 영향을 미치지 않으며, 영향을 미칠 것으로 해석되어서도 안 된다.

제8조

각 동맹국은 현재 진행 중인 동맹국과 동맹국, 동맹국과 제3국간의 어떠한 국제적 협약도 이 조약의 규정과 상충하지 않음을 선언하며, 각 동맹국은 이 규정과 상충하는 어떠한 국제적 협약에도 가입하지 않는다.

제9조

동맹국들은 각 국가가 북대서양조약의 실행에 관련된 사안들을 고려하기 위해 자신들을 대표할 이사회를 구성한다. 이사회는 즉시 어느 때에나 만날 수 있도록 구성될 것이다. 이사회는 필요할 경우 부수적인 기관들을 설립한다. 특히 이사회는 제3조와 5조의 실행을 위한 조치들을 추천할 방위위원회를 즉시 수립한다.

제10조

동맹국들은 만장일치로 북대서양조약의 원칙을 추진하고, 북대서양조약을 따름으로써 북대서양지역의 안보에 기여할 수 있도록 다른 유럽 국가도 초대할 수 있다. 초대된 국가는 미합중국 정부에게 가입 문서를 위탁함으로써 조약의 동맹국이 된다. 미합중국 정부는 각 동맹국에 그러한 가입 문서의 위탁을 통지할 것이다.

제11조

북대서양조약과 조약의 규정은 동맹국 각각의 헌법 절차에 따라 비준되어야 한다. 비준 문서들은 동맹국들을 확인시켜줄 미합중국 정부에 가능한 한 빨리 위탁되어야 할 것이다. 북대서양조약은 벨기에, 캐나다, 프랑스, 룩셈부르크, 네덜란드, 영국, 미국 등을 포함한 동맹국들 다수가 비준한 이후에, 곧바로 조약을 비준한 국가들 사이에 효력을 발휘한다.

제12조

북대서양조약이 발휘된 지 10년이 지나거나, 그 이상이 지났을 경우, 동맹국들 가운데 어느 한 국가의 요구가 있다면, 전 세계의 발전을 포함한 북대서양지역의 평화와 안보, 그리고 국제평화와 안보를 유지하기 위한 국제연합헌장 하의 지역 협정들에 영향을 미치는 요소들을 고려하여 조약을 재검토할 목적으로 함께 협의한다.

제13조

북대서양조약이 발효된 지 20년이 지났을 경우, 어떠한 동맹국이라도 탈퇴 사실을 미합중국 정부에 알린 지 1년이 지난 후에 탈퇴할 수 있다. 미합중국 정부는 다른 동맹국들에게 탈퇴의 사실을 통지할 것이다.

제14조

영어와 프랑스어 원문이 동등하게 인증된 북대서양조약은 미합중국 정부의 공문서 보관소에 위탁될 것이다. 적절하게 증명된 사본이 미합중국 정부에 의해 동맹국들의 정부에 발송될 것이다.

참고문헌

강원택 · 조홍식. 2009.『하나의 유럽: 유럽연합의 역사와 정책』. 서울: 푸른길.

박경서 · 서보혁. 2012.『헬싱키 프로세스와 동북아 안보협력』. 서울: 한국학 술정보.

박민형. 2012. "국방개혁: 유럽 사례분석을 통한 한국적 함의."『국제문제연구』. 12(3): 105-135.

엄태암 외. 2000.『유럽안보정세 변화와 전망』서울: KIDA.

온대원. 2012. "NATO의 신전략개념과 글로벌 파트너쉽."『EU연구』. 31: 84-110.

이규영. 2009.『유럽통합과정과 지역협력』. 서울:집문당.

이수형. 2012.『북대서양조약기구(NATO): 이론 · 역사 · 쟁점』서울: 서강대학교출판부.

이옥연 외. 2011.『유럽의 정체』. 서울: 서울대학교출판문화원

이종서 · 송병준. 2011.『유럽연합의 대외정책』. 서울: 높이깊이.

이호영. 2010. "탈냉전 이후 유럽안보와 미국-프랑스 관계: NATO와 ESDP를 중심으로."『대한정치학회보』. 18(1): 293-313.

이희범. 2007.『유럽통합론』. 서울: 법문사.

함택영 · 박영준. 2010.『안전보장의 국제정치학』서울: 사회평론.

Brown, Michael E. 1995. "the Flawed Logic of NATO Expansion." Survival. 37(1): 34-52.

Buszynski, Leszek. 1995. "Russia and the West: Towards Renewed Geopolitical Rivalry?." Survival. 37(3): 104-125.

Legge, Michael. 1991. "The Making of NATO's New Strategy." NATO Review. 39(6): 9-14.

Patrice Buffotot et al. 홍태영 · 김무일 역. 2006.『유럽의 국방정책』서울: 안보문제연구소.

Rauchhaus, Robert W. 2000. "Marching NATO estward: Can International relations theory keep pace?." *Contemporary Security Policy*. 21(1):

Schroeder, Paul W. 1994. "Historial Reality vs Neo-Realist Theory." *International Security*. 19(1): 108-148.

Waltz, Kenneth N. 2000. "NATO Expansion: A Realist's View." *Contemporary Security Policy*. 21(1): 23-38.

chapter 07

아세안의 군사전략

chapter 07

아세안의 군사전략

라윤도(건양대학교)

1. 동남아 전략환경 개관

탈냉전으로 인한 아시아 · 태평양지역의 전략환경 변화는 이 지역의 이해관계 당사자들에게 새로운 인식과 전략을 모색하게 하고 있다. 소련의 붕괴와 러시아의 약화, 필리핀에서의 미군 철수는 이 지역에 있어서 힘의 공백을 초래함으로써 중국은 보다 적극적인 세력확대정책을 추진하게 되었고, 이를 견제하기 위한 미 · 일간의 새로운 안보동맹체제의 구축은 중국과 러시아로 하여금 전략적 제휴를 모색케 하는 등 탈냉전 이후 세력확대를 둘러싼 강대국간의 협력과 갈등이 새로운 세계질서 형성을 둘러싼 전환기적 불안정성을 더욱 증대시키고 있다.

이러한 상황에서 최근 점차 가시화되고 있는 중국의 팽창주의적 해양정책은 아세안(Association of Southeast Asian Nations, ASEAN)을 비롯한 동남아시아 지역의 이해관계 당사국들에게 비상한 관심을 불러일으키고 있다. 중국은 지정학적 성격으로 인하여 그 세력확대는 기본적으로 남방으로 향할 수밖에 없는데, 특히 탈냉전으로 인하여 중 · 러관계가 정상화되어 북방으로부터의 위협은 현저히 감소된 반면, 남방으로부터의 위협과 해양권익을 보호해야 할 필요성이 증대됨으로써 남중국해로의 남진을 보다 적극화하고 있는 것이다.

그러나 중국의 남진정책 대상이 되고 있는 남중국해와 말라카(Malacca)해협은 인도양과 태평양을 연결하는 해상교통과 군사전략상의 요충지일 뿐만 아니라, 석유와 천연가스 등 매우 풍부한 자원이 매장되어 있는 것으로 알려지고 있어서 도서영유권분쟁을 빚고 있다. 따라서 이들 관계당사국은 물론이고, 전통적으로 이 지역에 커다란 이해관계를 갖고 있는 미국과 일본 등 역외 강대국들의 민감한 반응을 불러일으키고 있다. 특히 역사적으로 중국과의 관계에서 끊임없이 위협과 압력에 시달려 온 동남아시아 국가들의 입장에서는 이러한 중국의 정책이 자신들의 생존과 직결되어 있기 때문에 적극적인 대응책을 모색하지 않을 수 없는 상황이다. 그리고 이러한 대응책은 군사력 증강을 포함한 자체 역량 강화와 함께 역외 강대국을 끌어들임으로써 남진정책을 둘러싼 중국과 아세안의 갈등은 아 · 태지역 평화의 최대 시험대가 되고 있다.

이와 같이 중국의 남진정책과 그에 따른 아세안 국가들의 대응 양식은 동남아시아는 물론이고 아 · 태지역 전반의 질서형성에 지대한 영향을 미치게 된다는 점에서 갈등의 양상과 사태의 추이를 예의 주시할 필요가 있다. 따라서 본 연구에서는 남진정책의 실체적 진실을 규명하고 향후 지역질서의 형성과 관련한 중국과 아세안 관계를 전망해 보는데 그 목적을 두고 있다. 이를 위하여 우선 아세안의 실체에 대하여 살펴보고, 중국의 남진정책이 어떠한 배경과 목적을 갖고 있으며, 그 구체적 실상은 어떠한 것인지를 규명한다. 이어서 이러한 중국의 정책에 대해서 아세안은 어떠한 인식을 하고 있으며, 그에 따라 어떠한 대응전략을 모색하고 있는가를 대내외적 차원에서 종합적으로 검토해 본다. 그리고 끝으로 중국의 남진정책을 둘러싼 아세안 제국의 군사전략에 대하여도 향후 어떠한 방향으로 전개될 것인지를 전망해 보고자 한다.

2.아세안의 개황

1) 지리적 환경

동남아시아의 지리적 특징은 동북아시아와 남아시아의 중간지역으로 오랜 기간 양 지역을 연결하는 기능을 해왔다. 몇가지 특징을 살펴보면 첫째로 서구 세력이 동아시아로 들어오는 관문의 역할을 했으며 반면에 동아시아 사람들을 남아시아와 중동을 거쳐 유럽세계로 연결시키는 징검다리와 같은 역할을 해왔다. 이같은 지정학적 위치 때문에 동남아시아에는 일찍이 세계의 다양한 문화가 유입되었으며 따라서 '문화의 다양성'을 낳게 되었다.[1]

두번째는 같은 지역임에도 불구하고 대륙부와 해양부가 각각 독자적인 발전을 해왔다는 사실이다. 〈도표-1〉에서 볼 수 있는 바와 같이 먼저 대륙부는 베트남, 캄보디아, 라오스, 태국, 미얀마를 포함하고 있으며 주로 불교문화권에 속한다, 그러나 언어적으로는 태국과 라오스가 같은 타이계에 속한다는 것을 제외하고는 어떠한 공통점도 발견되지 않는다. 베트남은 중국 유교문화의 영향이 짙게 남아 있다. 특히 지형적으로 북부는 티베트고원과 히말라야 산맥에서 연결된 산맥과 강들이 남북으로 뻗어 주로 남북간의 교류가 활발하게 이루어졌고 동서간의 교류는 잘 이루어지지 않았다.[2]

한편 말레이시아, 싱가포르, 브루나이, 인도네시아, 필리핀, 동티모르 등을 포함하는 해양부는 토착 원주민들은 언어적, 민족적으로 볼 때 말레이 · 폴리

1 김한식 (2005), p.18~20

2 Dayley & Neher (2013), p.2

네시아계에 속해 있으며 종교적으로는 이슬람이 지배적인 지역이다. 물론 필리핀은 스페인과 미국의 지배를 받아 가톨릭 국가로 남아 있다. 이 지역은 주로 도서국가들로 일찍부터 행상 활동에 참여해왔으며 인도네시아 자바섬의 경우는 비옥한 농토 덕분에 일찍부터 많은 주민들이 정착해 살았다.

〈도표-1〉 동남아시아의 국가들

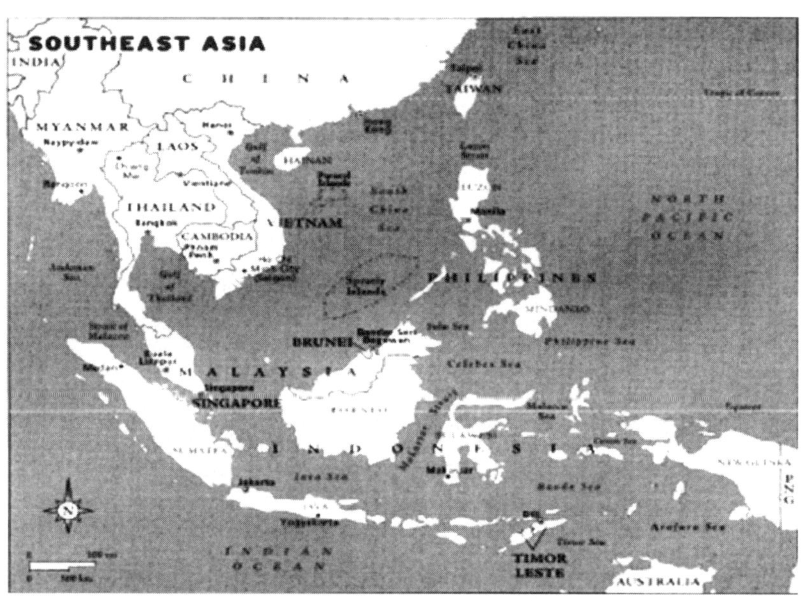

세번째 특징은 이 지역은 몬순, 즉 계절풍의 영향하에 있다는 것이다. 따라서 동남아시아의 농업과 해상활동에 오래전부터 큰 영향을 끼쳐왔다. 이 계절풍은 벵골만에서 남부 중국과 필리핀까지 북위 8도 이북 지역에는 폭풍을 동반한 서남계절풍이 우기인 5월부터 10월초까지 동북부 방향으로 불면서 많은 비를 뿌린다. 겨울철에는 북부에서 남쪽으로 건조한 바람이 불어와 특히 대륙 동남아 지역에는 비가 오지 않고 여름에 비해 기온도 내려간다. 그러나 적도와 그 이남 지역은 강우의 패턴이나 기온이 몬순의 영향을 별로 받지 않는다.

2) 문화적 · 종교적 특성

동남아시아의 문화는 인도와 중국으로부터 많은 영향을 받았지만 그 이전부터 전해 내려오는 토착문화인 농경문화가 발달했다. 이들은 자체적인 농경문화를 바탕으로 전통적인 마을공동체의 촌락제도를 통해 독자적인 정치체제를 구축해왔다. 또한 이 농경문화는 동남아시아의 독특한 식품문화와 주거문화를 발전시켜왔다.

종교와 신앙 측면에서도 토착적 전통이 발견된다. 미얀마, 태국, 라오스, 캄보디아에 퍼져 있는 인도 상좌불교의 전통적인 신앙의 저층에 정령숭배, 산신신앙, 조상신 숭배, 샤머니즘 등 민간신앙이 뿌리깊게 박혀 있다. 또 태국의 피(phi)신앙과 미얀마의 낫(nat)신앙 등은 나무, 산, 하천 등의 자연정령과 죽은 자의 망령,, 조상신, 마을수호신 등 다양한 개인 및 지역 차원의 수호신 등 일상생활과 관련된 모든 초자연적 존재들을 망라하는 넓은 의미의 신을 지칭한다.

이슬람세계에서도 전통적 관습을 중시하는 이슬람 신앙이 토착적인 신앙들과 민속적 축제 그리고 이슬람보다 먼저 들어왔던 불교와 힌두교적 요소들까지 내포하고 있다. 발리섬의 힌두교 역시 지역의 원시적 신앙 관념과 종교적 제의 등과 한데 섞인 독특한 발리적 힌두문화를 형성했다.

중국문화는 베트남에 국한 되었으며 나머지 대부분 지역은 인도문화의 영향을 받았다. 베트남은 B.C.111년에 중국에 정복되어 A.D. 939년까지 중국의 통치하에 있었는데 이 기간 동안 언어, 의식주, 종교, 행정제도, 문학, 예술, 기술 등 다양한 분야에서 중국문화가 베트남문화에 깊이 스며들었다. 동남아시아 전체에 대한 중국의 영향은 오래 전부터 이 지역에 상인으로 진출하여 화교사회를 형성한 중국인들을 통해 특히 상업분야에서 나타났다.

인도문화는 베트남 북부와 도서 일부를 제외한 동남아시아 전지역에 영향을 끼쳤다. 그 영향은 언어, 문자, 종교, 예술, 정치, 기술 등 광범위하게 끼쳐 심지어 동남아시아의 '인도화'(Indianization)라는 개념이 등장하기까지 했다. 14

세기까지 동남아에서 왕성했던 고대왕국들은 대부분 인도문화의 영향하에 건설, 발전되었다. 예컨대 캄보디아 남부의 부남왕국과 베트남 중남부의 참파왕국, 7세기에 수마트라에 출현한 스리비자야왕국, 8세기 자바섬의 사일렌드라왕국, 9세기초 캄보디아의 앙코르왕국, 11세기 미얀마의 바간왕국, 14세기 태국의 아유타야왕국 등이 모두 인도문화를 수용한 왕국들이다.[3]

동남아시아의 인도화와 유럽인 진출 사이에 이슬람이 전파되었다. 인도를 경유하여 유입된 이슬람은 13세기말 수마트라섬 북단에 정착한 이후, 도서부에서의 해상무역의 흐름을 타고 16세기 말레이반도 남부와 자바섬과 보르네오섬 그리고 인도네시아 동부의 여러 섬들과 심지어 필리핀으로까지 퍼져 나갔다. 그 중심역할은 한 것은 말레이반도 남부의 믈라카(Melka)왕국 이었다.

3) 역사적 특성-식민주의의 영향

유럽인들의 진출은 1498년 바스코다가마가 동인도 항로를 개척함으로써 시작되었다. 이로써 유럽인들은 당시 무슬림 상인들이 지배했던 향료무역에 참가할 수 있었다. 그때까지는 무슬림 상인들이 인도네시아 향료 산지로부터 인도를 경유하여 지중해 연안의 아랍 항구들에 이르는 향료 유통을 장악하고 있었다. 16세기 초 무슬림 상인들이 보다 나은 항해기술과 전투력, 특히 우수한 함포를 갖춘 포르투갈인들은 아시아에 진출하여 인도양에 무역기지들을 세우기 시작했다.

1511년에는 알부케르크(Afonso d' Albuquerque)의 지휘하에 포르투갈 해군이 당시 동남아 향료무역의 가장 중요한 중계무역항이던 믈라카를 점령했다. 이는 유럽인들에게 동남아시아 시장으로의 진입로를 열어준 중요한 사건 이었다. 이후 19세기 초까지 다양한 유럽 국가들이 동남아시아로 진출하여 시장을 개

3 조흥국 외 (2011), p.19

척하고 식민지를 건설하면서 인도네시아의 근대사 형성에 기여하게 되었다.

1565년에는 스페인이 필리핀을 식민지로 만들면서 남중국해에 진출했는데 이는 포르투갈과 마찬가지로 무역과 종교적 동기에서 비롯되었다. 17세기 초부터는 네덜란드와 영국이 동남아시아에 진출했는데 이들은 이베리아 반도의 국가들과는 달리 무역상의 이익을 중시했을 뿐 기독교 전파에는 소극적이었다. 1619년 바타비아(현 자카르타)를 동인도회사 중심으로 만든 네덜란드는 17세기에 유럽의 다른 국가와의 경쟁에서 승리하여 특히 향료무역에서 독점적인 위치를 차지했으며, 20세기 초까지 인도네시아의 거의 모든 지역에 대한 지배를 확립했다.

영국은 18세기 말에 당시 식민지를 두고 있던 인도와 중국 시장 사이의 무역 거점을 확보하기 위해 노력했는데 이는 특히 1819년 싱가포르 건설에서 명백히 나타났다. 영국은 또한 세 번의 전쟁을 거쳐 1885년 미얀마를 식민지로 만들었으며, 20세기 초까지 오늘날 말레이시아 지역을 식민지배하에 넣었다. 한편 베트남과 캄보디아, 라오스는 1893년까지 모두 프랑스의 식민지배하에 들어가 소위 프랑스령 인도차이나를 형성했다. 필리핀은 1898년 스페인의 지배로부터 미국의 지배로 넘어가, 다른 동남아시아국에 비해 이중적인 식민지배 유산을 갖게 되었다.

동남아시아에서 식민지를 모면한 나라는 태국이었다. 이는 태국이 영국령과 프랑스령 사이에서 완충국의 지정학적 이익을 보았다는 설명과, 19세기 후반에서 20세기 초까지 태국의 왕들이 유연한 외교를 펼치고 능동적으로 근대화를 추진했기 때문에 가능했다는 설명이 있다. 전자는 주로 외부적 관찰에서 제시되는 반면, 후자는 내부적 관찰 즉, 태국의 민족주의적 사관에서 강조된다.

서양인들의 식민주의는 동남아시아 근대사의 형성에 있어서 정치적으로뿐만 아니라, 경제적 · 사회적으로도 깊고 지속적인 영향을 미쳤다. 정치적인 면을 보면, 식민지배를 통해 동남아시아 국가들의 국경이 확정된 것을 들 수 있다. 또한 식민지에 소개된 서구 의회민주주의 정치사상은 동남아시아의 전통적인 절대군주 체제에 대한 회의와 나아가서는 거부를 불러일으켰으며, 식민지에 도입된 서구식 행정체제는 동남아시아의 전통적인 정치제도를 대체하여 정치체제의 혁신을 가져왔다.

경제적인 면에서는, 식민주의가 서양 열강들이 아시아와 아프리카에서 자원공급지 및 상품수요지를 개척하려는 경제적 이해관계에서 출발한 것으로 볼 수 있다. 이에 따라 식민지배와 더불어 동남아시아에 진출한 서구자본은 시장경제의 원리를 토착사회에 적용하여 최대의 이익을 추구했다. 전통적으로 농경사회인 동남아시아에서 거구 자본은 무엇보다도 농업에 집중하였다. 그 결과 벼농사가 상업화 되었고, 특히 플랜테이션이 도입되어 상업작물들이 대규모로 생산되었다. 서구자본은 그밖에도 조선업과 광산업 등에도 투자하였으며, 항만과 도로가 건설되어 주요 항구들과 도시들은 농업, 광업 및 공업 지역과 연결되었다.

식민주의 시대 동남아시아에서 경제적 발전은 외형적인 번영과 내부적인 빈곤 이라는 모순적인 구조를 낳았다. 내부적 빈곤은 특히 농촌사회에서 두드러지게 나타났다. 식민체제 하에서 한편으로는 수출경제가 호황을 누리고, 전체적으로 국민총생산이 증대되었으며, 특히 토착 지주, 식민관리, 고리대금업자 등이 부유해졌다. 그러나 다른 한편에는 농촌의 부채와 빈곤, 그리고 이로부터 야기된 현상으로 농민들의 불만이 증대되었다. 이는 무엇보다 식민정부들이 농민들을 시장경제의 불안정한 변동으로부터 보호하기 보다는, 오히려 자신들의 수익을 유지하고 확대하는 데만 관심을 두어 그들을 더욱 빈궁한 상태로 압박했기 때문이었다.

식민주의의 사회적 영향은 무엇보다도 전통적인 공간의 상업화와 도시화를 가져온 것이었다. 정치 · 경제 · 문화의 중심지로서의 전통적 동남아시아 도시들은 식민 통치와 유럽의 경제적 영향으로 그 기능이 변화되어 시장과 무역이 도시의 중심축을 이루게 되었다. 또한 쿠알라룸푸르, 호치민, 메단 등 새로운 행정, 교통의 중심지들과 하이퐁, 페낭, 싱가포르, 양곤 등 수출무역을 위한 새로운 항구도시들이 발전했다.

4) 동남아시아 국가 개황

현재 동남아시아에는 모두 11개국이 있다. 〈도표-2〉에 따르면 이들 가운데 인구가 가장 많은 국가는 인도네시아로 2억4천여만명에 달하고 다음으로는 필리핀이 9천480만명, 베트남이 8천740만명, 태국이 6천950만명 등의 순으로 되어 있다. 인구가 가장 작은 국가는 브루나이로 40만명이고, 다음은 동티모르 120만명, 싱가포르 520만명 순이다.

가장 면적이 큰 국가는 인도네시아로 190만㎢이고 다음은 미얀마가 67만6천㎢, 태국 51만4천㎢, 베트남 33만㎢, 말레이시아 32만9천㎢, 필리핀 30만㎢ 순이다. 면적이 작은 국가들은 싱가포르가 697㎢로 가장 작고, 이어 브루나이 5천770㎢, 동티모르 1만5천㎢ 순이다.

〈도표-2〉 동남아시아 국가 개황

지역	국 명	면적 (만㎢)	인구 (2011) (백만)	1인당GDP (PPP,2011) US$(천$)	빈곤인구 비율 (2010)%	경제성장율 (2012) %	무역액 (2012) 억$
대륙부	베트남	33.03	87.4	3.3	15	5.6	2,169
	태국	51.4	69.5	9.7	8	5.5	3,935
	미얀마	67.6	48.3	1.3	33	5.5	157
	캄보디아	18.0	14.3	2.3	31	6.5	1,153
	라오스	23.7	6.2	2.7	27	8.6	58(2010)
해양부	인도네시아	190.0	242.3	4.7	13	6.2	3,817
	말레이시아	33.0	28.8	15.6	4	5.1	4,149
	필리핀	30.0	94.8	4.1	33	4.2	1,188
	동티모르	1.5	1.2	3.1	41	10.0	8
	브루나이	0.58	0.4	49.4	-	2.7	95(2009)
	싱가포르	0.07	5.2	59.9	-	2.7	8,165
합계			598.4			5.7(평균)	24,894

〈Dayley & Neher (2013), p.19 필자 보완〉

1인당 개인소득이 가장 많은 나라는 싱가포르 5만9천900달러이고 이어서 브루나이 4만9천400달러, 말레이시아 1만5천600달러 순을 기록하고 있다. 이는 최빈국인 미얀마 1천300달러, 캄보디아 2천300달러, 라오스 2천700달러 등과 비교할 때 역내 국가간 상당한 빈부격차가 존재하고 있음을 알 수 있다.

빈곤선(poverty line) 이하의 빈곤자 비율은 브루나이, 싱가포르 등은 거의 없고 말레이시아 4$, 태국 8%로 상대적으로 낮은 수치를 보이고 있다.. 동티모르 41%를 비롯하여 필리핀, 미얀마 33%, 캄보디아 31% 등 높은 수치를 보이고 있다.

2011년 세계은행이 빈곤율, 교육정도, 건강, 수도물 공급, 부패지수 등을 지표로 동남아시아 국가들을 4개의 카테고리로 구분한 것을 보면 다음과 같다.[4]

〈도표-3〉 세계은행의 동남아시아 국가 분류

구분	국가
고 소득/고 개발	브루나이, 싱가포르
상중 소득/중고 개발	말레이시아, 태국
하중 소득/중 개발	인도네시아, 필리핀, 베트남
저 소득/저 개발	캄보디아, 라오스, 미얀마, 동티모르

3. 아세안 결성과 발전

1) 아세안 결성 배경

'동남아시아'라는 지역개념이 처음으로 생겨난 것은 16세기 이후 유럽제국이 진출하면서부터로 추정된다. 그렇지만 동남아시아라는 용어가 일반화

4 Dayley & Neher 2013, 20

되기 시작한 것은 제2차 세계대전 중이었던 1943년 연합군이 미얀마, 말라야, 수마트라, 태국 등을 에워싸는 동남아시아사령부(Southeast Asia Command)를 설치했을 때부터이다. 그러나 사실상 동남아시아의 지리적 범주가 현재와 같이 10개국 - 브루나이, 인도네시아, 말레이시아, 필리핀, 싱가포르, 태국, 베트남, 캄보디아, 라오스, 미얀마 - 으로 구성되어져 하나의 지역으로 인식된 시기는 1960년대 접어들면서부터이다. 이와 같이 동남아시아라는 지역개념이 비교적 최근에 와서야 일반화된 것은 동남아시아국가들이 역사적 형성과정에서 지역적 일체감이 없었기 때문이다.

제2차 세계대전 이후 공산주의 남하를 저지할 목적으로 1954년 설립되었던 미국 주도의 '동남아조약기구'(Southest Asian Treaty Organization, SEATO)와 한국의 주도로 1966년 설립된 '아시아태평양이사회'(Asian and Pacific Council, ASPAC) 등은 냉전적 국제사회의 영향에 의해 강대국 입장에 맞춰진 조직들로서 동남아시아의 지역발전과 전혀 상관이 없는 반공 국제 조직체에 불과했다. 이러한 조직체들은 친서방주의적 성향으로 동남아시아국가들의 지지를 얻지 못하고 1972년 해체되었다.

동남아지역의 국가에 의해 동남아지역의 평화적 협력의 틀을 강화하려는 노력은 1960년대 초부터 시작되었다. 1961년 6월 방콕에서 필리핀, 태국, 말레이연방 대표가 만남으로서 공식적으로 출범된 '동남아시아연합'(Association of Southeast Asia, ASA)과 1963년 8월 말레이시아, 필리핀, 인도네시아가 결성한 '마필린도'(MAPHILINDO)가 바로 대표적인 기구들이다. 그러나 이 토착적인 지역협력체도 근본적으로 친서방주의적 성향으로 인해 중립주의를 지켰던 인도네시아와 미얀마의 지지를 못 받았고 후에 말레이시아와 필리핀 그리고 인도네시아와 말레이시아와의 분쟁으로 ASA와 MAPHILINDO는 무력하게 되었다. 하지만 이런 지역적 분쟁은 역설적으로 동남아국가간의 지역협력의 필요성을 더욱 절실히 요구하게 되었다.

1965년 인도네시아와 말레이시아의 화해로 새로운 시도가 가능해졌으며

1967년 4월 인도네시아의 아담 말리크(Adam Malik) 외무장관은 새로운 지역협력기구의 창설을 제안하고 이후 각국에서 호의적인 반응을 보이면서 1967년 8월 8일 방콕에서 인도네시아, 필리핀, 싱가포르, 태국의 외무장관들과 말레이시아 부총리 등 동남아 5개국의 대표들이 참석한 가운데 역사적인 「방콕선언」[5]을 채택함으로서 아세안이 공식적으로 출범하게 되었다. 이 선언에는 경제와 사회, 문화를 가장 먼저 넣고 정치적인 문제라고 할 수 있는 평화와 안정, 안보 문제를 두 번째에 넣음으로써 과거 동남아지역의 지역협력체들이 정치적인 문제에서 친서방적인 취지를 보이면서 실패한 것을 반성하고 주변국들 즉, 비회원국들로 하여금 비판을 희석시키고 호의적 반응을 얻으려는 의도가 나타나 있었다.

그 결과 1984년 브루나이, 1995년 베트남, 1997년 라오스와 미얀마, 1999년 캄보디아 등 주변 비회원국들이 추가로 가입함으로써 현재 가입국은 모두 10개국이다. 모든 동남아시아 국가들이 회원국으로 가입돼 있으며 가장 최근 독립한 동티모르가 옵저버로 참석해 있어 아세안은 사실상 동남아시아 전체를 아우르는 지역협력체로 간주되고 있다.

아세안이 추진하는 주요 사업은 경제 협력과 발전, 회원국 간 또는 회원국과 비회원국 간 무역 촉진, 그리고 회원국 간의 공동 연구와 기술협력 계획을 포함한다. 초기에는 다소 느슨한 결합체로 존재했으나 베트남 전쟁 이후 동남아시아의 힘의 균형이 변하고, 1970년대 중반 회원국들이 괄목할 만한 경제성장을 이루면서부터 결속이 강화되었다. 1980년대 후반 미국과 소련 사이의 냉전체제가 종식되면서 지역 내에서 정치적 독자성을 추구하기 시작했으며

---

5 방콕선언에는 "평등과 동료의식에 입각하여 동남아시아에서 지역적인 협력을 촉진하는 공동행동을 위한 확고한 기초를 세우고 그것에 의하여 평화 · 진보 · 번영에 기여한다" 는 정신하에 다음과 같은 내용이 담겨 있다.(Cunha 2000, 92) (1)협력적인 프로그램을 통하여 동남아시아 지역의 경제성장 · 사회진보 · 문화발달을 증진시키는 것. (2)동남아시아 지역에서의 평화와 안정을 확보하는 것. (3)이해가 공통되는 모든 문제에 관하여 상호원조 및 상호협력을 적극적으로 추진하는 것. (4)교육 · 전문직 · 기술 및 행정 각 분야에 있어서 훈련과 연구시설 형식을 통하여 상호보조하는 것. (5)국민의 생활수준 향상을 위하여 보다 효과적인 협력을 추진하는 것. (6)동남아시아 연구를 활성화하는 것. (7)유사한 목적을 갖는 기존의 국제 기구 및 지역기구와 긴밀한 관계를 유지하는 것.

1990년대 들어 지역 내 교역과 안보에 관한 주도권을 행사할 수 있게 되었다.

아세안은 매년 11월에 정상회의를 개최하며 분야별 각료회담, 상임위원회 사무국 등에 의해 운영되고 있다. 현재 아시아 태평양의 여러 국가들과 활발한 지역경제 블럭화를 추진함으로써 거대한 공동체로 거듭 태어나 오는 2015년까지 유럽 연합과 맞먹는 정치 · 경제 통합체를 지향하고 있다. 아세안은 2008년 12월 15일 지역공동체의 헌법 구실을 하게 될 역사적인 "아세안 헌장"을 발효시켰으며 리콴유 전 싱가포르 총리는 "아세안은 앞으로 유럽 연합처럼 단일공동체로 통합하는 절차를 단계적으로 밟을 것"이라고 전망했다.

2) 아세안의 발전

아세안의 발전과정은 설립기(1967-1976), 확대기(1977-1991), 도약기(1992-현재) 등 크게 3단계로 나누는데 시기마다 나온 중요한 회의와 선언을 중심으로 정리하면 다음과 같다.

(1) 제1단계 설립기

①쿠알라룸푸르 선언(1971) ; 1967년 8월 아세안 창립 이후 처음으로 동남아시아의 평화와 안정을 위한 아세안 5개국 외무장관회담이 말레이시아 수도 쿠알라룸푸르에서 열렸다. 이 회담에서 동남아시아의 중립화 방안에 기초한 안보협력을 주된내용으로한 선언문을 발표했다. 즉 강대국의 힘의 논리에 좌우되지 않겠다는 선언이다. 그러나 초기 내부적 의견차이로 조직적인 노력은 이루어지 않고 단지 선언적 차원에 머물렀다.

②제1차 아세안 정상회담(1976) : 1973년 베트남에서 미군철수, 캄보디아, 라오스의 공산화로 인해 동남아 지역의 정치상황을 재점검할 필요성을 느끼게 되었다. 그래서 발리에서 제1차 아세안 정상회담을 개최하게 되는데 이 회담에서는 ▲아세안협약선언과 ▲동남아우호협력조약 등 두 가지 중요한 합의

를 이끌어 냈다. 아세안협약선언은 회원국들이 아세안의 역할을 강화하고 지역협력의 범위를 경제, 사회, 문화, 정치 등의 분야에까지 확대해 나갈 것과 동남아지역의 안정은 국제평화와 안보에 필수적이며, 각 회원국은 그들과 아세안의 연계를 강화함으로써 자국의 안정을 해치는 위협을 제거할 것을 명시, 아세안의 정치안보적 성격을 드러내는 계기가 되었다. 동남아우호협력조약은 항구적인 평화와 단결 그리고 협력증진을 통하여 동남아시아인들의 친선유대를 도모하기 위한 것이라는 목적을 담고 있어서 공산주의 세력인 베트남, 라오스, 캄보디아, 미얀마 등의 아세안에의 참여 가능성을 열어놓았다. 또한 아세안의 계속적인 발전을 위해 상설 사무국을 인도네시아의 자카르타에 설치하기로 합의했다.

(2) 제2단계 확대기

①제2차 아세안 정상회담(1977) ; 이 회담은 제1차 회담의 진행사항에 대한 점검 차원으로 개최되었다. 이 회담에서는 아세안위원회를 재구성하여 11개의 상임위원회를 5개 경제위원회(무역 및 관광분야, 산업 광물 및 에너지분야, 재정 및 은행분야, 식량 농업 및 임업분야, 교통 및 통신분야)와 3개의 비경제위원회(과학 및 기술분야, 사회발달분야, 문화 및 정보분야)로 축소 조정하였다. 그리고 아세안 확대 외무장관회의(PMC)를 개최하였다.

②브루나이 아세안 가입(1984) ; 1984년 1월 1일 영국으로부터 독립한 브루나이는 1월 7일 정회원국으로 가입하였다. 브루나이의 가입은 지리적인 위치로 지역협력체를 구성하겠다는 아세안의 강한 의지를 보여주는 부분이다.

③제3차 아세안 정상회담(1987) ; 아세안 창립 20주년을 기념하고 아세안의 미래의 방향설정을 재검토를 위해 개최되었다. 이 회담을 통해 아세안 지역내 투자보장을 상호조정하는 문제, 비관세 장벽, 산업공동출자의 확대 문제 등 동남아 지역의 국가간 무역증진을 위한 거시적 문제를 거론하였다.

(3) 제3단계 도약기

①제4차 아세안 정상회담(1992) ; 냉전 종식으로 인한 세계적, 지역적 변화의 도전에 적절히 대응하기 위해 회담을 개최하였다. 이 회담에서는 아세안 자유무역지대(ASEAN Free Trade Area)를 창설하여 아세안 국가의 상호협력을 강화하였고 제도상으로 정상회담을 3년마다 개최하고 필요에 따라 비공식적으로 열기로 합의했다. 그리고 아세안 주변 국가들 - 태평양 연안 국가들과 EU -과의 협력과 대화의 폭을 넓혔으며 베트남, 라오스, 캄보디아, 미얀마의 아세안 가입을 환영한다고 명시하였다.

②베트남의 아세안 가입(1995) ; 아세안은 28년 동안 적대관계를 유지했던 사회주의 국가인 베트남을 7번째 정회원국으로 받아들였다. 베트남의 가입은 냉전의 종식을 실질적으로 알리는 역사적 사건이었다.

③제5차 아세안 정상회담(1995) ; 이 회담을 통해 미가입국인 캄보디아, 라오스, 미얀마의 정회원국 가입을 촉진하도록 하였고 동남아비핵지대화(SEA-NWFZ)를 공식적으로 체결 · 협정하여 선포하였다.

④라오스와 미얀마의 아세안 가입(1997) ; 1999년 캄보디아가 마지막으로 가입하여 아세안은 비로소 10개국 모두가 가입하여 동남아공동체(Southeast Asian Community)를 현실화시킨다.

⑤제6차 아세안 정상회담(1998) ; 이 회담을 통해 2020년까지 동남아시아를 정치적으로 평화로운, 사회적으로는 응집력 있는, 경제적으로는 경쟁력을 갖춘 번영의 공동체로 만든다는 비전을 제시하며 여러 가지의 시행령을 발표하였다.

⑥제7차 아세안 정상회담(2001) ; 이 회담에서는 10개국이 국제테러를 비난하는 공동성명을 채택하고 에이즈 및 에이즈 바이러스인 HIV와의 전쟁을 위한 4개년 계획을 채택했다.

4. 아세안의 전략적 가치

1) 지리적 가치

지리적 가치는 첫째, 관계적 위치에 따른 가치를 말한다. 동남아시아는 정치지리학적으로 대륙부와 해양부가 공존하고 있어 역사적으로 역동성을 지녀온 지역이다. 즉, 대륙세력은 해양으로 세력을 확장하기 위해 부단히 노력했고, 해양세력은 대륙세력의 확장 저지나 또는 스스로 대륙으로 확장하려는 운동을 벌여왔기 때문에 이들 대륙세력과 해양세력의 이익이 충돌하는 경계적 위지를 이뤄왔기 때문이다.

이는 2차대전후 대륙세력인 소련, 중국 등 공산세력의 해양 진출을 억제하기 위한 미국의 동남아조약기구(South-East Asia Treaty Organization, SEATO)가 동남아시아의 필리핀, 태국 등이 포함되어 미국, 영국, 프랑스, 오스트레일리아, 뉴질랜드, 파키스탄 등과 함께 8개국 집단안전보장체제로 설립된 바 있는 역사적 사실에서 입증된다.

둘째, 동남아시아는 대륙과 해양, 해양과 해양 세력간에 분리 및 결합의 기능을 수행해왔다. 이 지역은 아시아대륙과 태평양에 접한 하나의 큰 반도이기 때문에 아시아 대륙세력과 태평양의 해양세력을 연결시키기도 하고 분리시킬 수 도 있는 위치였던 것이다. 그러나 이 지역은 연결을 의미하는 반도로서의 기능보다는 해양세력을 분리하고 결합시키는 해양으로서의 기능이 더욱 강화되어 왔다. 더욱이 동남아시아는 태평양 뿐만 아니라 인도양과 도 닿아 있기 때문에 태평양과 인도양의 점이지대로서의 역할 또한 중요했던 것이다.

셋째, 동남아시아는 완충지대 역할을 해왔다. 이 지역은 문화적으로 지리적으로 항상 외부 강국의 침략을 당해왔기 때문에 꾸준히 독립항쟁을 지속해왔다. 이들은 독립 쟁취후 가장 먼저 관심을 기울인 것이 외세배격 이었다. 따라서 이들은 주변강국으로부터 균형을 유지하려고 하였다. 김한식(2005)은 이같은 특성을 그 지정학적 표현으로는 완충지대, 대외정책적 표현으로는 비동맹중립주의로 표현했다.

넷째, 동남아시아 지역은 해상교통로의 중요한 위치를 점하고 있다는 점이다. 해상교통로는 생명선이면서 세력선이고 비상생명선을 의미하고 이의 확보는 바로 해상세력 장악을 의미하기 때문에 강대국들의 주목을 받게 되었다.

2) 자원적 가치

21세기 미국과 중국의 패권경쟁 시대에 동남아시아의 천연자원은 비상한 관심을 끌어모으고 있다. 남지나해 도서들이 인접국들의 영토분쟁을 야기하고 있는 것도 이같은 자원확보문제와 관련이 있는 것이다.

이 지역에 매장된 천연자원을 살펴보면 매우 다양하다. 목재의 경우 동남아 지역의 인도네시아, 말레이시아, 필리핀, 태국만 해도 4억7천만㎥로 세계 생산량의 15% 이상을 점하고 있다. 원유는 확인된 매장량만 해도 인도네시아 58억 배럴, 말레이시아 43억 배럴, 브루나이 14억 배럴 등 총 122억 배럴로 세계 총매장량의 1% 이상을 차지하고 있으며 생산량은 세계 총생산량의 4%에 달하고 있다. 천연가스도 매장량이 150조ft입방으로 세계 총매장량의 3%에 달하고 있으며 생산량은 4.7%를 점하고 있다.

한편 석탄, 주석, 망간, 코발트, 희토류 등 다양한 광물자원이 다량 매장되어 있으며, 특히 고무의 경우는 세계 총생산량의 83% 이상을 차지하고 있어 실로 천연자원의 보고라 할 수 있다.

따라서 동남아시아는 에너지 원료공급처로서, 상품판매시장으로서, 노동력 공급원으로서 또한 전략자원의 공급지로서 그 중요성이 높이 평가받고 있는 것이다.

3) 전략적 가치

동남아시아 지역은 1955년 반둥선언을 창출케 한 비동맹운동의 발상지로 제3세계권의 한 축을 이루고 있기 때문에 냉전시대 美蘇 양 축에 의한 중요성뿐만 아니라 오늘날 21세기 신세계질서의 양대 축을 이루고 있는 미국과 중국의 세계전략에 있어 중요한 가치를 지닌다고 할 수 있다.

동남아시아 지역은 범세계적 차원에서 태평양과 인도양이 만나는 것은 물론 동아시아와 태평양지역을 연결하는 지정학적 위치로 중요한 매개체 역할을 수행하고 있다. 또한 한국 · 일본 등 동아시아 공업국들의 에너지자원 수입의 통로이자 중동, 아프리카 및 유럽과의 교역로가 되기 때문에 그 전략적 가치는 이루 헤아릴 수 없을 정도이다.

미국은 냉전시대 공산주의의 남하를 막는 최종 보루로 동남아시아를 활용했을 뿐만 아니라 필리핀, 베트남 등에 군사기지를 운영하며 태평양전략의 한 축을 담당해오던 지역이기도 하다. 그러나 오늘날 미국은 이 지역에 군사기지를 운영하지 않고 있으며 일본, 호주와 함께 강력한 협력의 틀을 구축하고 중국의 태평양으로의 세력 확장을 견제하고 있는 상황이다.

특히 중국의 입장에서는 지리적 인접성 때문에 중국의 안보에 동남아가 깊은 관련성을 갖고 있다는 특징이 있다. 전통적으로 중국이 받아온 안보적 위협은 첫째, 북쪽 시베리아로부터 오는 대륙세력의 위협과 둘째, 남쪽 동남아 지역으로부터 오는 해양세력의 위협 등이 있다. 동남아 국가들은 중국을 모(母)기지로 하고 있는 공산게릴라의 준동으로 안보 위협을 느끼고 있으며, 중국은 게릴라 지원을 통해 동남아 국가들을 견제해왔다.

또한 중국은 문화적으로도 동남아 국가들과 깊은 유대를 맺어 왔으며, 인종적으로도 대대적인 화교의 진출로 동남아 국가들을 지배해왔다. 싱가포르는 인구의 77%가 화교로 구성되었으며, 말레이시아는 33%, 브루나이는 25%, 태국은 13% 등 다수로 국가내 영향력을 행사하고 있다.

4) 경제적 가치

아세안의 경제적 가치는 앞의 〈도표-2〉에서 볼 수 있는 바와같이 매우 크다. 전체 인구가 6억에 달하며 2012년 기준 경제성장율 평균이 5.7%를 차지하는 규모를 형성하고 있다.

무역액의 합계는 2012년 현재 총 2조4,894억 US$로 세계전체 무역액 36조 2,587억 US$의 6.9%에 달하고, 중국, 미국에 이어 독일의 2조4,758억 US$보다 앞서는 세계 3위에 이르고 있다.

따라서 단일경제권으로의 아세안은 아시아 · 태평양 지역에서 인구 6억에 무역액이 2조5천억 US$에 이르는 일본을 앞서고 중국, 인도에 다음가는 또하나의 거대 경제국으로 볼 수 있기 때문에 그 경제적 측면에서의 영향력은 매우 크다고 할 수 있는 것이다.

또한 메콩강 유역의 경제협력사업도 아세안의 경제적 가치를 높이는데 한몫 하고 있다. 메콩경제벨트라 일컬어지는 대륙부 아세안 지역에서의 대규모 토목사업들로 ▲미얀마-중국 송유관 사업 ▲중국-라오스 고속철도사업 ▲베트남-미얀마 고속철도사업 ▲미얀마 틸라와 공단건설 ▲라오스 사바케트 공단건설 등이다.[6] 송유관 사업은 중국 윈난성의 쿤밍에서 미얀마의 항구도시 차옥퓨까지 중국-라오스 고속철도는 중국의 쿤밍에서 라오스 수도 비엔티안을 잇는 선이다. 베트남-미얀마 고속철도는 베트남 중부의 다낭에서 미얀마의 항구도시 물메인을 연결하는 선으로 유일하게 동서를 연결하는 철도다. 틸라와 공단과 사바나케트 공단은 모두 일본에서 건설중이며 지역경제의 중심지가 될 것을 약속해주고 있다.

다음은 역시 대륙부 일대에서 건설중인 경제회랑(Economic Corridor) 사업이다. 이 역시 아시아개발은행(ADB)의 역점사업인 메콩유역개발사업(GMS)의 일환인

6 Chindia plus 2013, pp.10~11

이 사업은 미얀마 태국 라오스 캄보디아 베트남 등 메콩 유역 5개국을 거미줄처럼 연결시키는 사업이다.[7] 모두 5단계로 구성되어 있으며 1단계는 교통벨트로 도로·철도 등 인프라 구축사업이고, 2단계는 교통무역벨트로 국경간 무역촉진을 위한 제도정비사업이다. 3단계는 물류벨트로 국경 이외 지역까지 물류망 구축사업이다. 4단계는 도시개발벨트로 전력·상하수도 등 도시 인프라 구축사업이고, 5단계는 경제벨트로 민간투자 증진 등 국경지역 경제특구 개설사업이다.

5) 외교적 가치

동남아시아 각국은 식민지배에서 독립의 연륜도 짧고, 경제력도 미미하여 대외협상력이 약한 것이 사실이나 1967년 아세안 결성 이후, 아세안을 중심으로한 구심력 강화로 대외협상력을 급격히 높여가고 있다.

1978년 소련을 배후로 한 베트남의 캄보디아 침공과 관련하여 아세안은 국제기구를 활용하여 강력하게 대처함으로써 베트남과 소련의 팽창을 저지할 수 있었으며 이를 통해 국제사회로부터 명실상부한 성공적인 지역협력체로서 인정받게 되었다.

탈냉전기에 들어서면서 아세안은 미국과 러시아의 영향력이 감소되자 중국의 위협에 직면하게 되었다. 그에따라 아·태지역의 다자안보 협력을 주도할 목적으로 미·일·중·러 등이 참여하는 정부간 유일한 안보협력체인 아세안 지역안보포럼(Asean Regional Forum, ARF)의 창설을 주도하고, 중국과의 대화를 통한 안보위협 해소를 시도했다.

1990년 12월에는 마하티르(Mahathir bin Mohamad) 말레이시아 전 총리가 미국과 호주 등을 제외한 아·태지역 국가들만의 경제협의체 결성을 목표로 동아

---

7 Ibid, pp.14~15

시아 경제회의(East Asia Economic Caucus, EAEC) 창설을 주장했다. 이는 동아시아 국가 간의 교역과 투자 확대 등 상호 의존이 심화됨에 따라 미국의 아 · 태 경제질서 주도에 대응하여 동아시아 경제권의 독자적 목소리를 내야 한다는 취지에서 창설되었다.

이어 1994년에는 베트남, 캄보디아, 라오스 등 인도차이나 3국과 미얀마를 포함하는 모두 10개 회원국으로 확대함으로써 명실상부한 동남아지역의 주도적 지역협력체로서 위상을 굳혔고, 강대국들과의 관계에 있어서도 종래의 수동적인 자세에서 벗어나 적극적인 협력을 도모했다. 그 결과 1996년 유럽정상회의(European Union, EU)와 '아시아유럽정상회의'(Asia Europe Meeting, ASEM)를 결성하기에 이르렀다.

또한 1997년 12월, 아세안은 창설 30주년 기념 정상회의에 한국, 중국, 일본 등 3개국 정상을 동시 초청하여, 제1차 ASEAN+3 정상회의를 개최함에 따라 ASEAN+3 체제가 발족되었다. 범세계적인 세계화의 진전과 지역 협력이 강화되고 있는 추세 속에서 동아시아 국가들은 동남아시아와 동북아시아의 구분없이 동아시아의 큰 틀 속에서 공동 협력해야 한다는 인식을 반영한 것으로 ASEM에 동북아 3국이 자연스럽게 포함되었다.

특히 최근 오바마 미 행정부는 환태평양경제동반자협정(Trans-Pacific Partnership, TPP) 협상 참여를 통해 아 · 태지역 7개 국가와 선택적 다자무역자유화 추진을 결정하고, 이를 기반으로 아 · 태지역 7개 국가와 선택적 다자무역자유화 추진을 결정하고 향후 TPP를 이 지역의 포괄적인 자유무역지대로 확대, 발전시키겠다는 신(新)통상정책을 추진하고 있어 아세안의 역할은 더 커질 것으로 전망된다.[8]

이같이 아세안이 동북아 3국은 물론 미주 · 유럽과도 공동체를 결성해나갈

8 2005년 싱가포르, 브루나이, 뉴질랜드, 칠레 등 아 · 태지역 4개국이 연합하여 창설한 다자무역협정인 TPP에 대해 미국은 일본, 캐나다, 멕시코, 호주, 페루, 베트남, 말레이시아 과 함께 참여하고 있다. (최원기 2010, p.1)

수 있었던 것은 아세안 자체의 외교적 가치를 주변국들이 인식했기 때문이다. 더우기 아세안은 2015년까지 '아세안경제공동체'(ASEAN Economic Community, AEC) 창설이라는 야심찬 계획을 세우고 있어 전지구적으로 큰 주목을 받고 있는 상황이다.

5. 아세안의 안보 위협과 군사협력

1) 전통적 안보 위협

아세안 국가들의 전통적 안보 위협은 대부분이 서구 식민주의의 유산으로 독립후 국가형성의 과정에서 초래되었다. 이들 갈등은 종족 갈등과 이데올로기 갈등, 종교 갈등 등으로 분류되며 대부분 서로 연계되어 있는 경우가 많다(조흥국 외 2011, p.46).

과거 인도네시아로부터의 동티모르 분리독립, 필리핀 남부 모로해방전선의 분리주의 운동, 태국 남부에서 말레이계 무슬림들과 태국인들 사이에 벌어지는 유혈충돌, 미얀마 밀림지대의 다양한 종족간 충돌 등이 그 예이다. 또한 화교나 인도인 등 경제적 주도권 다툼을 둘러싼 외래인과 토착 다수민족간의 갈등도 다양하게 전개되었다. 대부분 이들 문제는 서구 식민주의 시대 플랜테이션 경작을 위해 외부 이민자들을 마구 불러들이고, 또한 국경을 종주국 자의적으로 획정했기 때문에 야기된 것이다.

(1) 종족 갈등

영국의 식민지였던 버마와 말라야, 싱가포르는 비교적 평화로운 과정을 통해 독립했지만 종족 갈등의 문제를 안고 있었다. 버마 독립에서 가장 문제가 된 것은 약 30%에 달하는 소수민족 문제였다. 다수민족인 버마족과 소수민족

사이의 종족 갈등 때문에 민족지도자 아웅산이 영국으로부터 독립 약속을 얻어낸 것도 소수민족의 의사를 존중한다는 조건에서 였다. 그러나 아웅산 피살 후 1948년 출범한 독립국 버마는 소수민족을 무시하고 다수 버마민족 중심으로 국가를 운영하여 소수민족의 반발을 사고 있다.

말라야 독립의 선결조건은 말레이인, 중국인, 인도인 등 세 민족 사이의 협력 이었다. 중국인과 인도인이 인구의 약 반을 차지하는 국가에서 민족간 갈등은 매우 심각한 문제였다. 이 문제는 세 민족집단의 대표적 정당들이 1954년 동맹을 결성, 이듬해 선거에서 승리함으로써 잠정적으로 해결되었지만 그 불씨는 남아 있다. 1957년 독립한 말라야는 보르네오섬의 사바와 사라왁 지역, 그리고 싱가포르를 합병하여 말레이시아연방이 되었다. 그러나 말레이인들이 정치적 권력을 쥐고, 중국인과 인도인이 경제력을 나눠어 쥐는 형태의 말레이시아 연방은 언어와 종교문제가 야기되어 1969년 말레이인들과 중국인 사이에 인종폭동 사태가 발생하기도 했다.

싱가포르는 1963년 말레이시아연방으로부터 탈퇴하여 독립했으며 말레이시아연방과 비슷한 종족 구조를 갖고 있으나 인구의 3/4를 차지하는 중국인들이 정치, 경제, 문화에서 다른 민족들을 압도하고 있으며 종족 갈등은 그리 심하지 않은 상태다.

(2) 이데올로기 갈등

인도네시아는 종주국 네델란드를 상대로한 독립전쟁 와중에 공산주의자들의 마디운(Madiun)운동과 이슬람 국가 수립을 추구한 다룰(Darul)이슬람운동 등 무장봉기가 발생한 것을 인도네시아 군대가 성공적으로 진압함으로써 향후 국정운영에 군부가 적극적으로 참여하는 계기가 되었다.

베트남에서는 호치민(Ho Chi Minh)이 1945년 9월, 하노이에서 베트남민주공화국을 선포하고 독립을 선포했으나 프랑스가 식민지배를 계속하려해 제1차 인도차이나 전쟁이 발발했다. 이 전쟁으로 베트남은 이미 베트민 통제하에 있던 북부와 프랑스 통제하에 있던 남부로 분열되었다. 프랑스의 야욕은 1954년 디엔비엔푸 전투에서의 패배로 좌절되었고, 그해 제네바회담에서 베트남은 북위 17도 선을 기준으로 분할, 두개의 국가로 존재하게 되었다. 남과 북의 상호 대립과정에서 1950년대 후반부터 남베트남에서는 다양한 공산주의 그룹이 활동하기 시작했다. 후에 '베트콩'으로 알려진 이들은 북베트남 뿐만 아니라 소련과 중국 등으로부터도 지원을 받았다. 남베트남에서 공산주의자들의 활동이 날이 갈수록 확대되자 1964년부터 미국이 군사적으로 개입하였으며, 이로써 베트남전쟁이 시작되었다. 이 전쟁은 베트남을 황폐화시키고 1975년에야 끝났으며 북베트남 공산주의자들에 의하여 통일되었다. 통일후 베트남 정부가 당면한 가장 큰 과제는 그동안 자본주의 체제하에 있던 남부를 사회주의 체제로 통합시키는 것이었다.

라오스와 캄보디아는 프랑스의 식민지배에서 독립하는 과정에서 공산주의 조직이 장악하여 공산주의 국가가 되었다. 라오스는 1893년 프랑스의 보호령이 되었다가 1949년 7월 프랑스로부터 완전 독립하였다. 건국 이후 좌파와 우파 그리고 중립파간의 대립과 갈등이 계속되다가 내전으로 발전하였다. 이 내전에는 외세가 개입하여 우파는 미국의 지원을 받았고 좌파는 베트남의 지원을 받았다. 1974년에 연립정권이 세워졌으나, 베트남과 캄보디아가 공산화되자 그 여세를 타고 좌파인 라오스애국전선(파테트 라오)이 1975년 8월에 정권을 잡고, 600년간의 왕정에 종지부를 찍고 라오스인민민주공화국을 선포했다.

이같이 사회주의 체제 이행 후, 1989년 3월 처음으로 직접투표에 의한 최고인민의회 선거를 실시하여 1991년 8월 국회에서 80조로 이루어지는 신헌법을 제정하였다. 이 헌법은 마르크스-레닌주의를 표방하며 인민혁명당의 지도적 역할(1당 독재)과 사회주의 체제의 확립을 목표로 하고 있다.

캄보디아는 1945년 3월 일본의 도움을 받아 노로돔 시하누크(Norodom Sihanouk) 국왕이 프랑스로부터 독립을 선언하였으나 일본 패전후 프랑스가 지배권을 다시 확립하였다. 그러나 1953년 11월 시하누크에게 군사권, 사법권, 외교권을 허용함으로써 캄보디아는 사실상 프랑스로부터 독립하였다.

1955년 시하누크 국왕은 현실정치에 참여하고 왕위를 아버지인 노로돔 수라마리트(Norodom Suramarit)에게 이양하고 인민사회주의 공동체당의 총재로 취임하였다. 같은 해 총선에서 절대적인 지지를 받으며 승리하여 1970년까지 캄보디아 정국을 주도하였다.

1970년 3월 론놀(Lon Nol) 장군이 쿠데타에 성공, 크메르공화국 수립을 선포하였다. 론놀 장군은 반정부 세력을 공산주의자로 간주하고 탄압하여 크메르루즈(Khmer Rouge)의 성장을 초래하였다. 1975년 4월 폴 포트가 이끄는 크메르루즈가 수도 프놈펜에 입성하여 급진적인 혁명을 추진하였다. 1978년 12월 베트남이 무력으로 캄보디아를 침공해 친베트남 세력인 헹삼린(Heng Samrin)이 크메르루즈를 축출하고 캄푸치아 인민공화국(People's Republic of Kampuchea)을 수립하였다. 1989년 10월 베트남은 냉전체제의 붕괴와 함께 소련과 동구권이 몰락하자 베트남군을 캄보디아에서 철수하였고, 캄보디아 국민혁명당은 국명을 캄보디아국(State of Cambodia)으로 개칭하고 사유재산 인정과 민영화 추진 등을 통해서 탈공산주의를 추진하였다.

(3) 종교 갈등

필리핀은 1946년 미국으로부터 동남아시아에서 가장 일찍 평온하게 독립을 이루었지만 국민통합문제를 안고 있었다. 일본 점령기간 동안 결성된 후크(Huk)는 독립후 공산주의 이념을 내걸고 농촌에서 지지자들을 획득 무장반란을 획책했으나 1950년 진압되었고 그후 남부에서 모로족의 이슬람 분리주의운동이 일어나고, 중부와 북부에서는 신인민군(New People's Army)의 좌익 게릴라 활동이 전개됨으로써 필리핀은 좌우익의 갈등은 물론 가톨릭과 이슬람 주민 사이에 종교갈등을 일으키는 등 여전히 국민통합의 과제를 안고 있다.

태국 역시 다민족 국가로 남부의 말레이계 무슬림과 북부의 고산족과 관련된 민족통합 문제가 있다. 특히 말레이계 무슬림들은 남부 말레이시아 국경지대에서 활동하고 있으며 필리핀 모로족과 마찬가지로 이슬람 분리주의를 지향한다는 점에서 불교를 국교로 하고 있는 중앙정부와 사이의 종교갈등이 쉽게 해결될 전망을 보이지 않고 있다.

2) 탈냉전 이후 안보 위협

앞서 살펴본 전통적 안보 위협이 식민지배의 유산으로 주로 국가형성(nation-building) 과정에서 생성된 것이라면, 탈냉전 이후 안보 위협은 주로 소련 붕괴 이후 21세기 새로운 국제질서의 재편과정에서 주로 미국과 중국 사이의 주도권 쟁탈 와중에서 발생한 것들이다.

(1) 아세안 역내 국가들간의 갈등

동남아시아 국가들이 아세안을 중심으로 보다 긴밀한 단합을 추구하고 있음에도 불구하고 역내 국가들 사이에 다양한 갈등 요인이 존재하고 있다.

첫째는 영토분쟁 문제이다. 1960년대 인도네시아의 수카르노 대통령은 칼리만탄(보르네오)섬 북부의 말레이시아 영토, 사바에 대한 영유권을 주장하였고 필리핀 역시 사바에 대한 영유권을 주장했다. 이들 영토 갈등은 상당히 오랜 시간이 흘렀음에도 아직도 완전히 해결되지 않고 있다. 또하나는 태국과 캄보디아 국경의 프레아 비히어(Preah Vihear) 힌두사원과 주변 영토의 소유권을 둘러싼 갈등이다 2008년 발생하여 2011년까지 계속된 양국 군대의 교전으로 많은 수의 사상자가 발생한 바 있다.

두번째는 물 갈등 문제이다. 중국에서 발원하여 미얀마, 태국, 라오스, 캄보디아, 베트남 등 5개국을 지나는 메콩강 유역에서 국가간 종종 일어나는 일이다. 한 지역에서 수력발전용 댐을 건설하는 것은 하류지역 주민들의 생계와 직결된 문제를 야기시키기 때문이다. 한 예로 라오스 북부 사야부리(Xayaburi)주에 계획된 사야부리 댐건설 계획은 하류유역의 주민들이 어획고 감소와 농업용수 부족을 겪는다는 이유로 2011년 비엔티안 메콩위원회(MRC) 회의에서 베트남이 강력하게 반대하여 계획이 보류되었다.

세번째는 불법이주 문제이다. 동남아시아 국가들은 국경이 서로 접해있고 또 바다로 사면이 열려 있는 해양부 국가들이 많아 국경을 넘어 다른 나라로 들어가는 것이 용이하기 때문에 자주 발생하고 있다. 동남아시아에서 대표적인 노동자 수용국인 태국은 미얀마, 캄보디아, 라오스 등과 국경을 접하고 있는데 대부분 밀림을 따라 나있는 국경 통로들에 대한 통제가 거의 불가능한 상황이다.

(2) 중국의 남진정책

중국의 당과 군의 지도자들은 탈냉전과 더불어 지상위협은 현저하게 감소한 반면, 해양주권과 해양권익을 보호해야 할 필요성은 크게 증대되고 있다는 판단하에 적극적인 남진정책을 펴게 되었다. 냉전시대 동아시아의 해양질서는 미국의 필리핀 슈빅만 해군기지와 클라크 공군기지, 그리고 소련의 베트남 캄란만 해군기지와 다낭 공군기지가 대체적인 세력균형을 이루는 상태였는데, 냉전종식과 더불어 양국이 이 지역에서 철수하면서 힘의 공백상태가 초래되었고, 이러한 공백을 이용하여 중국, 일본, 인도 등 지역 강대국들의 세력확대경쟁이 전개되기 시작한 것이다.

중국의 남진정책을 뒷받침하는 가장 중요한 수단은 해군과 공군력이다. 따라서 중국은 해군 현대화를 중심으로 하는 군사력 증강을 지속적으로 추진하고 있는데 국방예산에 있어서 최우선순위를 부여하면서 그 핵심내용으로는 구형함정의 폐기와 신형함정의 대체, 잠수함세력의 확장, 항공모함의 도입 내지 건조 및 기동함대의 운영 등이다. 중국은 공군력 강화에도 박차를 가하고 있다. 공군력 현대화를 위해서는 이미 1992년 러시아로부터 수호이27(SU-27) 전투기 26대를 구입한 것을 시작으로 1995년 12월까지 총 72대를 도입했으며, 이들 전투기를 자국내에서 라이센스 생산하는 것을 내용으로한 계약을 러시아와 체결한 것은 물론 1998년 12월 자체 기술로 폭격기를 연구, 개발하였으며, 이를 이미 해군에 실전 배치하여 운용중에 있는 것으로 보도되고 있다. 더욱이 현재 중국 공군은 공대공 및 지대공 미사일, 초정밀 유도탄, 발사통제시스템 등의 무기체계를 현대화했을 뿐만 아니라 전자교란 제어시스템과 공중재급유기까지 갖추고 있다. 이를 배경으로 최근 중국의 공군은 과거 방어위주의 전략에서부터 육·해군과의 합동작전을 포함한 공격형 전략으로 수정한 것으로 알려지고 있다(South China Morning Post, 1999/01/12).

중국의 남진정책을 자극한 것은 다른 한편에서 볼 때 탈냉전시대에 전개되고 있는 미국의 대중국 견제전략이라고 하겠다. 냉전시대에는 소련이라는 공동의 적이 존재하였기에 미국과 중국의 전략적 협력관계가 유지될 수 있었지만, 소련이 붕괴하고 중국이 부상함으로써 미·중관계는 필연적으로 변화할 수밖에 없었다. 실제로 미국은 1995년 2월 '동아시아·태평양전략보고서'(Security Strategy for East Asia-Pacific Region, EASR)를 통해 이 지역에 10만명의 미군을 계속 주둔시키겠다고 발표하였고, 동년 6월에는 대만의 리덩후이(李登輝) 총통의 미국방문을 허용하는 등 관계격상정책을 추진했다. 또 동년 8월에는 베트남과의 국교를 정상화함으로써 중국에 대한 견제를 강화하였다. 나아가 1996년 4월에는 '미·일안보공동선언'(US-Japan Joint Declaration on Security)과 그 후속조치인 1997년의 '방위협력가이드라인'(Guidelines for US-Japan Defense Cooperation)을 통하여 기존의 미·일동맹관계를 한층 강화하였다. 최근에는 지난 10월3일 양국은 미일외교국방장관회의(2+2회의)를 열고 일본의 안보적 역할 확대, 미·일 방위협력지침 개정, 주일 미군의 군사력 강화 등 주로 중국을 견제하는 미일동맹 강화를 선언했다.

중국은 일련의 미·일동맹체제의 주요한 목적이 중국을 견제하고 영향력을 약화시키려는 전략적 의도가 있는 것으로 인식하였으며 동시에 일본의 경제력을 앞세운 동남아지역에 대한 영향력 강화와 정치안보 협력 모색 등을 경계하고 있다. 더욱이 중국은 대만의 통일문제와 관련하여 보다 적극적인 해양정책을 전개할 필요를 인식하여 왔다.

이같은 적극적인 남진정책과 함께 중국은 1990년대 초부터 아세안과의 긴밀한 협력관계 구축에도 노력하고 있다. 이 무렵 중국은 캄보디아의 평화 정착에 기여했으며, 아세안 국가들의 공산당에 대한 지원을 중단했다. 1997년에는 중국이 '아세안+3'에 포함되어 중국과 아세안 간에 공식적 대화관계를 형성하였고 2002년에는 양측간에 '전략적 동반자' 관계가 수립되었다. 2009년부터는 중국이 아세안의 최대 무역파트너가 되었으며 2010년에는 양측의 FTA협정이 발효되는 등 더 많은 협력관계가 기대되고 있다.

그러나 최근 양측간의 경제관계는 중국 주도의 공격적 성격을 갖는다는 점에서 부정적인 견해를 보이기도 한다.[9] 지난 10년간 아세안의 대중국 무역적자가 5배 증가한 것은 물론 아세안에 대한 중국의 경제적 진출현상도 그같은 견해를 뒷받침하고 있다. 중국은 지난 10여년간 메콩광역권(Greater Mekong Subregion, GMS)에 속하는 아세안 국가들과 관계를 강화하여 대륙부 동남아 지역을 중국의 경제적 이해에 통합시키는 노력을 해왔다. GMS는 중국의 윈난성과 광시족자치구 등 2개의 성과 동남아시아의 태국, 미얀마, 라오스, 캄보디아, 베트남 등 5개국으로 구성된 지역 협의체로 1992년 아시아개발은행의 주도로 창설되었다.[10]

(3) 남중국해의 해양영토분쟁

아세안 국가들에 대한 가장 큰 중국의 위협은 남진정책의 연장선으로 이뤄지고 있는 남중국해에서의 영유권 분쟁이다. 남중국해에는 수많은 섬들이 있는데 이중에서 영유권 분쟁의 대상이 되고 있는 섬들은 남사군도(Spratly)와 서사군도(Paracel) 등이다.

---

9 조흥국 외 2011, p.69

10 류석춘 2012, p.139

남중국해는 전세계 해상운송의 약 1/4을 처리하며, 특히 한국, 중국, 일본, 대만이 수입하는 석유와 가스의 80% 이상이 이 지역을 통과하고 있다. 동시에 미국이 아시아 · 태평양 지역에서 수입하는 자원의 90%가 남중국해를 통해 운송된다. 전세계 어획량의 10%가 잡히는 남중국해는 수산자원이 풍부한 것은 물론 구리, 망간, 주석, 알루미늄 등 광물자원도 대량 매장돼 있다. 특히 이곳에는 석유 및 천연가스 자원이 많이 매장되어 있는 것으로 알려져 있다.

남중국해는 동아시아의 해상안보와 관련해서도 중요한 지역으로 간주되고 있다. 즉, 한국, 중국, 일본, 대만 등 동북아의 주요국들이 이 바닷길을 통해 인도양 연안국들 특히 인도와 페르시아만 및 아라비아해의 중동국가들과 아프리카, 그리고 유럽으로 진출하기 위해서는 반드시 남중국해를 통과해야 한다. 괌과 일본에 해군기지를 보유하고 있는 미국으로서도 남중국해는 전략상 매우 중요하다. 이처럼 남중국해는 해저의 석유 및 천연가스 채굴권과 수산업을 위한 영해 및 배타적 경제수역(EEZ)의 확보, 그리고 해상 순찰 및 감시 등 해상안보와 관련하여 매우 중요하기 때문에 이들의 영유권 문제를 중시하고 있는 것이다.

남사군도에 대한 영유권 분쟁은 1968년 이 해역에 석유와 천연가스가 풍부하게 매장되어 있다는 조사결과가 발표되면서 관련 국가간 영유권 분쟁이 본격적으로 발생하기 시작했다. 따라서 중국은 1974년에 남사군도의 천연자원에 대한 권리를 발표하면서 "남사군도, 서사군도, 중사군도(Macclesfield Islands), 동사군도(Pratas Islands)는 모두 중국 영토의 일부이며, 그 주변 해역의 자원도 모두 중국에 속한다"라고 발표했다.[11] 이어서 1970년대와 1980년대에는 베트남, 필리핀, 말레이시아 등도 남사군도의 여러 섬들에 대해 영유권을 주장하거나 군사기지를 설치하는 등 실효지배 조치를 취했다.

1980년대 말부터는 영유권 분쟁이 무력충돌 양상을 띄기도 했는데 1988년

---

11 전황수 1999, pp.203~204 재인용

3월 남사군도의 섬들에 대한 점유경쟁 과정에서 중국 해군이 베트남 해군 선박을 공격, 침몰시켜 약 70명의 베트남 선원들이 사망하는 사건이 발생했다. 1992년 남중국해 전체에 대한 영유권을 주장한 중국은 1996년에는 UN해양법협약(UN Convention on the Law of the Sea, UNCLOS)을 비준하고 중국의 영해 범위가 37만㎢에서 300만㎢로 확대되었다고 천명했다. 이것이 오늘날 중국이 남중국해에서 소위 'U-라인' 이라는 영해경계를 주장하는 근거가 되고 있다. UNCLOS 151조에 따르면 연안국들은 기선(基線)으로부터 200마일까지 배타적 경제수역을 주장할 수 있으며, 이 수역 내에서는 해역과 해저 위와 밑의 천연자원을 조사 · 채굴 · 보존 · 운영하는데 있어 주권을 갖는다고 규정하고 있다.

현재 남사군도의 영유권을 주장하는 나라는 중국, 대만, 베트남, 필리핀, 말레이시아, 브루나이 등 모두 6개국이다. 이중 중국, 대만, 베트남은 군도의 모든 섬에 대해, 말레이시아, 필리핀, 브루나이는 일부 도서들에 대해서만 영유권을 주장하고 있다. 남사군도는 모두 100여개의 작은 섬들과 사주, 환초, 암초들로 부성되어 있는데 그중 중국이 7개, 대만이 1개, 베트남이 29개, 말레이시아가 7개, 필리핀이 10개의 섬을 실효지배 하고 있다.

한편 중국의 하이난섬과 베트남 중부 해안 사이에 위치하고 있는 서사군도에 대한 영유권 갈등은 1974년 중국이 무력으로 베트남으로부터 뺏은 뒤 중국이 실효지배를 계속하고 있다.

남중국해 도서들에 대한 영유권 분쟁이 갈수록 거세지자 2002년 11월 아세안과 중국은 '남중국해 행동선언'(Declaration on the Conduct of the Parties in the South China Sea)에 합의했다. 이는 조인국들이 UNCLOS를 준수하고 분쟁을 평화적으로 해결하며, 국가간 갈등을 야기하거나 심화시킬 수 있는 행동을 자제한다는 내용을 담고 있다.

그러나 남중국해 도서들에 대한 중국의 영유권 주장이 갈수록 강해지자 2000년대 들어 아세안 국가들도 자국 이해를 보호하기 위한 대응을 활발히 모색하고 있다. 예컨대 말레이시아, 베트남, 인도네시아, 싱가포르 등은 2009

년 UN대륙붕한계위원회에 남중국해 대륙붕 한계 확장을 경쟁적으로 신청했다. 또 필리핀 의회는 2009년 2월 필리핀이 남사군도 일부와 스카버러 사주(沙柱)에 대한 영유권을 갖는다는 내용의 '필리핀 기선 법안'을 승인했다. 그러나 필리핀이 영유권을 주장한 남사군도의 섬들과 스카버러 사주는 중국과 베트남이 오래 전부터 영유권을 주장해오던 것으로 양국으로부터 강한 반발을 불러오고 있다.

3) 아세안의 군사협력

(1) 다자간 군사협력

아세안 국가들은 중국의 위협에 대처하고 영유권을 보호할 수 있는 가장 현실적인 수단은 군사력임을 인식하고 2006년 역내 최고위 군사회의인 '아세안 국방장관회의'(ASEAN Defence Minister Meeting, ADMM)을 결성하여 매년 한 차례씩 만나 국방 및 안보문제 현안과 갈등에 대한 논의는 물론, 국방 및 안보문제에 대한 상호 신뢰증진에 노력하고 있다. 이들은 또 국가재난 및 위급상황에 대한 공동대처 등 협력의 폭을 점차 넓혀나가고 있다.

아세안 각국의 전체 병력은 베트남이 48만명으로 가장 많고 다음은 미얀마 40만명, 태국 31만명, 인도네시아 28만명 등 전체 200만명에 못미치고 있으며 장비나 훈련면에서 중국에 월등한 열세를 보이고 있다. 아세안이 비정치적 비군사적 협력을 표방하고 있기 때문에 아세안 차원에서의 구체적인 합동훈련은 이루어지지 않고 있다. 그러나 이 지역에 이익이 민감한 미국이 필리핀과의 해상방어력 증진을 위한 훈련 및 장비제공을 하는 등 중국에 대응하는 움직임을 보이고 있다.[12]

중국위협론의 본질과 정도에 대해서는 아세안 국가들간에 지정학적 여건

12 Castro, Renato & Lohman, Walter, 2011, pp.8-13

과 역사적 경험에 따라 차이가 존재하지만, 탈냉전과 더불어 추진되고 있는 중국의 군사력증강과 남진으로 인한 아세안 국가들의 기본적 위협인식은 공통적이다. 중국이 주장하는 중국위협론의 허구성이나 중국의 아세안에 대한 대화와 화해의 노력에도 불구하고 아세안의 중국에 대한 우려가 해소되지 않고 있는 것은 다음과 같은 몇 가지 이유 때문이다.

우선 무엇보다도 먼저 지적할 수 있는 것은 아세안 국가들의 중국에 대한 우려는 역사적 뿌리를 갖고 있으며, 그것은 기본적으로 이들의 국가적 취약성에서 비롯되고 있다는 사실이다. 힘의 우열에서 비롯된 조공제도(朝貢制度)는 물론이고, 냉전시대를 통하여 전개되었던 비공산 아세안국가들에 있어서 공산게릴라들의 반정부활동에 대한 중국공산당의 지원 등은 아세안의 중국에 대한 우려가 단순히 최근에 형성된 것이 아니라는 사실을 확인시켜 준다. 이같은 우려는 영토와 인구의 규모, 군사력, 경제력 등에서 절대적인 열세라는 취약성에서 비롯되고 있다.

이처럼 역사적 불신과 국가적 취약성을 갖고 있는 아세안의 입장에서 볼 때 탈냉전과 더불어 노골화되고 있는 중국의 팽창주의적 영유권정책과 일방적인 영해권의 행사는 이들의 위협인식을 더욱 증폭시키고 있는 것이다. 앞에서 지적한 바와 같이 중국은 남중국해의 모든 도서들에 대해 영유권을 주장하고 있을 뿐만 아니라 힘의 우위를 바탕으로 분쟁 도서의 강탈과 실효적 지배정책을 버리지 않고 있다. 서사군도의 강탈과 남진을 위한 활주로와 항만시설의 구축, 미스치프환초의 점령과 남사군도 일원에서 계속되어온 무력행사와 군사시설물의 설치는 영유권 분쟁중에 있는 모든 아세안 국가들은 물론이고, 분쟁당사국이 아닌 아세안국가들 까지도 중국의 의도에 대해 경계하지 않을 수 없게 하고 있다.

뿐만 아니라 이러한 팽창주의적 영유권정책은 군사력증강과 더불어 점차 적극화되고 있다는 점에서 아세안의 우려는 더욱 심화되고 있다. 물론 중국은 자신의 방위비 증가와 군비현대화가 팽창주의와 전혀 관계가 없음을 강변하고 있다. 그들은 군대는 대규모이지만 대부분의 장비가 노후화되어 있기 때문에 이를 현대화하는 것은 당연한 중국의 주권이라는 것이다.[13] 그러나 절대적으로 힘의 열세에 있는 아세안 국가들의 입장에서는 이러한 중국의 주장을 액면 그대로 받아들이기 어렵다. 우선 중국의 이러한 설명이 객관적 정보에 의한 투명성이 담보되지 않기 때문이다. 공식 통계만 보더라도 중국의 2011년 방위비는 988억 달러로서 2001년 이래 연간 10.7%의 증가를 보이고 있다. 현재는 미국 방위비의 1/5 수준이지만 이같은 속도라면 2032년에는 미국의 방위비를 초과할 것으로 전망된다. 또한 중국은 해 · 공군력의 증강과 '특수신속배치군'(special rapid-deployment forces) 창설 및 신형군함과 장거리 전투기, 공중재급유기의 도입, 그리고 항공모함의 건조 계획 등에 박차를 가하고 있어 아세안의 입장에서는 결코 좌시할 수 없는 위협으로 인식되고 있는 것이다.

더욱이 아세안은 최근 급성장하고 있는 중국의 경제력이 궁극적으로 군사력으로 전용될 가능성에 대해서 우려를 금치 못하고 있다. 중국의 경제발전을 아세안이 우려하고 있는 이유는 경제적으로 부강해진 중국이 더욱 공격적이 될 가능성 때문이다. 비록 아직까지는 중국이 인접국가들과의 경제협력을 필요로 하고 있지만, 경제적으로 발전하면 할수록 중국의 주장은 그 강도가 더욱 강해질 것이며, 인접국가들에게 점점 더 비협조적인 태도를 보일 수 있기 때문이다.

(2) 개별국가의 군사력

① 태국군

태국군은 병력이 총 31만5천명으로 형식적인 3군 통합군 체제로 국왕은 상

13 유용원 군사세계 http://bemil.chosun.com/nbrd/bbs/view.46003(2013.10.28)

징적 군통수권자이고 실질적으로는 국방장관이나 각군 사령관이 군사력을 장악하고 있다. 절대왕정이 무너진 후에 태국군은 국내정치에서 압도적인 역할을 했다. 1932년 이래 50회가 넘는 내각 구성에서 군지배 정부가 반수 이상을 차지했다. 민간정부들은 대부분 불안정했으며, 군부 쿠데타에 의해 군사정부로 대체되었다. 군사정부가 지배적 이었던 이유는 군조직이 왕국내에서 가장 잘 구성된 조직이라는 점 때문이었다. 항상 국가 안보에 대한 대내외적 위협이 지속됐기 때문에 군은 태국의 국권을 지킬 수 있는 유일한 조직으로 인식되었다.

민간정부들은 군이 그 자체로 분파화되어 있어서 최고지휘부와 우호관계를 유지하기가 어려웠다. 왜냐하면 어느 한 파벌의 장군들과 연계를 맺는 것은 나중에 문제를 가져왔다. 차티차이, 차발리트, 참롱, 탁신 등 모두는 특별한 군파벌과 결속을 맺고 있었다. 물론 모든 군인들의 상부에 있던 사람은 왕과 견줄만한 권위를 갖고 있던 퇴역장성 쁘렘 틴슐라논다 였다. 그는 태국정치발전사의 방향에 큰 영향을 끼쳤다.

정치적 위기시 동안 군의 위협은 태국 정치발전 과정에서 1991, 1992, 2006, 2008, 2010년에 크게 존재했다. 1992년 검은 5월 이후에 태국 국민들이 군부개입에 거부한 적이 있었지만 2006년 군부 쿠데타는 다시 군부의 국내 정치적 힘을 회복시켜 놓았다. PAD 리더들은 왜 태국에서 '민주주의 회복'을 위하여 쿠데타가 필요했는지를 설명하러 해외로 나갔다. 비슷하게 정치적 촉매제로서 군에 의존할 준비가 어떤 태국인 분파보다도 많았던 탁신은 정치적 유산의 흔적들을 없애기 위한 수단으로 쿠데타에 불을 당기기도 했다

군장군들이 2008년 정부청사를 불법적으로 점거하였던 노란셔츠 시위대를 제거하라는 솜차이 총리의 명령을 무시한 것이나, 방콕 공항에서 정치적 행위자로서 군부의 독립적 존재를 나타낸 것과 같은 사실상 명령불복종이 있었다. 불과 2년 후에 군부는 마비시트 총리로부터 2010년의 폭력충돌에서 붉은셔츠 시위대를 차단하라는 명령을 기꺼이 수행하였다. 태국의 절대왕정이 붕

괴된 이후 80년 동안 군부는 국가의 가장 조직적이고 든든한 국가 조직으로 남아 있다. 그러나 고도로 정치화되고 영원한 충성심을 갖춘 그들의 영향력은 국가의 정치적 미래에 암운을 드리우게 될 지도 모른다는 우려를 자아내고 있다.

② 미얀마

독립이래 미얀마 군부(Tatmadaw)는 정치에서 중심적 역할을 수행해왔다. 합법적으로 군에 대립하도록 허락된 어떠한 사회기관도 계층도 없었기 때문에 떼인 세인의 민주적 개혁 프로그램에 대한 긍정적 평가는 내려지지 않고 있다. 사회의 전분야를 왕이 통제하고 있는 브루나이를 제외하고 동남아 국가에서 미얀마와 같은 정도로 단일 조직에 의해 통치되는 국가는 없다.

아웅산 휘하에서 인기있는 친독립군으로 시작한 타트마도우는 초기 정부 시절 유일하게 믿을 만한 단일 세력이었다. 1958년 우 누는 일시적으로 군부가 정치에 개입할 것을 요청했다. 그리고 1962년에는 스스로 국가권력을 장악했다. 10여년 동안 추종을 불허하던 리더였던 네 윈은 정당정치 위에 선, 후견인으로 정부를 장악했다. 그는 정부의 지배적인 요직을 맡음으로서 동료들에게 정부를 운영시켰다.

1988년 사회적 혁명에 직면하여 군부는 고위 지도자들을 교체하고 시위자들에 대해 무자비한 진압을 하면서 스스로 권위를 회복하였다. 그러나 또다른 분부의 억압 사례가 2007년에 드러나 승려, 학생, 평민들이 참여한 반정부 시위가 벌어졌다. 네윈으로부터 통제가 되던 안되던 SLORC 장군들 혹은 딴슈웨(Than Shwe)의 SPDC(국가평화발전위원회, '97. 11. SLORC에서 개명)장군들의 회합은 군사정부를 구성한 12명의 장군들 사이에서 비밀리에 이루어졌다.

타트마도우는 급성장하여 1990년대초 19만명에서 2008년에는 40만명이 되었다. 아프가니스탄과 이라크의 미국-영국 합동 침공은 군사정부로 하여금 외부세력이 약한 국가들이 침공을 당할 수 있다는 확신을 갖게 하였다. 국가안보문제에 사로잡힌 딴 슈웨는 병력을 확대하여 동남아에서 베트남에 다음가는 규모로 키워놓았다. 그럼에도 불구하고 새로 수집된 병력들의 질은 별로 만족스럽지 못했다.

SPDC 휘하에서 중국, 인도, 이스라엘, 기타국들과의 무기거래는 미얀마의 무기체계를 업그레이드 시켰고 함대의 규모를 배로 키웠다. 미얀마군은 현재 총 45만5천명이며 국방비는 15억US$에 달하고 있다. 미얀마 해군은 6천명으로 5개 기지, 200여척의 함정으로 무장돼 있으며 미개발된 연안의 유전과 천연가스 등의 자원을 보호하는 임무를 수행하고 있다. 공군은 9천명이며 Mig29 전투기 12대 등 350여대의 항공기를 보유하고 있다. 딴 슈웨 재임중 북한과 핵기술 교환거래가 가능해 미얀마에 핵확산의 의문이 제기되기도 했었다. 2012년 개혁주의자인 떼인 세인 대통령은 북한과의 모든 무기거래를 중단하고 유엔 안보리의 규제내에서 김정은 정권과의 어떠한 무기거래도 제한할 것임을 맹세하였다.

2011년 해산되어서 SPDC는 SLORC로부터 오직 두 명의 장군만 남아있다. 1990년대 수많은 인종적 반란집단들과 휴전을 유지하는 것이 타트마도우에게 가장 심각한 안보문제였다. 그러나 미얀마의 현재 진행중인 내전은 세계에서 가장 오래된 상태로 남아 있다. 떼인 세인의 USDP 정부 아래 수많은 종족 반군들과 평화에 도달하려는 노력에는 종족 안보와 관련한 보다 유화적인 접근으로 무장한 종족 반란군을 주(州) 산하 군대로 편입시키려는 노력도 시도되었다.

향후 타트마도우가 킹메이커 역할을 할 집정관으로 남아 있을 것인지, 혹은 보다 전문화된 군대로서 새로운 역할이 부여될지는 의문이다. 헌법적인 질서가 정치에서 그 역할을 하고 있음이 확실하지만 당분간 계엄령과 함께해온 미얀마 장군들의 과거행태로 볼때 떼인 세인의 통치 하에서 북한 지도자들과 같은 외국인 혐오증자들의 존재가 부각될 것이다.

③ 베트남

베트남군은 베트남공산당(Communist Party of Vietnam, CPV)의 창조물이며 고위 장군들은 당 지도부의 구성원들이다. 베트남의 정규군은 48만2천명으로 육군이 41만2천명, 해군이 4만명, 공군이 3만명으로 아세안에서 가장 강력한 군대를 보유하고 있다. 또한 440만에 달하는 베트남 인민예비군(PAVN)은 동남아에서 최대 규모인 것은 물론, 세계 최대 예비군의 하나에 포함된다. 1975년 통일 이후 주로 조국 통일의 임무가 주어졌던 PAVN은 1979년 중국이 베트남 북쪽 국경을 넘어 침공해왔듯이 외부 공격으로부터 베트남을 방어하는 임무를 맡고 있다. 동남아의 다른 군대들과 달리 베트남 군대는 공산당 지도부를 뒤엎는 구테타 위협이 없다는 것이 특징이다. 그들의 역할은 오로지 당의 권위에 복종하는 것이다.

④ 필리핀

필리핀 군대는 오랜 기간 특별한 후보를 지원해왔지만 필리핀 정치에서 주도적인 역할을 한 적은 없다. 태국 군대와는 다르게 필리핀 군대는 시민 지도자에 복종해왔다. 그러면서 대외적으로 국방을 제공하는 정통적 업무와 내부 전복에 대하여 안전을 지키는 임무를 수행해 왔다(마르코스는 후자의 업무를 자신의 이익을 보호하는 데 활용했다). 피델 라모스는 군장성 출신의 유일한 대통령 이었다.

필리핀군(AFP)은 1940년대 모두 3만7천명이었다. 1975년과 1976년 사이에 그 수가 급격히 늘어 9만에서 11만 4천명이 되었다. 마르코스는 자신의 임기중에 군대를 3.5배 확충하였고, 그리고 국내보안군의 군조직화를 포함하여 시민 생활에 군의 개입을 늘렸다. 마르코스 하에서 군부는 그의 정실인사 편향과 북부 루손으로부터온 일로카노스 종족의 군지휘부 배치 등으로 탈전문화되었다. 그같은 예가 여실히 드러난 것은 마르코스가 군참모총장에 자신의 사촌인 파비안 베르를 임명한 것이 있다. 베르는 아퀴노 상원의원의 암살계획에 도움을 준 정부 지명 조사위원회에 의하여 지원을 받았으며 군을 정치화시켜서 마르코스를 위한 보안군으로 변화시켜 계엄령 때 그를 돕도록 했다.

군의 정치화와 탈전문화에 반발한 개혁성향의 장교그룹은 개혁군부운동(RAM)을 결성하였고 1986년 선거 이후에 마르코스 타도 군부 구테타를 이끌었다. RAM의 지도자인 후안 폰스 엔릴레는 마르코스를 축출하고 아퀴노를 지지한 댓가로 코라손 아퀴노 정부에서 국방장관을 맡게 되었다. 그는 RAM의 다른 장교들과 함께 후에 아퀴노에 반대하게 되었고 결국 아퀴노 반대 구테타를 다시 일으켰다.

군부를 재전문화시키려는 시도에도 불구하고 그들 때문에 아퀴노는 항상 AFP 내 구성원들로 하여금 위협을 받았다. 1989년 1월, 엘리트 레인저 멤버들이 공군기지와 육군 캠프, 두개의 TV 방송국 등을 점령하고 말라카냥 대통령궁을 공격했다. 그들은 대통령의 사임을 요청하는 것 외에는 특별한 요구가 없었다. 아퀴노 대통령은 반란군을 진압하기 위하여 미국에 공군지원을 요청, 미공군의 F-4 팬텀기들이 클라크 공군기지에서 발진하여 반란군의 기동을 무력화시켰다. 마닐라의 호텔과 몇몇 오피스빌딩 등을 장악하고 있던 반군들은 협상을 요구해왔다. 이 구테타 기도로 79명이 죽고 600명 이상이 부상했다. 정치적으로는 아퀴노 대통령은 구테타는 진압했으나 미국의 힘을 빌었기 때문에 국민들의 지지를 잃게 되었다. 이 사건은 민족주의자들을 자극했고 반미감정을 불러왔으며 후에 미군기지를 몰아내는 협상을 더욱 복잡하게 만들었다.

라모스 대통령과 에스트라다 대통령 시대에는 군부의 쿠데타 시도는 없었다. 라모스는 라몬 막사이사이 이래 확대된 임기 동안 안보를 가져온 최초의 대통령이었다. 쿠데타 소문이 아로요 대통령 통치기간 중에 줄곧 있었으나 막상 반군 AFP 분파에 의한 약한 쿠데타 시도가 있었을 뿐이다.

AFP는 엉성한 조직과 장비, 분파주의 등 통제되지 않는 요소들로 제도적인 부패를 겪고 있다. 지역적 입장을 고려할 때 필리핀군은 약한 것으로 평가된다. 모로해방전선 등 국내 분리주의자들을 진압해야 하고 또 장차 남사군도를 둘러싼 중국의 위협을 맡아야 되는 입장이기 때문이다. 남중국해의 긴장이 고조돼 가면서 베니그노 아키노 3세 대통령과 고위 장성들은 '전투능력 업그레이드 프로그램'을 추구하고 있다. 신형 헬기 구매와 무기들 그리고 잠재적으로 잠수함과 신형 전투기 등을 미국으로부터 구입하려 하고 있다. 필리핀 정부는 외국군대와의 합동훈련을 통해 지역안보 능력 신장을 꾀하고 있다. 그 일환으로 미국과 연합기동훈련 및 해군기동훈련을 매년 실시하고 있으며 말레이시아와는 밀수 차단 및 불법어로 감시, 해적 예방 등을 위한 해상초계훈련 역시 매년 실시하고 있다.

⑤ 인도네시아

인도네시아의 독립 이후 상당 기간 동안 특히 수하르토 체제 하에서 군은 정치에 많은 관여를 해왔다. 미얀마를 제외하고는 일상의 통치에 군부가 가장 많이 개입하는 상황을 겪었다. 그러나 인도네시아군(Tentara Nasional Indonesia)의 정치적 역할은 21세기 들어 극적으로 감소했다. 비록 군에 잠재적인 힘은 강력하게 남아 있었지만 국가 역사에 마이너스될 요소는 없었다.

일단 군의 정치적 역할이 국가통치의 원칙을 에워싸게 되자 지도자들은 인도네시아 사회에서 안보역할과 사회정치적 역할을 수행하는 이중기능의 인식을 갖게 됐다. 법제화를 통하여 이같은 이중 역할은 내각구성원에, 지방 지사에, 입법의원에, 골카르(Golkar)의 지도자들에게 군적 요소를 포함하는 것이 합법화 되었다.

수하르토의 쿠데타가 있기까지는 군장성들의 활발한 참여가 없는 인도네시아 행정조직은 상상할 수가 없었다. 그러나 새로운 개혁 아젠다에는 군의 전문화를 추구하고, 의회 의석과 기업 이사직들로부터 장성들을 배제하게 됨에 따라 군의 이중기능 수행이 박탈되었다. 기업에서 1980년대 1990년대 많은 군재벌들이 탄생했으나, 의회에도 2004년 이래 군을 위한 지정된 의석은 없어졌고 오직 선출된 대표들만이 국가의 주요 행정직과 입법단체를 장악하고 있다.

인도네시아는 2008년 현재 38만명의 군대가 있으며 육군이 28만, 해군 6만명, 공군 4만명의 병력을 보유하고 있다. 국방 예산은 34억달러에 달한다. 도서국인 만큼 역내 다른 국가들 보다 해군 병력이 많은 특징이 있다.

⑥ 브루나이

브루나이 국가방위군은 아세안 최소 국가답게 약 4천500명 규모의 왕립브루나이군(RBAF)을 유지하고 있다. 이들은 자발적으로 모집되고 최고의 대우가 주어진다. 부국으로서 다른 어떤 아세안 국가들보다도 높은 비율의 예산을 방위비에 할애하고 있다.

1962년 이래 RBAF는 술탄에 의해 경비가 지급되던 영국 구르카스군의 한 대대에서 증강 편성되었다. 이 군대는 술탄의 통치에 반대하는 구테타를 일으키지 않을 것을 맹세하고 있으며 정기적으로 말레이시아나 호주 뿐만 아니라 미해병대와 합동훈련을 벌이고 있다. RBAF는 또한 캄보디아, 필리핀, 레바논 등지에서 국제평화유지군 활동에도 참가하고 있다. 브루나이 술탄은 최근 폴란드제 블랙호크 헬리콥터를 구입하여 남중국해의 200마일에 달하는 배타적 경제수역의 모니터를 실시하고 있다. 현재 브루나이는 남사군도에 1개 섬의 영유권을 주장하고 있다.

⑦ 라오스

1975년 라오인민혁명당이 이끄는 라오스애국전선이 실권을 장악하면서 같은 해 12월 왕정을 폐지하고 현재의 라오인민민주공화국을 수립하였다. 군대는 1949년 1월 '라오인민해방군'이란 이름으로 창군한 이래, '파테트라오군', '국가건설전선군'에 이어 1982년 8월 '라오인민군(Lao People's Armed Forces, LPAF)'으로 개명되었으며, 라오인민혁명당 휘하 국방장관이 지휘하고 있다.

라오스는 헌법으로 규정되어 있는 '국민 개병'의 원칙하에 징병제(18세~28세,

24개월)와 지원병제도를 병행하고 있다. 대통령 겸 당서기장(중장)인 춤말리 사야손(Choummaly Cayasone), 부통령인 분냥 보라칫(Bounnhang Vorachith), 부총리인 아상 라오리(Asang Laoly) 등 정치국원들이 전직 군부 출신이고, 국방장관인 두앙차이 피칫(Douangchay Phichit) 등 중앙위원 7명이 현역 장성 신분을 유지하고 있다. 그리고 전직 대통령의 아들인 사냐학 폼비한(Sanyahak Phomvihane)이 국방부 참모국장과 같은 군 요직에 포진하는 등 군부가 정계에 미치는 영향력이 막대하다.

라오스는 1997년 아세안에 가입한 이래 국제적인 이슈와 관련해서는 자국의 독자적인 입장보다는 아세안이라는 공통의 입장을 존중하는 전략을 유지하고 있다.

⑧ 캄보디아

캄보디아의 군사조직은 육 · 해 · 공군 3군으로 구성되어 있으며, 1996년 이래 지속적으로 군대를 감축하여, 2008년 현재 약 8만 명이 군 병력을 유지하고 있다.

1999년 1월 훈센(Hun Sen) 총리는 시하누크(Shihanouk) 국왕에게 군 · 경찰 조직 축소를 위한 개혁 조치의 일환으로 군 최고 사령관직에서 사임할 것을 건의, 국왕이 서명함으로써 군 최고사령관직에서 퇴임하였다. 캄보디아는 1996년~1998년에 총 3만1천500명의 병력을 감축하였으며 1999년 12월까지 병적카드 작업을 완료하였다. 병적에 등록된 총 14만 693명에 대해 아이디(ID) 카드를 발급하고, 1만 5551명의 유령병적과 16만 3346명의 유령 군가족을 삭제하였다.

1999년 5월 캄보디아는 군개혁위원회를 설립하여 5년에 걸쳐 약 5만5천명을 추가로 병력 감축할 것을 결정하고 지속적인 감군을 추진하였으나, 군 제대자 퇴직수당과 직업훈련 예산 부족으로 2003년 이후에는 병력 감축을 연기하였다. 국방 예산은 2010년 1억2천300만 달러 규모였다.

대외적으로 캄보디아군은 평화유지활동에 적극적으로 참여하고 있다. 2006년부터 수단에서 UN 평화유지 활동에 참가 중이며, 총 521명의 캄보디아군을 파견하였다. 2009년~2010년에는 차드 및 중앙아프리카공화국에 총 42명의 평화유지군을 파병하였으며, 2010년 11월에는 레바논에 총 216명의 평화유지군을 파병하였다. 2010년 7월에는 미국태평양사령부와 캄보디아군이 공동 주관으로 캄보디아에서 다자평화유지훈련(Angkor Sentinel)이 실시되었으며, 총 26개국과 1천여 명이 참석하였다.

6. 결론

아세안 국가들은 앞서 살펴본 위협인식에 바탕을 두고 중국의 남진에 효과적인 대응 방안을 다각도로 모색해 왔는데, 그것은 아세안의 자체 군사력 증강보다는 안보외교를 강화함으로써 중국의 위협에 대처하는 전략에 더 큰 비중을 두고 있다. 이는 또 아세안 내적 차원에서 이루어지고 있는 대응책과 아세안 외적 차원, 즉 중국 및 역외강대국을 대상으로 이루어지고 있는 대응전략으로 나누어 볼 수 있다.

아세안 역내 차원에서 강구되어 온 대응전략들은 아세안의 '탄력성'(resilience)을 강화하여 대중국 견제력을 증대시키는데 초점을 두고 있는데, 이는 아세안 회원국의 확대와 결속력 강화로 나타났다. 아세안은 탈냉전과 더불어 인도차이나 국가들과의 관계를 신속히 개선하고, 나아가 1995년에 베트남 가입을 시작으로 1997년 7월에는 라오스와 미얀마를, 그리고 1999년 4월에는 캄보디아를 가입시킴으로써 마침내 '아세안-10'을 완성하여 국제적 위상을 증대시키는 동시에 대중국 견제력을 강화하였다. 특히 동남아 최대의 군사력을 보유하고 있는 베트남의 가입은 대중국 견제력을 상당히 제고시킬 수 있었다. 또한 인권문제로 서구의 거센 반대에도 불구하고 미얀마를 가입시킨 중요한 배경 가운데 하나는 미얀마의 친중국화를 저지하여 동남아에 대한 중국의 영향력 확대를 막자는 데 있었다. 이와 함께 아세안은 역내통합과 결속력의 강화를 위하여 정치·경제적 협력을 더욱 가속화하고 있다.

기존의 다양한 역내협력 메커니즘을 활용함은 물론이고, 1992에 체결된 아세안 자유무역지대(AFTA, ASEAN Free Trade Area)의 완성을 거듭 단축시키려는 노력을 하고 있으며, 정치안보협력을 강화하기 위하여 1997년 이래로 정기적인 정상회담 외에 매년 비공식적인 정상회담을 개최하고 있다. 또한 '하나의 동남아시아'(One Southeast Asia)라는 슬로건 아래 동남아공동체(Southeast Asian Community)의 건설을 위하여 1997년에는 '아세안 비전 2020'이라는 선언문을 채택하여 주제별 세부실천방안도 제시했다. 물론 이러한 아세안의 역내통합 노력들은 급변하는 국제환경에 대응하기 위한 거시적 차원에서 이루어지고 있는 것이 사실이지만, 지역적 탄력성을 강화함으로써 중국의 남진을 견제하고자 하는 의도 역시 중요한 통합촉진요인으로 작용하고 있는 것이다.

한편 각국 정부가 재정문제 협조를 위한 치앙마이 이니셔티브(Chiang Mai Initiative, CMI)도 중요한 결실로 받아들여지고 있다. CMI는 아세안 10개국과 한국, 중국, 일본 3개국이 외환 위기 및 금융 위기 발생을 막기 위해 1,200억 달러 규모의 공동 기금을 마련하는 것을 골자로한 통화 교환 협정으로 2010년 3월 공식적으로 발효되었다. 이는 태국 치앙마이에서 열린 아세안+3 재무장관회의에서 처음으로 제안되었기 때문에 치앙마이 협정이라고도 불린다.

역내적 차원에서 이루어지고 있는 아세안의 탄력성 강화 전략은 자신의 영유권을 보호하기 위한 자구노력의 차원에서 이루어지고 있으나, 강대국의 위협에 효율적으로 대처하는데는 근본적으로 한계를 갖고 있다. 따라서 아세안은 이같은 자구노력과 함께 다양한 채널을 통해 중국의 행동을 온건화하고 상호신뢰를 구축하기 위한 안보대화를 추진하는 한편, 이 지역에 이해관계를 갖고 있는 미국·영국·호주 등 역외 강대국들과 안보유대를 강화함으로써 중국의 남진을 저지하는 전략을 강구하고 있다.

아세안은 중국의 팽창주의적 영유권정책을 저지하고 남중국해분쟁을 평화적으로 해결하기 위하여 중국과 대화를 모색함에 있어서 양자주의(bilateralism)보다는 '다자주의'(multilateralism)를 선호하고 있다. 왜냐하면 양자주의는 변화하는 상황에 따라 양자간 대화와 협상에 의하여 시시각각으로 다르게 대처해야 하는데, 이 경우에는 협상력이 우위에 있는 강대국의 입장이 보다 효과적으로 관철되지만, 다자주의는 모든 국가들이 동등한 권리와 의무를 전제로 하여 참여하기 때문이다. 실제로 남중국해분쟁에 관련된 아세안의 약소국들은 양자간 협상에 있어서 중국에 외교적으로 압도당함으로써 협상의 결과가 불만스러웠던 전례가 많았으며, 이로 인하여 양자간 협상을 꺼려해 왔던 것이다. 반면에 양자간 협상이 오히려 유리한 중국은 남중국해분쟁을 공식적 무대에서 다자간 논의하는 것에 반대해 왔던 것이다

이러한 판단에서 아세안은 다양한 다자안보메커니즘 통하여 중국의 온건화를 유도하고 분쟁의 평화적 해결을 모색해 왔다. 그 대표적인 메커니즘으로 2007년 11월 개최된 아세안 정상회의에서 '아세안 헌장'의 조인과 공포를 통해 아세안 회원국 사이의 협력관계가 앞으로 국민중심(people-oriented)으로 이뤄질 것을 천명한 바 있다. 또한 정부 차원의 '트랙 I'(Track I)과 별도로 시민 차원인 '트랙 II'(Track II) 차원에서도 아세안 회원국들 사이의 시민단체연합이자 자문기구로서 '아세안국민회의'(ASEAN Peoples' Assembly)를 결성하여 활동 중이다.

최근 브루나이에서 개최된 아세안 정상회의에서는 2015년 단일 시장 출범을 앞두고 관세장벽과 비관세장벽에 관한 문제들을 집중 토의했다. 회원국 각국마다의 사정으로 완전한 합의에 이르지는 못했지만 그 정신은 아세안의 공동번영을 약속해줄 것이 틀림없다. 아세안은 이미 공동체의 헌법 구실을 하게 될 '아세안 헌장'과 EU식 경제공동체인 아세안경제공동체 설립을 위한 합의에 서명을 끝낸 바 있다. 이제 한 발 더 나아가 역외 강대국을 포괄하는 협의체를 주도하여 국제적 위상 제고와 외교적 영향력 확대를 꾀하고 있다.

이같은 많은 사안들이 물론 빠른 시일내 해결될 것으로는 보기 어렵다. 그

러나 다자주의적 입장에서 역내 국가는 물론, 미국, 중국 등 역외국가들과의 협의체 운영을 잘 해나간다면 안보불안의 해소는 물론 높은 경제성장의 기회도 잡을 수 있을 것으로 보인다.

참고문헌

김한식 2005, 미국 중국 갈등의 현장 동남아시아, 서울: 한국학술정보(주).

류석춘 · 최진명 2012, 메콩강유역개발사업(GMS)을 통해 본 중국의 대 동남아시아 지역협력연구, 『국제 · 지역연구』 21권 2호.

양승윤 외, 2009, 동남아- 인도 관계론, 서울: 한국외국어대학교 출판부.

이동윤 김영일 2010, 동남아 분리주의 운동과 갈등관리: 아세안의 지역협력 방안을 중심으로, 서울: KIEP 연구자료 10-50.

조홍국 · 윤진표 · 이한우 · 최경희 · 김동엽 2011, 동남아시아의 최근 정치 · 외교에 대한 전략적 평가: 태국, 베트남, 인도네시아, 필리핀을 중심으로, 서울: KIEP 전략지역심층연구 11-07.

최원기 2010, 미국의 환태평양파트너십(TPP) 추진 전략, 서울: 외교안보연구원, 주요국제문제분석.

Acharya, Amitav 2012, The Making of Southeast Asia International Relations of a Region, New York: Cornell Paperbacks.

Castro, Renato & Lohman. Walter. 2011. U.S.-Philippines Partnership in the Cause of Maritime Defense, Backgrounder No.2593, Washington D.C.: The Heritage Foundation.

Cunha, Derek da(ed.) 2000, South Asian Perspectives on Security, Singapore: ISEAS.

Dayley, Robert & Neher, Clark D.(6th ed.) 2013, Southeast Asia in the New International Era, Boulder, Colorado: Westview Press.

Koichi Sato(佐藤考一) 2012, 'The China Threat' and ASEAN's Conference Diplomacy('中國威脅論'과 ASEAN 諸國), Tokyo: Keiso Shobo.

Loge, Peter A. 2008, The Asian Military Revolution From Gunpowder to the Bomb, Cambridge: University Press.

포스코경영연구소 2013, Chindia, vol.82.

South China Morning Post, 1999/01/12.

http://bemil.chosun.com/nbrd/bbs/view.html?b_bbs_id=10040&num=46003.

chapter 08

북한의 안보군사전략

chapter 08

북한의 안보군사전략

김연수(국방대학교 안보정책학과 교수)

1. 머리말

외부 관찰자의 입장에서 보면 지금 북한은 그야말로 전환기 상황에 놓여 있다고 평가할 수밖에 없다. 지난 2008년 여름 김정일 건강이상 발생 이후 북한당국은 북한의 정치역사에서 전혀 경험해 보지 못한 3대세습의 길을 가고 있기 때문이다. 그 것도 김정일의 갑작스런 건강이상에 따라 불가피하게 매우 빠른 기간 내에 정치적 경험과 관록이 부족한 젊은 후계자의 정통성 구축작업을 해야만 하는 과제에 직면해 있기 때문이다. 단기간 내 최고 정치권력자의 교체의 역사를 경험해 보지 못한 북한정치역사에서 갑작스런 지도자의 건강이상과 사망은 북한정치권력체계에 적잖은 파장을 불러일으킬 수 있다는 점에서 지금의 북한정권의 정책적 과제의 관심이 어디에 집중되어 있을 것인지를 가늠하기는 어렵지 않은 것이다. 지금 북한의 대내외 정책 모두는 3

대 세습정권의 안착에 그 초점이 맞춰져 있다고 볼 수 있는 것이다. 이런 점에서 보면 김정은 정권은 권력과 정통성 구축의 과도기 상황에 놓여있다 할 수 있으며, 북한의 안보군사전략은 과도기적 상황에 처해있는 김정은 정권의 정통성 기반을 구축하고 강화하는 것에 맞춰져 짜여 질 것이라는 진단은 합리성을 갖는다. 북한은 김정은 승계체제의 안착이야말로 북한체제의 안전을 보장할 수 있는 주요 결정변수로 보고 있는 것이다. 권력교체기에 있는 북한의 안보군사전략은 김정은 승계체제의 안착을 위한 대내외 조건을 유리하게 조성하는데 초점이 맞춰져 있는 셈이 된다.

이러한 가운데 북한은 안보군사전략차원에서 대외적으로는 대중 동맹외교 강화를 통해서 미국체제로부터 오는 위협요인을 억제하고자 한다. 소위 동맹 균형외교(external balancing)의 강화이다. 다른 한편으로 북한은 권력교체기의 체제안전의 불확실성의 위험을 줄이는 방법으로 스스로의 체제안전을 확보할 수 있는 수단을 강구하는 의미를 갖는 내적 균형행위(internal balancing)를 시도하고자 한다. 김정은 승계체제 구축과정에서 북한이 전격적으로 장거리 로켓과 제2~3차 핵실험을 단행하고 핵 전력화 선언을 한 것은 바로 이러한 맥락에서 이해되는 부분이다. 한편, 북한은 이러한 매우 보수적인 안보군사전략을 구사하는 동시에 미국체제에의 일정한 편승행위(bandwagoning)와 대남협력의 길을 모색하고 있기도 하다.[1] 목하 보여 지고 있는 북한의 안보군사 전략적 행태의 특징적인 것은 북한이 처한 상황만큼이나 매우 복합적인 성격을 담고 있다고 볼 수 있는 것이다.

이 글은 김정은 정권하의 북한의 안보 · 군사전략적 관점과 행태적 특징을 분석하는데 목적이 있다. 나아가 이의 우리안보에 미치는 영향과 관련한 시사점을 얻는데 목적이 있다. 이에 따라서 다음과 같은 흐름 전개에 따라 논지

1 외부위협인식에 대한 일국의 동맹선택행위와 편승행위에 대한 포괄적인 자세한 설명에 대해서는 다음을 참조할 것. Stephen M. Walt, *The Origins of Alliances*(Ithaca and London: Cornell University Press, 1987), pp. 17-49.

를 밝히고자 한다. 우선, 탈냉전 이후 북한의 안보전략적 행태의 전반적 흐름의 기조 하에서 김정은 정권의 안보전략적 관점과 행태의 특징적 측면에 대해서 살펴보도록 한다. 둘째, 김정은 정권의 군사전략적 관점과 행태의 특징적 측면들을 북한의 고전적인 군사전략기조와의 비교적 관점에서 살펴보도록 한다. 셋째, 김정은 정권하에 나타나고 있는 안보군사전략적 관점과 행태적 특징들이 갖는 남북관계상과 우리의 정책과제상의 시사점을 간단히 언급하고자 한다.

2. 김정은 정권의 안보전략 : 복합행위 전략

1) 북한의 안보전략기조의 변화[2]

(1) 미국체제에의 편승전략(1989~1994)

강대국이 주도하는 국제질서 하에서 약소국의 생존방식은 변화하는 국제질서의 변화에 적절하게 대응하는 것이 될 것이다. 북한의 경우도 국제질서의 변화에 비교적 민감하게 반응하면서 안보의 문제에 대응해 왔다. 주지하듯이 냉전 종식 이후 북한은 심각한 생존의 위기에 직면하면서 거센 안보적 도전에 시달렸다. 사회주의 모국이면서 든든한 배후 동맹 국가였던 구소련의 소멸과 소위 '형제국가'들이었던 동구 사회주의권의 붕괴는 북한에 생존의 위기를 가져왔다. 이에 더해 남한은 냉전 종식과정에서 적극적인 북방정책의 추진으로 1990년 구소련과 수교했을 뿐만 아니라 1992년에는 중국과의 관계를 정상화했다. 북한의 혈맹으로 인식되었던 중국과 남한의 수교는 특히 북

2 이하의 내용은 다음의 글을 부분적으로 수정한 것임. 김연수, "북한의 안보전략 평가", 김열수外『한반도전략평가 2011』(국방대 안보문제연구소, 2011), pp. 95-98.

한에게 적잖은 충격이었다.[3] 이러한 상황에서 북한은 새로운 생존전략을 모색할 수밖에 없었다. 냉전의 붕괴는 미국체제(American System)의 승리를 의미했다. 배후 동맹세력을 상실한 북한으로서는 미국체제의 신 국제질서에서 새로운 생존전략을 모색해야만 했다.

논리적으로 보면 미국의 일극체제하에서 생존을 위해서는 동맹세력의 규합을 통해서 균형행위(balancing)를 시도하는 것이 맞다. 그러나 북한은 고립되었고 매력적인 국가도 아니었으며, 1989년 천안문 사태의 후유증으로 어려움에 처해 있던 중국의 당시 상황을 감안해 보면 미국 일극체제에 맞서나갈 주변의 강대한 동맹제휴 세력도 부재했다. 중국은 미국체제에 대한 균형행위 차원의 대미 대항 동맹전략을 적절히 구사할 수 있는 형편이 아니었던 것이다. 때문에 북한의 선택은 불가피 했다. 미국체제에서의 편승전략(bandwagoning)을 선택하는 것 이었다. 북한은 적극적으로 미국과의 관계 정상화를 시도했다.[4] 주지하듯이 그 매개 수단은 냉전 종식 이후 미국의 세계전략이었던 비확산 전략의 약한 고리에 충격을 가하는 것이었다. 북한 핵문제가 발생한 것이다. 미국과 북한의 북핵문제를 둘러싼 외교적 협상과 대립은 때로는 북한의 NPT탈퇴선언과 미국의 영변 핵 시설에 대한 폭격 가능성이 거론되는 등 파국의 국면을 향한 경우도 있었으나, 1994년 10월「제네바합의」를 통해서 극적인 타결에 이르게 되었다. 북한이 영변지역의 핵 시설을 동결하고 폐기하는 대가로 정치, 경제, 안보적 인센티브를 부여받는 등 북한은 미국과의 관계정상화에 합의한 것이다. 북한은 미국과의 관계정상화 합의에 이른 이「제네바합의」를 커다란

---

3 중국의 한국과의 수교입장을 통보하기 위한 중국대표단과 김일성과의 1992년 7월 면담은 역대 중국대표단과 김일성과의 면담 중 가장 짧은 면담이었던 것으로 알려지고 있다. Qian Qichen, *Ten Episodes In China's Diplomacy*(N. Y: HarperCollins Publishers, 2005), p.124; 이후 한-중 수교로 인한 북한의 불만과 북한의 내부 사정이 복합적으로 작용하면서 북한과 중국의 관계는 1992년부터 경색되어 1999년 김영남의 방중시기 까지 정상급 상호방문외교가 중단되는 등 동맹 내 갈등 양상이 지속 되었다.

4 북한은 IAEA와의 핵안전협정을 체결하는 것을 매개로 1992년 1월 최초의 북미고위급회담을 개최했다. 이러한 북한의 대미접근으로 인한 남-북-미 삼각관계 형성에 대해서는 다음을 참조할 것. 김연수, "남-북-미 삼각관계 형성의 기원과 갈등: 북핵문제를 중심으로", 『동아연구』 제53집(2007), pp. 79-106.

외교적 승리로 간주했다. 북한은 "1993년의 NPT탈퇴, 1994년의 조미기본합의문 도출, 클린턴의 담보서한 등 이 모든 것은 공화국의 외교의 빛나는 승리로 된다"[5]고 말하고 있다. 당시 북한지도부는 이 합의를 미국 일극체제하에서 자신의 체제 안전을 확보한 것으로 평가한 것이다.

(2) 미국체제에의 편승전략의 한계와 내적 균형행위의 결합전략(1995~1998)

미국체제에의 북한의 편승전략에는 난관이 적잖았다. 그 무엇보다도 북한체제의 내부적인 급격한 붕괴는 「제네바합의」를 위기의 국면으로 몰고 나갔다. 1994년 7월 김일성의 사망과 1995년 북한의 100년만의 엄청난 자연재해는 북한에게 커다란 시련을 안겼다. 소위 '고난의 행군'이 시작된 것이었다. 김정일의 표현대로 북한은 사실상 '식량위기로 인한 무정부 상태'에 가까웠다.[6] 북한붕괴론이 크게 대두되었다. 수십만의 탈북자가 북-중 국경을 넘었다. 이런 상황에서 「제네바합의」는 진전되기 어려웠다. 북한당국은 체제붕괴를 우려하면서 북한군부를 중심으로 한 비상통치시기를 열어갔다. 김정일은 북한군에 사회통제 임무까지 부여했던 것이다. 북한의 미국체제에의 편승전략에 대한 기대는 잦아들었다. 그에 상응하여 북한은 내적인 균형행위를 모색하는 길로 나아가는 양상을 보였다. 1998년 8월 북한은 장거리 미사일을 시험 발사했다. 북한의 독자적인 균형행위 시도가 표현된 것이다. 북한의 장거리 미사일 발사는 북한의 핵 능력 추구가 전략적 목표일 수 있다는 점을 상기시키는 것이었다. 북한의 핵 능력과 결합된 진전된 미사일 발사능력은 미국의 동맹전략에 치명적인 위해를 가하는 것이었다. 북한은 전략적인 대량살상무기(WMD) 추구를 통한 내적 균형행위를 통해 엄청난 군사력 격차에도 불구하고, 대미 비대칭 억지전략을 구사하고자 한 것이다. 1999년의 소위 '페리프로세스'의

---

5 김봉호, 『위대한 선군시대』(평양: 평양출판사, 2004), pp. 123-124.

6 "1996년 12월 김일성종합대학창립 50돌 기념 김정일 연설문: 우리는 지금 식량 때문에 무정부 상태가 되어 가고 있다", 『월간조선』(1997년 4월호), p. 411.

등장은 북한의 대미 편승전략과 내적 균형행위의 상호작용의 결과였다.

(3) 미국체제에의 편승행위와 동맹 균형행위의 배합전략(1999~2002)

1998년 김대중 정부의 등장은 북한에게 새로운 안보전략을 모색할 수 있는 기회의 창을 열어줬다. 안팎으로 생존의 위기를 경험하던 북한에게 남한당국의 대북 포용정책은 흡수통일의 위험에서 벗어날 수 있는 기회를 제공한 것이다. 민족논리의 호소력은 북한체제의 본질적 모순을 은폐한 채 북한이 안보전략의 새로운 시도를 모색할 수 있는 여력을 만들어내는데 적잖은 역할을 한 것이다. 중국과의 관계가 회복되기 시작했다. 2000년 5월 김정일의 방중과 2001년에 뒤따른 김정일의 중국방문은 북한의 대중 동맹외교가 본격화되었음을 의미했다. 2001년에는 김정일은 러시아도 방문했다. 냉전 종식 이후 배후 동맹세력을 상실했던 북한으로서는 격세지감의 전략적 지형 변화였다. 북한은 미국체제에의 편승전략과 동시에 미국체제의 위협에 대한 균형행위를 모색할 수 있는 동맹 세력을 회복하기 위한 발판을 마련한 셈이었다. 남한과의 교류협력관계의 확대 또한 북한에게는 미국체제에의 위협에 대응할 수 있는 균형행위 차원의 하나의 수단으로서 인식되었을 가능성이 높았다. 북한의 안보전략의 유연성이 넓어진 것이다. 이러한 북한의 안보전략의 유연성의 증대는 북한으로 하여금 대미 내적 균형행위를 시도하는 비밀스러운 우라늄 농축프로그램에 대한 접근 시도로 나아가게 했다. 북한은 한편으로는 북한군 총정치국장인 조명록 특사의 백악관 방문을 통해서 북-미수교의 길을 개척하면서도 다른 한편으로는 핵 개발의 길을 걸어가는 이중적 행태를 보인 것이다. 그 결과 2002년 10월 제2차 북핵 위기가 발생하게 되는 것이다.[7]

---

7 2002년 10월 제임스 켈리 당시 미 국무부 동아태차관보가 평양을 방문, 강석주 외무성 제1부상과의 면담 시 강석주는 미국측 대표단에게 "우리가 HEU계획을 갖고 있는 게 뭐가 나쁘다는 건가. 우리는 HEU계획을 추진할 권리가 있고, 그보다 더 강력한 무기도 만들게 되어 있다" 고 언급한 것으로 알려지고 있다. 후나바시 요이츠 지음/오영환外 옮김, 『김정일 최후의 도박』(중앙일보 시사미디어, 2007), pp. 148-149.

(4) 미국체제에의 편승행위 약화, 내적 균형행위와 동맹균형 행위 우세 (2002~2011)

제2차 북핵 위기의 본질은 새로운 핵 능력의 길을 구축하고자 하는 북한의 의도를 분명히 확인할 수 있었다는 점이라 하겠다. 다르게 표현하면 북한이 대외 안보전략에서 내적 균형행위의 비중을 높여나가는 전략적 선택을 했다는 의미를 갖는다. 그로 인해 북핵문제의 협상을 통한 해결의 방식을 열어나가기 위한 6자회담의 진로는 험난한 것이 되어 버렸다. 북한은 2006년 7월 장거리 미사일 시험발사에 이어 2006년 10월 드디어 제1차 핵 실험을 전격적으로 단행했다. 제1차 핵실험으로 단행된 북핵 위기국면을 해소하기 위한 해법 차원에서 만들어진 2007년의 '2. 13합의'와 '10. 3합의' 등으로 북한 핵문제는 동결, 불능화, 해체의 3단계 해법이 모색되어 왔으나, 북한의 핵 능력에 대한 모호성 유지전략과 우라늄 농축프로그램 문제로 인해 북핵 협상국면은 더 이상 진전되지 않은 채 이후 정체국면이 지속되어왔다.

이러한 가운데 지난 2008년 여름 김정일의 갑작스런 건강이상 상황이 발생했다. 2009년 초에 김정은이 후계자로 지정되면서 후계계승의 정치가 북한정치를 지배하게 된다. 김정일의 짧은 유고는 북한의 위기인식의 증가로 이어졌던 것이다. 김정은 승계체제의 출범여건 조성 과정과 맞물리면서 2009년 4월과 5월에 걸쳐 북한은 장거리 로켓을 발사하고 제2차 핵 실험을 단행했다. 북한의 확실한 내적 균형행위 시도였다고 볼 수 있다.

2000년대 중 · 후반의 중국의 부상은 미국의 기존 영향권과의 직간접적인 충돌을 예고하는 것이었다. 중국의 영향권의 형성과 확장 시도는 북한에 대한 전략적 차원의 접근으로 나타나기 시작했다. 2009년 원자바오 총리의 방북은 북한에 대한 중국의 전략적 인식의 정도를 보여주는 것이었다. 원자바오 총리는 평안남도 회창에 있는 중국 인민지원군의 6 · 25전쟁 참전 전사자 묘역을 방문했다. 북한으로서는 미국체제에의 위협요인에 맞서 중국의 부상 요인을 십분 활용할 수 있는 기회가 열린 셈이었다. 지난 2010년 천안함 사태

이후 서해로의 미국 항모진입을 둘러싼 미-중의 미묘한 신경전은 북한으로 하여금 미-중 갈등요인을 활용한 동맹균형 행위를 자극하는 것이었음은 분명하다.[8] 실제로 북한은 김정은 승계체제의 출범 과정에서 김정일의 이례적인 4차례에 걸친 방중을 통해서 한층 강화된 동맹관계를 시현하면서 북한의 체제의 안정성을 확보하려는 시도를 적극적으로 시현해왔다. 북한의 동맹전략을 통한 균형행위 차원의 안보전략이 한층 강화되었던 시기였던 셈이다.

2) 김정은 정권의 안보전략 : 내적 균형행위의 강화 하 동맹균형행위 및 대미편승행위 약화

2011년 12월 30일 김정일의 유훈에 의거 조선인민군 최고사령관으로 추대된 김정은은 2012년에 들어서서 안보전략과 관련한 중요한 선택을 했다. 주지하듯이 그해 북한과 미국은 북한의 핵 · 미사일 실험의 모라토리움 조치와 북핵 시설에 대한 IAEA 사찰단의 입무복귀를 대가로 대북 식량지원과 대북관계에서의 단계적인 관계개선에 합의했다. 소위 '2. 29합의'가 그 것이었다. 그러나 북한은 '2. 29합의' 후 얼마 지나지 않아 전격적으로 소위 '2. 29합의'에 역행하는 '4. 13 장거리 로켓발사'를 강행했다. 미국과 국제사회는 물론이고 동맹국인 중국도 북한의 장거리 로켓발사에 대해 명백한 반대의 입장을 표명했음에도 불구하고 북한당국은 이를 도외시하는 행위선택을 했다. 결과적으로 일종의 북미관계 개선의 기회와 장거리 로켓발사를 교환하는 선택을 한 셈이었다. 대미관계의 악화와 북-중 관계에서 불협화음 상황 등이 발생했다. 북한은 2012년 12월 또다시 장거리 로켓발사를 강행했다. 이어서 북한은

---

8 물론, 북한의 중국과의 동맹관계 강화를 통한 대미 균형행위 시도는 강대국 동거체제로서의 미-중 협상체제의 지속 가능성을 전제했을 경우 일정한 한계가 있을 것이라는 지적도 가능할 것이다. 미-중관계의 성격과 장래전망에 대해서는 다음을 참조할 것. Henry A. Kissinger, "The Furture of U.S.-Chinese Relations: Conflict Is a Choice, Not a Necessity", *Foreign Affairs*, March/April 2012, pp. 44-55; Wang Jisi, "China's Search for a Grand Strategy", *Foreign Affairs*, March/April 2011, pp. 68-79.

2013년 2월에는 중국의 강력한 반대에도 불구하고 전격적으로 추가적인 제3차 핵실험을 강행하였고, 이어 3월말에는 핵 능력을 질과 양적으로 증가시킬 것임을 명백히 하는 경제건설과 핵 무력건설의 병진노선을 천명하면서 안팎으로 핵 무력 보유국가임을 명시적으로 선언했다. 북-중 안보동맹관계의 역사적 측면에서 볼 때, 북한의 독자적인 안보전략 노선을 강화하는 조치가 아닐 수 없었다. 주지하듯이 강대국과 약소국의 군사동맹관계의 맥락에서 보면 강대국의 약소국에 대한 핵 안전보장이야 말로 약소국에 대한 강대국 정치투사의 유효한 활용도구임에 분명하다고 할 때, 북한의 핵보유전략은 안보전략적 측면에서의 대 중국 의존도 약화의 중요한 측면으로 해석되지 않을 수 없는 것이다. 이는 또한 북한의 대미 안보전략적 측면에서도 내적인 대미 균형행위의 억제적 장치를 마련한 의미로 해석될 수도 있다.

이처럼 김정은 정권하의 북한은 안보전략상의 독립성을 추구하는 조치를 취하고는 있으나, 동북아 현실주의적 동맹정치의 맥락에서 보면 중국과의 동맹균형행위는 여전히 의미를 갖고 있으며, 포괄안보의 시대적 추세를 감안할 때 대미 편승적 행위의 측면도 무시할 수 없다는 점은 의문의 여지가 없겠다. 지금까지 드러나고 있는 김정은 정권의 안보전략상의 행보는 핵보유전략을 통한 안보전략상의 독립성 추구가 두드러지면서 대중 동맹균형행위와 대미 편승적 행태 또한 공존하는 복합적 양상을 드러내고 있다는 것이 현실의 실제에 가까운 평가일 수 있겠다.

3. 김정은 정권의 군사전략 : 비대칭 군사전략

냉전 종식 이후 북한의 군사전략상에도 적잖은 변화가 나타났다. 주지하듯이 냉전의 종식은 북한의 경제적 고립을 가져왔고, 이의 파급효과는 군사력의 기본 바탕이 되는 북한 경제부문에 적잖은 어려움을 낳았다. 선군노선으로 인한 군사부문에 대한 자원투여의 우선적 원칙에도 불구하고, 재래식 전력의 증강 노력은 어려운 상황에 도달하지 않을 수 없었다. 대표적으로 북한은 지난 1999년 개량형 미그 21기 40대를 도입한 이후 공군전력의 증강 부분에 있어 여타 눈에 띄는 조치를 취하고 있지 못하다. 공군전력의 취약성을 극복하기 위해 북한은 김정일의 중국, 러시아 방문 시 마다 이들 국가에 최신 전투기 도입에 대한 관심을 표명한 것으로 알려져 있으나, 성과는 나타나지 않아왔다. 이처럼 경제적 어려움의 제약조건에서 북한이 지속적인 재래식 전력투자에 의존하여 대남 공세적 군사전략상의 실효적 우위를 유지하는 것은 쉽지 않았다고 볼 수 있을 것이다. 북한의 군사전략상의 선택은 비대칭전력을 강화하는 쪽으로 나타났다. 북한의 전략문화(strategic culture)[9]상 대외위협인식의 원천이 미국이라는 점에서 이를 극복하기 위한 북한의 비대칭전력 부분의 강화노력이 본격화된 것은 1990년대 초반부터라고 봐야할 것이다.

1) 북한의 군사전략의 기조

북한의 군사전략은 기본적으로 공세성을 기조로 한다. 공세적 군사전략은 북한정권 자체가 무력을 통한 한반도공산화를 절대목표로 하여 성립되었기 때문이다. 공세적 군사전략은 북한의 군사적 우세의 조건 속에서 북한체제의 절대적 대남 전략목표 실현을 보장하기 위한 실효적인 대남 군사력 투사 운용 전략의 행태로 나타났다.[10] 이의 대표적인 것들을 몇 가지 살펴보면 다음과 같다.

---

9 북한의 전략문화와 대외행위와의 상관성에 대해서는 다음을 참조할 것. 김연수, "북한의 외교스타일: 전략문화 접근", 『프레시안』(2006. 7. 12).

10 지난 2012년 4월에 개정된 북한 노동당 규약 서문에서 북한은 다음과 같이 북한체제 존립의 절대명제에 대해서 언급하고 있다. "조선노동당의 당면목적은 공화국 북반부에서 사회주의 강성국가를 건설하며, 전국적 범위에서 민족해방, 민주주의혁명의 과업을 수행하는데 있으며, 최종목적은 온 사회를 김일성, 김정일주의화 하여 인민대중의 자주성을 완전히 실현하는데 있다", 『북한노동당규약서문』(2012. 4. 11 개정).

(1) 배합전략

배합전략은 북한이 6. 25 전쟁에서 채택했던 대규모 근대적 물량투하에 의한 전선돌파의 구소련군의 전격전 교리에 더하여, 후방지역에서의 유격전 필요성을 인식케 한 6. 25전쟁의 교훈이 더해진 북한의 고전적인 대남 군사전략이라 할 수 있다.

북한은 정규 · 비정규전의 배합작전을 무력투쟁의 양대 골간으로 삼아 정규부대를 전략적 돌파작전의 주공으로 투입하는 한편, 비정규전 요원은 정규부대 배후에 연한 제2전선을 형성 하고 내륙 깊숙이 침투하여 유격전을 감행하도록 전력을 할당하여 운용하는 것을 배합전략의 기본 개념으로 인식하고 있다.[11] 북한은 이러한 배합전략을 김일성이 창조한 것으로 선전하고 있다. 즉, 북한은 다음과 같이 말하고 있다.

> "수령님께서는 대부대 작전 소부대작전을 밀접히 결합하며 유격전쟁 경험과 현대적 군사기술을 배합하고, 유격전법과 현대전법을 결합하며 유격대의 적극적인 활동에 배합하여 전인민적 항쟁을 조직 전개할 데 대한 방침 등 적을 전략 전술적으로 압도할 수 있는 탁월한 방침들을 창조하셨다. 대부대 작전과 소부대 작전을 밀접히 결합하는 것은 집중과 분산, 신속한 기동을 능숙히 실현하여 적을 타격하고 소멸할 데 대한 유격전의 전술적 원칙에 전적으로 맞으며, 유격대로 하여금 언제나 주도권을 튼튼히 틀어쥐고 적을 타승할 수 있게 하는 현명한 전략적 전술적 방침이다. 유격전법과 현대전법을 배합하고 유격대의 활동과 전인민적항쟁을 결합하는 것은 상비무력을 핵심으로 전체인민을 하나의 전투대오로 꾸려 거족적인 투쟁역량을 마련하고 대규모적인 정규작전과 영활한 유격전을 배합하여 적들을 도처에서 타격하여 소멸하며 조국 땅을 완전히 해방할 수 있게 하는 탁월한 전략 전술적 방침이다."[12]

---

11 북한연구소,『북한총람: 1945년~1982년』(서울: 북한연구소, 1983), p. 1459.

12 "항일혁명전쟁의 탁월한 전략전술, 혁명무력건설의 위대한 강령적 문헌: 〈김일성 군사선집〉 제1권 출판에 즈음하여", 「노동신문」(1972. 4. 19).

이러한 김일성의 소위 강령적 지침에 의거 북한은 실제로 비정규전의 대규모적인 감행을 위해 전선군단과 사단 단위에 경보병 부대를 배치해 오고 있으며, 특별히 대남 유격부대 단위로서 전문화된 특수군단(11군단)을 창설하여 운용해 오고 있다. 한편, 김일성은 경보병부대 활용에 의한 유격전의 실효적 의미에 대해서 "경보병 부대를 조직하여 적 후방에 들어가 싸우게 한다면 원자탄보다 훨씬 좋다. 전쟁승리의 결정적인 요인은 현대전과 유격전을 배합하는 것이며 지금 적이 제일 겁내는 것은 유격전이다"[13]라고 말한 것으로 알려지고 있다. 이러한 김일성의 제 유격전의 필요에 대한 강령적 언급들은 북한이 비정규전적 요소에 대해 얼마나 큰 비중을 두어오고 있는지를 알 수 있게 하는 점이라 할 것이다.

(2) 선제기습전략

기습은 예기치 않은 장소, 시간, 방법 등에 의하여 적을 공격하고 적의 정신상태의 균형을 파괴시키는 것을 말한다. 현대전에서 은밀성과 속도를 기본으로 하는 기습의 효과에는 군사기술과 경보체계의 발전에 의해서 제약성이 존재한다.[14] 그러나, 현대전의 대부분은 기습의 형태로 전개된다. 북한군 군사전략에 있어서 선제기습전략은 정규부대에 의한 과감한 전선돌파와 사전에 배후로 은밀히 침투시킨 제2전선 형성부대를 활용한 조기 전장의 지배를 목적으로 하는 전략개념을 의미한다.[15] 수도권에 주요 국력자원이 집중되어 있는 남한의 전략적 환경의 특성, 종심이 짧고 전장의 규모가 크지 않은 한반도 상황에서 군사전략상의 기습의 효과는 매우 크다고 봐야 할 것이다. 이를 위해서 북한은 정규군에 있어서는 기동력을 극대화하고, 비정규군에 있어서는 무장

---

13 김일성, "인민군당위원회 제4기 4차 전원회의 발언", 『북한총람: 1945년~1982년』(서울: 북한연구소, 1983), pp. 1468-1469.

14 허출, "기습에 대한 이론적 접근", 『공사논문집』 제35집(공군사관학교, 1994), pp. 28-29.

15 북한연구소, 『북한총람: 1945년~1982년』(서울: 북한연구소, 1983), p. 1459.

을 경량화 함으로서 군사력에서 속도의 요소를 크게 중시하여 왔다.[16] 주지하듯이 북한은 지상군 전력의 70%, 전투임무기의 약 40%를 평양-원산선 이남지역에 배치하여 상시 기습공격을 가할 수 있는 전력배치를 유지해 오고 있다.[17]

(3) 속전속결전략

강대국들의 동맹정치가 작동하고 있는 한반도 전략 환경의 특성은 전쟁의 장기화 조건을 허용하기 쉽지 않다. 주지하듯이 강대국들이 동맹정치에서 가장 염려하는 것은 연루의 문제다. 전쟁의 장기화는 불가피하게 동맹정치에서의 방기(abandonment)와 연루(entrapment)의 소위 '동맹안보딜레마(alliance security dilemma)' 모두를 낳게 할 수 있다.[18] 6. 25 전쟁에서 미국의 개입으로 인한 전세역전과 퇴패의 기억을 갖고 있는 북한은 이 6. 25전쟁을 교훈삼아 가능한 단기간 내 전쟁의 승패를 결정하고자 우세한 군사력의 집중적 투사전략을 대남군사전략의 기본으로 삼고 있다. 북한으로서는 남한에 대한 미국의 대규모 증원전력의 전개기회 공간을 허용하지 않는 것이 전쟁성패의 관건이 될 것이기 때문이다. 이러한 속전속결전략은 북한이 임의의 제한된 정치적 목표를 달성하기 위한 제한전쟁의 수행전략으로 활용될 수 있는 측면을 아울러 내포하고 있다 하겠다.

이러한 북한의 대남 체제절대 목표를 실현하기 위한 대남 군사전략상의 3대 기조는 대체로 대남 전면전을 가상한 대규모 군사력 투사전략의 관점이 작용하고 있다는 점에서 북한의 대남 군사상의 우세가 보장되는 조건에서 실현 가능한 군사력 운용전략이라 하겠다. 그러나 동시에 일정한 제한된 정치적 목적을 달성하기 위한 제한전쟁 수행 시 대남 군사력 투사전략으로서도

---

16 정병호, "북한의 군사전략", 한용섭外,『김정일 선군정치 10년의 평가와 전망』(국방대 안보문제연구소, 2005), p. 67.

17 대한민국 국방부,『국방백서 2012』(국방부, 2013), pp. 25-27.

18 동맹정치에서 나타날 수 있는 방기와 연루의 동맹안보딜레마의 여러 유형에 대한 포괄적인 자세한 설명에 대해서는 다음을 참조할 것. Glenn H. Snyder, *Alliance Politics*(Ithaca and London: Cornell University, 1997), pp. 180-192.

활용될 수 있는 측면을 동시에 내포하고 있다는 점에서 북한의 이 3대 대남 군사전략상의 기조는 지속성을 가질 수 있다고 볼 수 있겠다.

2) 김정은 정권의 군사전략 : 비대칭 군사전략

(1) 선군노선의 계승과 병진노선

김정은 시대의 군사전략의 특징적 측면은 한마디로 비대칭 군사전략으로 특징화 될 수 있겠다. 김일성 · 김정일 시대의 대남 군사전략상의 기조를 지속시키면서도 북한이 직면하고 있는 안팎의 새로운 전략적 환경의 조건하에서 비대칭전력의 강화와 이를 바탕으로 한 이전의 시기와는 비교되는 새로운 군사전략을 추구하고 있는 것으로 평가할 수 있다. 김정은은 김정일 시대의 핵 보유의 모호성 유지전략에서 탈피하여 전격적으로 핵 전력화 선언을 하였고, 그에 바탕한 경제건설과 핵 무력 건설의 병진노선을 새로운 국가생존전략노선으로 설정했다. 김정은은 매우 중요한 두 가지의 안보군사전략상의 선택을 한 셈이 된다. 이러한 두 가지의 중요한 안보군사전략상의 선택의 배경에는 김정은 시대의 북한이 김정일 시대의 선군노선을 계승해 나가겠다는 기본입장이 작용한 것으로 볼 수 있다. 김정은은 이와 관련하여 이른바 '선군절'(8. 25) 담화에서 다음과 같이 언급한바 있다.

> "제국주의자들과의 첨예한 대결과 항시적인 전쟁위험 속에서 인민대중이 자기 운명을 개척하고 사회주의위업을 실현하려면 무엇보다도 혁명의 총대를 강화하고 튼튼히 틀어쥐어야합니다. 선군혁명사상은 인민대중의 자주위업, 사회주의 위업수행에서 군사를 중시하고 앞세우며 혁명군대를 핵심 역량으로 하여 혁명과 건설전반을 밀고 나갈 데 대한 사상입니다. 선군의 기치를 변함없이 높이 추켜들고 주체혁명위업을 끝까지 계승 완성해 나가려는 것은 우리 당과 군대와 인민의 확고부동한 신념이며 철석같은 의지입니다"[19]

---

19 김정은, "김정일동지의 위대한 선군혁명사상과 업적을 길이 빛내여 나가자", 「노동신문」(2013. 8. 25).

이러한 선군노선의 계승성의 입장에서 북한은 지난 2013년 3월 31일 당중앙위원회 3월 전원회의에서 병진노선을 확정하게 된다. 이 3월 당중앙위원회 전원회의는 김정은이 당면한 정세를 어떻게 인식하고 있으며, 이에 대처하여 북한이 어떠한 전략적 노선을 견지해 나갈 것인지에 대해서 비교적 명료한 입장을 제시하고 있다. 이 회의에서 김정은은 "현 정세와 혁명발전의 요구에 맞게 주체혁명위업 수행에서 결정적 전환을 이룩하기 위한 우리 당의 과업에 대하여"라는 첫째 의정에 대한 보고와 결론에서 다음과 같이 언급하고 있다.

> "적들은 정치, 경제, 군사적 힘을 총동원하여 우리공화국을 압살하기 위한 책동에 미쳐 날뛰고 있으며, 그로 하여 나라의 정세는 전쟁전야의 엄중한 단계에 까지 이르렀다. 미국이 추구하는 목적은 수단과 방법을 다하여 우리의 핵무장 해제와 제도전복을 이루어 보자는 것이다. 적들은 우리에게 핵무기를 포기하지 않으면 경제발전을 이룩할 수 없다고 위협 공갈 하는 동시에 다른 길을 선택하면 잘 살 수 있게 도와주겠다고 회유도 하고 있다. 그러나 세계 최대의 핵보유국인 미국이 우리에게 항시적으로 핵 위협을 가해오고 있는 조건에서 우리는 핵 보검을 더욱 억세게 틀어쥐고 핵 무력을 질 · 양적으로 억척같이 다져나가지 않을 수 없다. 전원회의는 이러한 조성된 정세와 우리혁명발전의 합법칙적 요구에 맞게 경제건설과 핵 무력 건설을 병진시킬 데 대한 새로운 전략적 노선을 제시하였다. 경제건설과 핵 무력 건설을 병진시킬 데 대한 전략적 노선은 자위적 핵 무력을 강화 발전시켜 나라의 방위력을 철벽으로 다지면서 경제건설에 더 큰 힘을 넣어 사회주의 강성국가를 건설하기 위한 가장 혁명적이며 인민적인 노선이다"[20]

이러한 김정은 시대 북한의 선군노선의 계승성에 대한 입장과 병진노선의 전략적 선택에서 읽을 수 있는 북한의 안보군사전략상의 몇 가지 시사점이 있다.

첫째는, 김정은 시대 북한의 병진노선은 기본적으로 핵 보유 국가를 전제

---

20 "조선로동당 중앙위원회 2013년 3월 전원회의에 관한 보도", 「노동신문」(2013. 4. 1).

로 하고 있다는 점이다. 1960년대 당시 북한의 병진노선 선택이 매우 예외적인 정세인식의 배경 속에서 이루어졌던 것처럼, 이번의 병진노선도 김정은이 밝히고 있는 것처럼 그 것이 비록 북한당국의 정치적 필요에 의해 과장된 것이라 하더라도 안팎의 정세에 대한 북한의 긴장된 인식이 반영된 것이라는 점을 읽을 수 있다. 이로써 기본적으로 병진노선의 선택은 핵 보유국가 입지의 굳히기 전략의 일환으로 추진되고 있다는 점을 읽을 수 있다. 이는 다음과 같은 북한의 주장에서도 시사되고 있다.

> "병진노선은 위대한 대원수님들의 투철한 민족자주의 이념과 파란만장의 선군혁명영도사가 비껴있는 자위적 핵 무력을 천백배로 강화하여 반미대결전을 총결산하며 이 땅 위에 천하제일강국, 인민의 낙원을 하루 빨리 일떠세우려는 우리 당의 확고부동한 신념과 의지의 결정체이다. 새로운 병진노선은 일시적인 대응책이 아니라 우리 혁명이 최고이익으로부터 항구적으로 틀어쥐고 나가야 할 전략적 노선이다"[21]

둘째, 병진노선은 안보군사전략상의 군사부문의 비용소요에 대한 부담증가를 줄여보겠다는 북한의 입장이 반영되어 있다는 점이다. 북한은 지속적으로 "새로운 병진노선의 참다운 우월성은 국방비를 추가적으로 늘이지 않고도 전쟁억제력과 방위력의 효과를 높임으로써 경제건설과 인민생활향상에 힘을 집중할 수 있게 한다는 데 있다"[22]라고 말하고 있다. 또한 북한은 관련 전문가들을 동원해서 병진노선은 "국방비를 크게 늘리지 않고도 우리 핵 무력을 질 · 양적으로 강화할 수 있게 하는 조치"[23]라는 입장을 표명하고 있다.

셋째, 병진노선은 군사를 활용한 경제부문에의 성과를 보장하기 위한 의미

21 "조선로동당 중앙위원회 2013년 3월 전원회의에 관한 보도", 「노동신문」(2013. 4. 1).

22 "조선로동당 중앙위원회 2013년 3월 전원회의에 관한 보도", 「노동신문」(2013. 4. 1).

23 "북한 사회과학원 원장 이해정의 병진노선 관련 언급", 「조선중앙방송」(2013. 5. 1).

를 내포하고 있다는 점이다. 즉, 북한은 병진노선은 "그 어떤 엄혹한 정세 속에서도 가장 안정되고 평화로운 조건에서 경제건설과 인민생활향상을 위한 투쟁을 힘 있게 벌여 나갈 수 있게 하며, 종전보다 더 많은 자재와 자금, 노력을 경제건설에 돌릴 수 있게 하는 것[24]"이라고 말하고 있는 것이다. 실제로 김정은은 북한군에게 다음과 같이 말하고 있다.

> "군민협동작전의 위력으로 사회주의 대 건설 전투를 힘 있게 벌려야 합니다. 군민협동작전은 군대와 인민이 한마음 한뜻이 되어 완강한 공격전을 벌려나가는 위력한 투쟁방식입니다. 인민군대지휘관들과 사회의 지도일군들은 군민협동작전을 위한 조직과 지휘를 짜고 들며 군민의 정신력과 모든 수단을 총동원하여 자기 단위에 맡겨진 혁명과업을 제때에 어김없이 수행하여야 합니다"[25]

즉, 김정은은 북한군의 경제부문에의 성과 참여를 보다 제도적인 차원에서 독려하고 있는 셈이다.

이처럼 김정은 시대의 새로운 군사전략 선택에는 제고된 위협인식, 핵 전력화를 통한 안전보장, 군사비의 경제부문 부담 증가 억제를 통한 경제부문에의 자원 활용 증가 필요 등 김정은 정권이 직면한 안팎의 정세 소요들이 작용하고 있다고 볼 수 있을 것이다.

(2) 핵 전력화 선언

북한은 지난 2013년 2월 12일 제3차 핵 실험을 실시하고, 이를 공식발표한 문건에서 제3차 핵실험은 "이전과 달리 폭발력이 크면서도 소형화, 경량화된 원자탄을 사용하여 높은 수준에서 안전하고 완벽하게 진행"되었다고 밝혔다. 또한, "원자탄의 작용특성들과 폭발위력 등 모든 측정결과들이 설계 값

24 "북한 사회과학원 원장 이해정의 병진노선 관련 언급", 「조선중앙방송」(2013. 5. 1).

25 김정은, "김정일동지의 위대한 선군혁명사상과 업적을 길이 빛내여 나가자", 「노동신문」(2013. 8. 25).

과 완전히 일치됨으로써 다종화 된 우리 핵 억제력의 우수한 성능이 물리적으로 과시되었다"고 말했다. 이러한 북한의 주장에서 시사 받을 수 있는 것은 북한의 제3차 핵실험의 경우 핵 전력화를 목적으로 한 것이며, 나아가 HEU를 통한 핵무기 보유능력을 북한이 보유하고 있다는 점이었다. 이후 실제로 북한당국은 3월 5일 북한군 최고사령부 성명을 통해서 북한군이 이미 "다종화된 우리식의 정밀핵 타격수단"을 구비하고 있다는 점을 선언했다. 이는 북한군이 명실상부하게 핵 전력화 선언을 한 셈이 되는 것이었다. 이어 김정은은 3월말 당중앙위원회 전원회의를 통해 핵 전력을 바탕으로 한 군사전략구축의 필요성을 북한군에 지시하게 된다. 김정은은 다음과 같이 말했다.

> "우리 공화국의 핵보유를 법적으로 고착시키고, 세계의 비핵화가 실현될 때까지 핵 무력을 질·양적으로 확대 강화할 것이다. 인민군대에서는 전쟁억제력과 전쟁수행전략의 모든 측면에서 핵 무력의 중추적 역할을 높이는 방향에서 전법과 작전을 완성해나가며 핵 무력의 경상적인 전투준비태세를 완비해 나가야 한다"[26]

이처럼 김정은이 당중앙위원회 전원회의를 통해서 핵무기 능력에 기초한 새로운 군사전략을 구체화할 것을 북한군에 지시했다는 점에서 이후 북한군이 이에 부응하는 방향에서 새로운 군사전략을 구축해 나갈 것임에 대해서 의심하기는 어려울 것이다.

(3) 전략미사일 능력 구축

북한이 핵능력 중심의 전쟁억제전략과 전쟁수행전략으로 군사전략의 중점을 이동시킨다는 것은 북한에게 3가지의 전략적 과제를 부과하는 것이다. 하나는 핵능력의 질·양적인 증강노력을 지속시켜야 하며, 다른 하나는 전략

26 "조선로동당 중앙위원회 2013년 3월 전원회의에 관한 보도", 「노동신문」(2013. 4. 1)

미사일 능력을 구비해야하며, 또 다른 하나는 재래식전력의 배합을 어떤 식으로 활용할 것인지 하는 것 등의 문제일 것이다.

북한은 1990년대 초 부터 본격적인 전략미사일 개발에 나선 것으로 볼 수 있다. 북한에게 있어서 전략미사일의 의미는 한반도 전장을 지배할 수 있는 전략적 우세를 확보한다는 의미이다. 주지하듯이 북한은 이미 1980년대 중반에 사정거리 300km의 SCUD-B 미사일 시험발사에 성공한 후 사정거리 500km에 이르는 SCUD-C를 생산하여 작전배치 하였고, 1990년대에는 사정거리 1,300km인 노동미사일을 시험발사 후 작전 배치하였다.[27] 북한의 대남 군사전략상 북한이 우세한 군사력을 바탕으로 한반도 전역을 지배하기 위해서는 한반도 전역에 대한 유사시 남한을 지원하는 증원전력의 전개를 억제하고 배후 기지를 타격할 수 있는 능력을 갖추는 것이 사활적인 전략적 구비요소라 할 수 있을 것이다. 이런 관점에서 보면 북한의 일본열도에 대한 타격능력을 갖춘 노동미사일의 전력화는 북한의 전략미사일 능력 구축에서 중요한 의미를 갖는 것이었다고 볼 수 있을 것이다.

이후 북한은 1990년대 말부터 사거리 3,000km 이상의 무수단 미사일로 알려진 신형 중거리미사일(IRBM) 개발에 착수하여 2007년에 작전배치 한 것으로 확인되고 있다. 이에 따라 북한은 한반도 전역을 넘어서 동북아 미군의 주요 기지가 전개되어 있는 일본, 괌 등 한반도 배후 전략지대에 대한 직접적인 타격능력을 갖게 되었다. 또한 1990년대 말부터 장거리 탄도탄 미사일(ICBM) 개발에 착수하여 1998년 대포동 1호, 2006년 대포동 2호를 시험 · 발사하였고, 2009년 4월과 2012년 4월에도 대포동 2호를 추진체로 하는 장거리 미사일을 발사하였으나 실패했다. 그러나 북한의 장거리 미사일 시험발사의 연속적인 실패에도 불구하고, 북한은 지난 2012년 12월에 ICBM급의 은하로켓 3호 발

27 대한민국 국방부, 『국방백서 2004』(국방부, 2005), p. 40.

사에 성공했다.[28] 한편, 북한은 2012년 4월 15일 군사퍼레이드에서 신형장거리 미사일인 KN-08을 공개하였는바, 이를 이미 실전배치한 것으로 추정해 볼 수 있을 것이다.[29] 이외에도 북한은 한강 이남에 배치되어 있는 핵심 주한미군 전력을 타격할 수 있는 120km 사거리의 KN-02 미사일을 실전배치한 것으로도 추정되고 있다. 이처럼 북한은 남한의 주요 전략적 배후지를 공략할 수 있는 전략미사일 개발에서 큰 진전을 보이고 있어 한반도 전역에 대한 전략적 지배능력을 크게 향상시킨 것으로 평가해 볼 수 있을 것이다. 이러한 전략무기 개발에 있어서의 성과를 바탕으로 북한은 지난 2012년에 전략로켓군 사령부를 출범시킨바 있다. 이는 대남 군사전략상 비대칭군사전략의 강화 행태의 전형으로 해석될 수 있는 것이다.

(4) 선택적 재래식 전력 강화

북한은 여전히 4대 군사노선 관철의지를 헌법상 명기해오고 있다. 북한헌법 제60조는 "국가는 군대와 인민을 정치사상적으로 무장시키는 기초 위에서 전군간부화, 전군현대화, 전민무장화, 전국요새화를 기본내용으로 하는 자위적 군사노선을 관철한다"[30]라고 명기하고 있다. 그런데 김정은 체제로의 전환과정에서 북한은 '전군현대화' 테제 보다는 '전국요새화'와 '전민무장화' 테제를 보다 지속적으로 강조하여 언급해오고 있다.[31] 노농적위대 등 민

---

28 이와 관련하여 로버트 게이츠 전 미 국방장관은 지난 2011년초 향후 5년 이내에 북한이 미 본토에 도달할 수 있는 핵능력과 결합된 ICBM능력을 구축할 수 있을 것으로 예상한다며 북한의 핵 · 미사일 개발이 미국에게 직접적인 위협(direct threat)이 된다고 언급한바 있다. Elisabeth Bumiller and David E. Sanger, "Gates Warns of North Korea Missile Threat to U.S.", *The New York Times, January 11, 2011*.

29 대한민국 국방부,『국방백서 2012』(국방부, 2013), p. 29.

30 『북한 사회주의헌법』(2013. 4. 13 개정).

31 김정은은 일련의 군부대 방문과정에서 무장장비의 현대화를 언급하고 있기도 하다. 즉, 북한은 지난 2월말 김정은이 군사훈련 현지지도 시 "조선인민군 제526대련합부대의 훈련을 보면서도 강조하였지만, 적을 타승하기 위해서는 현대전에 맞은 우리식의 전법을 끊임없이 연구완성하며, 무장장비들을 더욱 현대화하는데 계속 큰 힘을 넣어야 한다고 말씀하시였다"라고 말하고 있다. "조선인민군최고사령관 김정은동지께서 조선인민군 항공 및 반항공군, 조선인민군 제630대련합부대의 비행훈련과 항공륙전병강하훈련을 지도하시였다",「노동신문」(2013. 2. 23).

간무력의 열병식 행사를 크게 가지는 등 후계계승의 정치가 작동하는 과정에서 내부 긴장을 조성하고자 하는 의도가 적잖이 작용했을 것이지만, 다른 한편으로 약화된 제한된 경제역량과 선군노선 강조의 사이의 불균형 속에서 재래식 전력의 대남 우세를 확보하기 위한 북한의 전략적 선택이 작용한 결과일 수도 있겠다. 북한이 지속적으로 국방공업의 발전을 강조해오고는 있으나, 김정은의 국방공업의 중점방향에 대한 언급이나 북한의 재래식 전력의 증강상황을 보게 되면 북한이 군사전략적으로 대남 비대칭적 성격을 갖는 재래식 전력에 선택적 투자의 집중형태를 보이고 있다는 점을 확인할 수 있다. 김정은은 올해 8월에 국방공업의 추진방향에 대해서 다음과 같이 언급했다.

> "국방공업발전에 큰 힘을 넣어야 합니다. 국방공업부문에서는 우리나라를 천하무적의 군사강국으로 빛 내이기 위한 투쟁에서 보다 큰 전진을 이룩하도록 하는데 힘을 집중하여 정밀화, 경량화, 무인화, 지능화된 우리식의 무장장비들을 더 많이 더 질적으로 만들어내야 합니다."[32]

정밀화, 경량화, 무인화, 지능화된 무장장비 들은 대체로 대남 군사전략적 측면에서 보면 대남 비대칭성을 갖는 의미로 받아들일 수 있다. 북한의 최 근년 간 재래식 전력의 증강부분과의 연계성도 확인할 수 있다. 북한의 대표적인 육상 대남 비대칭전력은 전방지역에 배치되어 있어 우리의 수도권 지역에 대한 직접적 타격이 가능한 170m 자주포와 240밀리 방사포다. 북한이 이러한 전력의 개량화를 꾸준히 진행해오면서 신형 방사포를 서부 전선일대에 증강 배치하고 있는 것으로 알려지고 있다.[33]

한편 북한은 특수전 병력을 강화해오고 있다. 현재 북한의 특수전 병력은 20만여명에 달하는 것으로 평가된다. 김정은은 지난 2013년 2월말 특수전 부

---

32 김정은, "김정일동지의 위대한 선군혁명사상과 업적을 길이 빛내여나가자", 「노동신문」(2013. 8. 25).

33 대한민국 국방부,『국방백서 2012』(국방부, 2013), p. 26.

대의 현지지도를 통해 AN-2기 등의 이착륙 훈련을 현지지도 한바 있다.[34] 해군 전력의 경우 북한은 대남 우세를 보이고 있는 수중전력 즉 잠수함정과 신형 어뢰 개발 등 비대칭전력에 의한 수중공격 능력 강화노력을 지속적으로 보여주고 있다.[35] 특히, 상륙전력의 경우 공기부양정 기지를 서해 5도 지역에 보다 가까운 지역으로 전진 배치시키는 공세성을 보여주고 있다. 공중전력의 경우 방공능력 강화를 위한 3차원 위상배열 탐지 기능을 갖는 신형 방공무기체계를 개발 전력화 했으며, 무인타격기 또한 개발해 전력화 하는 움직임도 포착되었다. 김정은 지난 3월 20일 항공 및 반항공공군과 포병부대를 방문하여 무인타격기와 지대공미사일 발사 훈련을 지도한바 있다. 북한은 이 현 지도에서 김정은이 "초정밀 무인타격기의 대상물 타격과 저공으로 래습하는 순항미사일을 소멸하는 자행고사로켓트(지대공미사일) 사격훈련을 지도"했다고 말하고 있다. 이 현지지도와 관련해 북한은 다음과 같은 언급도 덧붙였다.

> "경애하는 최고사령관동지께서는 오늘 초정밀무인타격기들의 비행항로와 시간을 적대상물들이 도사리고 있는 남반부 상공까지의 거리를 타산하여 정하고 목표타격능력을 검열해보았는데 적들의 그 어떤 대상물들도 초정밀 타격할 수 있다는 것이 확증 되었다고 하시며 대 만족을 표시하시였고, 우리식의 초정밀무인타격수단들로 임의의 시각에 임의의 대상물들을 점 타격할 수 있게 남반부작전지대의 적대상물좌표들을 빠짐없이 장악하여 무인타격수단들에 입력시켜놓을 데 대하여서와 조성된 정세의 요구에 맞게 인민군대의 싸움준비를 빈틈없이 갖추는데서 나서는 강령적인 과업들을 제시하시였다"[36]

북한의 이러한 언급은 북한이 소위 무인타격기를 대남군사전략상의 비대칭 위협무기로 활용하고자 하는 의도를 갖고 있음을 내비친 것으로 해석될

34 "조선인민군최고사령관 김정은동지께서 조선인민군 항공 및 반항공공군, 조선인민군 제630대련합부대의 비행훈련과 항공륙전병강하훈련을 지도하시였다", 「노동신문」(2013. 2. 23).

35 대한민국 국방부, 『국방백서 2012』(국방부, 2013), p. 27.

36 "조선인민군최고사령관 김정은동지께서 초정밀무인타격기의 대상물타격과 저공으로 래습하는 적 순항미싸일을 소멸하는 자행고사로케트사격훈련을 지도하신 소식과 사진문헌" 「노동신문」(2013. 3. 21).

수 있다 하겠다.

(5) 비대칭군사전략의 특성

김정은 시대의 군사전략상의 특징을 결정짓는 변수들은 북한의 선군노선과 병진노선이 핵심이다. 이러한 두 가지의 결정요소들이 북한으로 하여금 비대칭전략 중심의 대남군사전략을 강제하고 있다. 김정은 시대의 대남 비대칭군사전략의 특징적 측면들을 몇 가지로 정리해 볼 수 있겠다.

첫째는, 북한이 핵 능력을 중심으로 하는 군사전략상의 변화모색을 꾀하고 있다는 점이다. 전술했듯이 김정은의 강령적 교시에서 이는 확인되고 있다. 그렇다면 관심의 초점은 북한의 핵 능력 중심의 군사전략은 구체적으로 어떤 양태를 띠고 나타날 것인가 하는 점이다. 핵무기는 기본적으로 억제적 목적이 지배적이라는 점에서 전면전 형태의 대남 군사전략행태의 가능성을 낮추는 방향에서 북한의 대남군사전략이 짜여 질 개연성이 있다는 점을 시사한다. 핵무기의 사용 가능성이 핵무기에 의해서 억제되는 상호억지 시스템 하에서 핵 사용을 전제한 전면전은 쌍방 모두의 절멸을 의미하기 때문이다. 과거 우세한 재래식 전력을 바탕으로 한 전면적 대남군사전략의 실행행태와는 구별된다 하겠다.

둘째는 북한의 대남 재래식전력운용의 공세성이 나타날 수 있다는 점이다. 북한의 핵무기 전력화는 북한으로 하여금 대남군사력 사용 시 보복위협의 한계성을 스스로 설정할 수 있다는 자신감을 불러일으킬 가능성이 높다. 이점은 북한으로 하여금 재래식 비대칭전력을 활용한 대남 군사행동에 있어서의 공세성을 강화시키는 기제로 작용할 가능성이 있다 하겠다.

셋째, 대남 군사행동의 제한된 정치적 목적과의 유기적 연관성이 높아질 개연성이 증가했다는 점이다. 핵무기 보유의 자신감은 남북관계에서의 관계적 힘의 영역에서 군사적 수단에 의한 정치적 목적달성의 필요에 대한 북한의 선호도를 증가시킬 수 있다는 얘기다. 경제적인 국력격차의 증대는 관계적 힘의 측면에서 북한으로 하여금 대남 관계상의 정치적 목적 달성의 한계 상황 등을 만들어낼 수 있다. 이러한 상황의 타개 필요성은 선군노선 하 군사적 수단을 활용한 대남관계에서의 열세를 만회하고 균형화를 시도하고자 하는 북한의 행위동기를 강화시킬 수 있다는 것이다. 이는 군사상의 제한적인 대남 국지도발의 가능성이 열려있다는 얘기가 될 것이다.

4. 맺음말

북한의 3대 세습 정권인 김정은은 이전의 김일성 · 김정일 시대와는 다른 안보전략적 행보를 보여주고 있다. 안보적 측면에서의 내적 균형행위를 강화하고 동맹내 자율성을 증대시키는 전략적 선택을 하고 있다. 이러한 북한의 안보전략적 행태들은 북한의 전략적 생존환경의 취약성 측면에서 보면 적잖은 모험과 도전적 요소들을 내포하고 있음을 알 수 있다. 북한의 안보전략이 내적 균형화 전략, 동맹균형전략, 대미편승전략 등의 복합적 형태로 나타나고 있지만, 중국의 전략적 지원, 미국과의 협상국면의 전개, 대남관계의 개선 등의 요소들이 김정은 정권의 중장기적 정통성 기반을 강화할 수 있는 대외 관계의 기본요소들이라고 할 때, 목하 김정은 정권의 안보전략상의 내적 균형행위 강화 행보는 적이나 도전적 성격의 측면을 띠고 있다고 하지 않을 수 없다.

김정은 정권의 대남 군사전략적 특징은 비대칭전략으로 표상될 수 있다. 핵 무력을 중심으로 하는 북한의 대남 비대칭군사전략은 그 속성상 남북관계상의 힘의 균형화를 모색하기 위한 북한의 대남 군사상의 힘의 비대칭성을 최대로 활용하는 군사전략상의 행태들을 자극할 수 있다. 이러한 비대칭적인 군사전략은 여타 영역에서의 남북관계상의 안정화 노력이 수반되지 않을 경우 남북관계의 불안정성의 기제로 작용할 가능성이 있다 하겠다. 김정은 정권은 세습후계정권으로서의 기본적 정통성 강화 기제의 창출 과정에서 보인

선군노선의 계승성으로 인해 역설적으로 중장기적인 내적 정통성 기반 구축을 위한 외적환경의 개선 필요를 현실화 시켜 나가는데 있어서 힘겨운 모습을 보여주고 있다. 이러한 안보군사전략상의 기본적인 특징적 속성을 내포하고 있는 김정은 시대의 북한정권을 상대로 남북관계상의 기본적 정책목표인 남북관계의 안정적 관리와 평화통일기반의 구축이라는 발전적인 정책적 목표를 추구하기 위해서는 복합적인 대북정책과 안보군사전략적인 여러 방책들이 유기적으로 동원되어야할 것이다. 국력자원을 효율적으로 활용하면서 우리의 강점이 북한에게 대북 억지력 강화와 남북관계발전상의 유인적 행동을 이끌어낼 수 있는 협상력 제고로 이어질 수 있도록 하기 위한 철저한 국익논리에 기초한 전략적 노력을 강화할 필요가 있을 것이다.

참고문헌

김봉호, 『위대한 선군시대』(평양: 평양출판사, 2004).
김연수, "북한의 안보전략 평가", 김열수外,『한반도전략평가 2011』(국방대 안보문제연구소, 2011).
김연수, "북한의 외교스타일: 전략문화접근", 『프레시안』(2006. 7. 12).
김연수, "남-북-미 삼각관계형성의 기원과 갈등: 북핵문제를 중심으로", 『동아연구』 제53집(2007).
김일성, "인민군당위원회 제4기 4차 전원회의 발언", 『북한총람: 1945년~1982년』(서울: 북한연구소, 1983).
김정은, "김정일동지의 위대한 선군혁명사상과 업적을 길이 빛내여나가자", 「노동신문」(2013. 8. 25).
대한민국 국방부, 『국방백서 2004』(국방부, 2005).
대한민국 국방부, 『국방백서 2012』(국방부, 2013).
북한연구소, 『북한총람: 1945년~1982년』(서울: 북한연구소, 1983).
정병호, "북한의 군사전략", 한용섭外,『김정일 선군정치 10년의 평가와 전망』(국방대 안보문제연구소, 2005).
허출, "기습에 대한 이론적 접근", 『공사논문집』 제35집(공군사관학교, 1994).
후나바시 요이츠 지음/오영환 외 옮김, 『김정일 최후의 도박』(중앙일보 시사미디어, 2007).
Bumiller, Elisabeth and David E. Sanger, "Gates Warns of North Korea Missile Threat to U.S.", *The New York Times*, January 11, 2011.
Jisi, Wang, "China's Search for a Grand Strategy", *Foreign Affairs*, March/April 2011.
Kissinger, Henry A.,, "The Future of U.S.-Chinese Relations: Conflict Is a Choice, Not a Necessity", *Foreign Affairs*, March/April 2012.
Qichen, Qian, *Ten Episodes In China's Diplomacy*(N. Y: HarperCollins Publishers, 2005).
Snyder, Glenn H., *Alliance Politics*(Ithaca and London: Cornell University, 1997).
Walt, Stephen M. *The Origins of Alliances*(Ithaca and London: Cornell University Press, 1987).
"1996년 12월 김일성종합대학창립 50돌 기념 김정일 연설문: 우리는 지금 식량 때문에 무정부상태가 되어가고 있다", 『월간조선』(1974년 4월호)
"항일혁명전쟁의 탁월한 전략전술, 혁명무력건설의 위대한 강령적 문헌: 〈김일성군사선집〉 제1권 출판에 즈음하여", 「노동신문」(1972. 4. 19).
"조선인민군최고사령관 김정은동지께서 조선인민군 항공 및 반항공공군, 조선인민군 제630대련합부대의 비행훈련과 항공 륙전병 강하훈련을 지도하시였다", 「노동신문」(2013. 2. 23).
"조선인민군최고사령관 김정은동지께서 초정밀무인타격기의 대상물타격과 저공으로 래습하는 적 순항미싸일을 소멸하는 자행고사로케트사격훈련을 지도하신 소식과 사진문헌”「노동신문」(2013. 3. 21).
“조선로동당중앙위원회 2013년 3월전원회의에 관한 보도”,「노동신문」(2013. 4. 1).
“북한사회과학원 원장 이해정의 병진노선 관련언급”,「조선중앙방송」(2013. 5. 1).
『북한 노동당규약서문』(2013. 4. 11 개정).
『북한 사회주의헌법』(2013. 4. 13 개정).

chapter 09

한국의 군사전략

chapter 09

한국의 군사전략

최병학(충남대학교 평화안보대학원)

1. 서언

국가안보를 논하다 보면 전쟁을 고려하지 않을 수 없다. 왜냐하면 전쟁을 하게 되면 영토의 손실뿐만 아니라 국민의 생명과 재산에 큰 손상이 초래하는 국가의 사활적인 대사(大事)이기 때문이다.

돌이켜 보면 한국의 역사는 반도적 위치에 있는 관계로 외세의 침략과 그것의 저항하는 역사로 점철되어 왔다고 해도 과언이 아니다. 기원전 109년 대륙의 한(漢)나라가 고조선을 멸망시키고 한사군(漢四郡)을 설치한 것부터 1950년 인민군의 남침에 이르기까지 총 외침 회수는 419회였고, 그 가운데서 북방의 대륙세력의 침입이 261회, 남방으로부터 침입이 257회에 달하였다고 한다.[1] 이

1 이종학, 『한반도의 억지전략 이론』(서울: 형설출판사, 1979), p.203.

를 보면 우리 민족은 전쟁의 위협에 많이 노출되어 있다고 해도 과언이 아니다.

한반도에서 남북한이 양분된 현대 상황에서도 마찬가지이다. 1950년대 한국전쟁이후 남 · 북한은 휴전상태에 있지만 북한의 적화통일 야욕은 지금도 변하지 않고 있으며, 군사적 대결 및 긴장상태는 지속되고 있다. 휴전선을 중심으로 북한은 군사력 70퍼센트 이상을 집중배치 한 것과, 최근의 천안함 폭침과 연평도 포격도발사태만 보더라도 그러하다.

또한 동북아 주변국의 군사상황을 보면, 우리보다 더 많은 군사비를 투자하면서 군사력 증강을 추진하고 있다. 중국은 대규모의 병력 유지뿐만 아니라 무기의 첨단화를 추구하고 있고, 일본도 마찬가지로 자위대 군사력 수준을 크게 향상시키고 있다. 이외에도 테러, 해적행위와 같은 비군사적 위협도 간과할 수 없는 위협이다.

이를 보면 우리는 제반 위협에 대응할 수 있는 군사전략 수립이 무엇보다도 중요하다고 하겠다. 따라서 한국의 군사전략 발전방안에 대한 모색은 특정집단의 점유물이라기보다는 전 국민의 관심사가 되어야 함은 너무나 당연하다.

이에 본 논문은 우리 한국의 군사전략이 지속적으로 발전되어야 한다는 필요성을 전제로 하면서, 군사전략에 대한 기본개념과 함께 한국의 군사전략 변천과정을 살펴보고, 새로운 관점에서의 한국 군사전략을 논의해 보고자 한다.

2. 전략의 개념과 구성체계

1) 전략의 정의

전략(strategy)이라는 용어는 서양에서는 희랍어 'strategos'에서 유래한다. 그 뜻은 '장수' 혹은 '장수의 책략(art of the general)'을 뜻한다. 이것이 군사용어로 쓰이기 시작한 것은 18세기 말엽부터라고 한다. 1799년 뷰료(Bülow, Dietrich Heinrich von. 1759~1808)의 저서 『근대 전쟁체계의 정신』(Geist des neueren Kriegssystems)은 대단한 호평을 받았고, 프랑스어와 영어로도 번역되었다. strategos는 장군(총사령관)을 의미[2]하며, strategia는 장군의 용병술을 의미한다.

서양 군사 이론가들의 전략에 대한 언명을 살펴보면 다음과 같다.

클라우제비츠는 "전략은 전쟁목적을 달성하기 위한 전투운용에 관한 기술이며, 전술은 전투에서 전투력 사용에 관한 기술이다.", 리델하트는 "전략은 정책의 여러 목적을 달성하기 위하여 군사적 수단을 분배 · 적용하는 기술이며, 전술은 직접 전투행위를 위하여 병력을 배치하고 지휘하는 기술이다"라 하고 있다.

그레이(Colin S. Gray)는 '군사력 그자체가 아니라 군사력 또는 군사적 위협을 사용하는 것'이라고 언급하였다.[3] 「합동 · 연합작전 군사용어사전」에는 전략의 정의를 '승리에 대한 가능성과 유리한 결과를 증대시키고, 패배의 위험을 감소시키기 위해 제 수단과 잠재역량을 발전 및 운용하는 술과 과학'이라고 기술하고 있다.[4]

동양의 육도(六韜)와 위료자(尉繚子)에서는 전략은 전(戰)과 략(略)의 합성어로서, 싸움에서 이기기 위한 꾀라는 의미이며 전권, 전도, 병법, 병도라는 용어에서 발전되었다고 언급한다.

뷸더(Carl H. Builder)는 전략과 전략을 수립하는 것을 구분하는데 '전략은 통상적으로 수단과 목표를 연계시키는 개념'이며, 전략을 수립하는 것은 곧 목표를 설정하고 수단을 결정하며, 수단과 목표를 연계하는 방법을 선택하는 창조적 행위라고 하였다.[5]

---

2 고대 아테네 10개 부족단체의 10개 연대(Taxi)를 총지휘하였고, 지도자(고대 집정관)는 곧 야전군 사령관을 의미한다.

3 Colin S. Gray, *Modern Strategy*(New York: Oxford University Press, 1999), p.17.

4 합동참모본부,『합동 연합작전 군사용어사전』(서울: 합참 작전본부, 2004), p.73, 151.

5 Carl H. Builder, *The Masks of War: American Military Styles in Strategy and Analysis*(Baltimore: The Johns Hopkins University Press, 1989), p.49.

한편, 줄리안 리더(Julian Lider)는 현대적 전략은 전쟁발발을 막음으로써 혹은 전투의 수준을 낮게 하여 가능한 빨리 전쟁을 종결시키는데 도움을 주게 함으로써, 무장 폭력의 사용을 막는 방향을 지향해야 한다. 과거의 군사전략의 효과는 군사승리의 획득과 이로 인하여 정치적 목적을 달성하는 것이었다면, 오늘날의 전략은 양 진영의 최소한의 손실 상태에서 정치적 목적을 달성하는데 기여해야 한다고 강조하였다.[6] 그러므로 전략의 지위에 대하여 일반적으로 학자들은 전략 자체는 과학이 못될 지라도 전략적 판단은 과학적이라고 보는 입장이다.

이처럼 전장에서 장군의 용병술적 개념으로 사용되었던 전략은 오늘날 수직적 · 수평적으로 크게 확대되어 군사 및 비군사적으로 널리 사용되고 있는 광의의 개념으로 발전하였고, 이러한 추세에 따라 군사전략도 국가전략의 하위영역으로서 군사라는 협의의 범주에서 발전해 가고 있다.

이종학 교수에 의하면 군사전략은 "국가목표를 달성하기 위한 국가정책에 바탕을 둔 최고 군지휘관의 전반적인 군사정책이다"라 정의하고 있고,[7] 우리 군은 양병(養兵)과 용병(用兵)의 개념을 모두 포함하여 "국가목표를 달성하기 위하여 군사력을 건설하고 운용하는 술(術)과 과학(科學)이다"라 정의하고 있다.[8]

그리고 국방대 박창희 교수는 "정치적 목적 또는 전쟁의 목적을 달성하기 위해 가용한 군사적 자산을 운용하는 술과 과학"이라 하고 있다.[9] 그러면서도 군사력 운용방법에 무게를 두고 있다. 따지고 보면 이러한 주장은 군사적 수단을 통해 국가목표를 달성하는데 그 목적을 두고 있기 때문에 거의 대동소이하다고 본다.

---

6 Julian Lider, *Military Theory: Concept, Structure, Problems*(Aldershot: Gower, 1983), p.217.

7 이종학,『현대전략론』(서울: 박영사, 1972), p.135.

8 합동참모본부(2004), 전게서, p.73, 151.

9 박창희,『군사전략론: 국가대전략과 작전술의 원천』(서울: 플래닛미디어, 2013), p.125.

2) 전략의 구성요소와 유형

(1) 구성요소

전략은 어떻게 구성되는지를 분석하여 제시한 사람은 미국의 육군참모총장을 역임(1955~1959년)한 테일러(Maxwel D. Taylor) 장군이다. 그는 전략을 설명하면서 "전략은 최종상태로 표현되는 목표(Ends)와 행동방안을 의미하는 방법(Ways), 그리고 목표달성의 도구인 수단(Means)으로 구성된다" 고 주장하였는데, 이는 미국의 모든 개념서에 채택되고 있다.[10]

군사전략의 구성요소에 관해서 아더 라이커 2세(Arthur F. Lykke Jr.)도 군사전략 목표와 군사전략 개념, 그리고 군사자원이라고 표현하고 있다. 마찬가지로 이종학 교수도 군사전략의 구성요소를 목표와 개념 및 자원으로 설명하고 있다.[11] 한국 합동군사대학교의 합동군사대학부의 『군사전략』 교재에도 군사전략의 목표(ends)는 군사능력 및 자원을 투입해야 할 특정임무 또는 과업, 군사력의 건설 및 운용결과로 나타나는 최종상태(end state)로, 군사전략 개념(way)[12]은 전략적 상황의 예측결과로 채택된 군사행동방안, 군사전략 목표를 달성하기 위한 군사력 운용방안, 군사자원(means)은 임무를 달성하기 위한 수단(인력, 물자, 예산, 부대 등), 한 국가가 사용할 수 있는 군사적 힘의 기본적 원천(현존전력, 동원전력, 연합전력) 등으로 구분하고 있다.

이러한 논의에는 큰 이견이 없다. 이를 종합해 보면, 전략은 설정한 목표를 달성하기 위해 무엇을 가지고 어떻게 효과적으로 달성할 것인가 하는 방법을 강구하는 것으로 목표와 이를 달성할 수 있도록 수단과 방법을 연결하는 것

---

10 김정익, "군사전략 3대 요소의 이론과 적용," 『주간국방논단』, 제1482호(13-39), (2013. 9), pp.1~2.

11 이종학,『군사전략론』(대전: 충남대학교출판부, 2009), pp.386~401.

12 'way'를 전략의 구성요소에서는 '방법'으로, 군사전략의 구성요소에서는 '개념'으로 사용한다. 그 이유는 전략의 의미가 확대됨에 따라 '전략'이 군사분야에 한정되지 않고 일반적인 의미로 이해되기 때문에 목표를 달성할 수 있는 일반적인 '방법' 즉, 추상적인 개념에서 구체적인 방법이 제시되므로 그 상위체제인 군사전략에서는 이를 지도해 줄 수 있는 포괄적 의미의 '개념'이라고 제시되었다. 합동군사대학부, 『군사전략』(대전: 합동군사대학교, 2009), p.15.

을 의미한다. 목표, 방법, 수단이라는 개체화된 각각의 요소가 하나로 연계되었을 때 그 전체를 전략이라고 하는 것이다.

(2) 유형

앞의 군사전략 개념에서 살펴본 바와 같이 군사전략은 고정의 것이 아니고 전략적 상황에 따라 유동적이다. 상대국과의 국력 및 전력의 차이, 위협의 정도, 그리고 상대국의 전략 선택에 따라 국가마다 접근방식이 다르게 나타나고 있다. 그만큼 무궁무진한 분야이므로 군사전략의 유형은 매우 다양할 수밖에 없다. 이러한 군사전략 유형에 관련해서 분류한다면 관점에 따라 다음과 같이 구분하기도 한다. 먼저 전쟁을 중심으로 평시 억제전략, 억제실패시 방위전략으로 구분하고 있다.

첫 번째, 억제전략(抑制戰略)은 평시 결과에 대한 두려움 또는 이익과 손실을 고려하여 상대방으로 하여금 어떤 행위를 단념시키는 전략이다. 이러한 억제전략은 방법에 따라 제제적 억제와 거부적 억제, 그리고 총합적 억제로 구분한다. 제제적 억제(Deterrence by punishment)는 잠재적 침략국에 대하여 만일 그들이 침략을 개시한다면 견딜 수 없을 정도의 제제를 가할 것이라는 위협에 의하여 그들에게 공포심을 일으키게 함으로써 침략을 포기하도록 하는 방법이고, 거부적 억제(Deterrence by denial)는 잠재적 침략국이 침략에 수반되는 비용과 위험이 침략함으로써 얻을 수 있는 이익보다 훨씬 크게 됨으로써 침략을 포기하도록 하는 방법으로 주로 약한 국가가 강한 국가를 상대로 채택한다. 총합적 억제는 국가적 차원에서 군사적 수단뿐만 아니라 이용 가능한 모든 비군사적 수단까지 동원할 능력이 있음을 적에게 인식시켜 적이 침략을 포기하도록 하는 방법이다. 최근 이러한 억제전략도 그 강도의 강 · 약에 따라 국내에서는 능동적 억제, 선제적 억제, 응징적 억제라는 용어를 사용하면서 과거에 비해 적극적인 의미를 담으려 변모되는 양상을 보인다.

두 번째, 방위전략(防衛戰略)은 억제실패시 외부의 침략으로부터 국가를 보위하기 위하여 사용하는 전략으로서 세부적으로는 전략태세, 방위선, 전쟁기간, 그리고 작전방식에 따라 매우 다양한 유형들이 있다.

첫째, 전략태세에 따라 구분하면 군사력 건설 및 운용에 있어 주기능이 방어에 있는 '수세전략'과, 주기능이 공격에 있는 '공세전략', 그리고 공세적 작전으로 전략목표를 추구함을 기초로 하되 상대방의 공격을 전제로 일단 수세를 취하다가 즉시 공세로 이전하는 '수세후 공세전략'의 유형이 있다.[13] 공세전략으로는 선제공격전략과 예방전쟁전략 등이 이에 해당된다.

둘째, 결전을 어디에서 하느냐에 따라 국경선 전방에서 결전을 하고자 하는 '전진방위전략'과 국경선 지역에서 적을 격멸하는 '국경선 방위전략', 그리고 적을 국토 내부로 끌어들여서 격멸하는 '역내방위전략'의 유형이 있다.

셋째, 전쟁기간에 따라 전투력 집중과 신속한 기동을 통해 적의 핵심 전쟁수행 역량을 무력화시켜 조기에 전쟁을 종결시키는 '속전속결전략'과 국가의 제반 수단을 활용하여 장기전을 통해 적의 저항의지와 능력을 제거하여 전쟁목적을 달성하려는 '지구전 전략'이 있다. 넷째, 최종목표에 이르는 과정을 순차적으로 할 것인가 또는 동시에 할 것인가에 따라 미국의 와일리(J. S. Wylie) 제독이 주장한 '연속전략(Sequential Strategy)'과 '누적전략(Cumulative Strategy)', 그리고 와든(John A. Warden)이 주장한 '병행전 전략(Parallel War Strategy)'이 있다.[14]

세 번째로, 전 · 평시 공통적으로 적용할 수 있는 전략으로 접근방법에 따라 정치 · 외교, 경제 · 사회 등 비군사적 방법으로 행동의 자유를 확대하고, 그 틀 내에서 군사적 방법을 적용하는 간접전략과 군사적 방법을 주수단으로 적 주력을 직접 지향하여 격파하려는 전통적인 군사방식의 직접전략으로 구분한

13 이러한 수세전략, 수세후 공세전략, 공세전략도 따지고 보면 각각의 강도에 따라 수세전략, 수세후 제한적 공세전략, 수세후 적극적 공세전략, 수세 및 공세전략, 소극적 공세전략, 적극적 공세전략 등으로 구별할 수 있다.

14 http://blog.daum.net/military strategy(검색일: 2013. 8. 2).

다.[15] 대응방법에 따라서는 상대방의 목적과 수단에 맞대응하는 대칭전략과 상대방과 비대칭적 접근에 의해 목표를 달성하고자 하는 비대칭전략이 있다.

다음으로, 전략 성격에 따라서는 작전전략(Operational Strategy), 전력개발전략(Force Development Strategy)으로 구분한다.[16] 이 중 작전전략은 현재의 군사능력에 입각하여 단기간의 행동을 위한 특정계획 수립의 기초로서 사용된다. 따라서 매년 능력이 바뀜에 따라 변동하는 특성이 있다. 우리나라의 『국방기획관리제도』에 의하면 예하부대에 과업을 부여하고 군사자원을 할당하는 『합동군사능력기획서(JSCP: Joint Strategic Objective Capabilities Plan)』가 이에 해당된다. 반면 전력개발전략은 중 · 장기적 차원에서 장래의 위협 및 목표의 예측에 기초하여 군사능력의 개선과 발전을 반영하고 있다. 전력개발전략은 『합동군사전략목표기획서(JSOP: Joint Strategic Objective Plan)』가 이에 해당된다. 이들은 군사전략 목표, 개념, 자원 설정에 따른 세부적인 군사력 운용과 군사력 건설에 관련된 전략이다.

이제까지 제시된 군사전략은 현재까지 발전되어 적용되고 있는 전략의 유형에 불과하며, 시대적인 상황변화에 따라 발전되거나, 변형되어 적용될 수 있고, 또한 새로운 관점에서의 전략이 새롭게 창조적 진화가 될 수 있는 무궁무진한 영역이 될 수 있다. 이러한 군사전략은 국가의 독특한 전략문화와 국력, 전쟁양상 등의 변화요인과 밀접한 관계가 있다. 특히 억제전략과 방위전략은 국력의 상대성과 의지에 따라 접근방법은 다양하다. 예컨대, 국력이 상대적으로 크고 작음에 따라 기존 국력의 차이를 유지하면서 접근할 것인가, 아니면 해소(타파)하기 위해 접근할 것인가, 그리고 상호 대등하다면 현상을 그대로 유지할 것인가, 타파할 것인가로 크게 구분할 수 있다. 이는 국력의 상

15 국방대학원 역, 앙드레보프르 저, 『전략론』(서울: 국방대학원, 1975),pp. 106~121.

16 우리나라에서는 공식적인 용어로 사용하지는 않고 있다. 다만 전력개발전략은 중 · 장기 군사전략에 포함된 개념으로, 작전전략은 단기군사전략으로 사용되고 있다. 이종학 · 길병옥 편저, 『군사학 개론』(대전: 충남대학교 출판문화원, 2009),pp.385~386.

대성에 따른 접근유형이라고 하겠다.

3) 전쟁양상과 전략의 변천

전략의 이론에서 전략은 시대와 상황에 따라서 변화하는 가변성을 가지고 있다 볼 수 있고, 전략의 변화는 다음과 같은 전쟁의 역사를 통해 살펴볼 수 있다.[17]

첫째, 고대에는 전투대형과 전투대형의 충돌의 개념으로서 팔랑스(pahalanx), 레지온(legion)의 형태의 부대편성을 하여 전쟁을 수행했다. 당시의 전쟁은 전장에서의 전투행위였으며, 전쟁행위가 곧 결전위주로 전개되었다. 이 때의 전략개념은 장군의 지도술(용병술), 전투에서 군사력(전투대형)운용에 주안을 두었으며, 이러한 예로서는 페르시아 전쟁(마라톤 전투), 포에니 전쟁(칸네 전투) 등을 들 수 있다.

둘째, 중세의 AD 5~6세기에는 전쟁양상이 기병전술의 발달에 따랐으며, 성곽중심의 공선전이다. 이 때의 전략개념은 적을 기만하기 위한 계략 및 작전계획이 곧 장군의 용병술이었으며, 군의 기동과 배치, 기만에 주안점을 두었다. 이러한 예로는 십자군전쟁, 징기스칸 원정 등을 들 수 있다.

셋째, 중세의 왕조전쟁시대(AD 17~18세기)에는 전쟁양상이 대규모 결전을 회피하고, 용병에 의한 간헐적 소규모 전투를 실시하였다. 이 때 군주는 병력이 사유재산이므로 전쟁경비의 절약과 용병의 생명을 보존하여 전투력을 유지시키는 것을 염두에 두지 않을 수 없었으며, 따라서 전쟁의 승패가 불분명한 제한전쟁의 성격을 띠게 되었다. 이 때의 전략개념은 장군의 용병술로서 전쟁승리를 위한 협상의 유리한 조건을 조성하는 것이었기 때문에 적 주력의

17 이는 노병천의 『도해세계전쟁사』와 합동군사대학의 전쟁사의 교육내용 전체를 전쟁양상과 무기체계의 발달을 중심으로 정리한 것이며, 전쟁의 시기적 구분을 고대전쟁, 나폴레옹 전쟁, 제1차 세계대전, 제2차 세계대전, 중동전, 걸프전 및 이라크전으로 구분하였다.

격멸 보다는 전장 내 비접적 기동으로 병참선 차단에 주안점을 두는 것이었다. 이러한 예로는 30년 전쟁, 7년 전쟁 등을 들 수 있다.

넷째, 국민전쟁시대(AD 19세기)에는 전쟁양상이 프랑스대혁명, 산업혁명, 관리혁명 등을 통해 국가의 총력전 개념으로 변화되었다. 정치혁명은 왕조의 붕괴와 대규모의 국민군을 등장하게 했고, 산업혁명은 수송·통신수단의 발전, 각종 화포류 및 총기류의 대량생산으로 국민군을 무장시킬 수 있었으며, 기동성과 살상율을 증대시켰다. 또한 관리혁명은 사단편성과 참모제도 등을 발전시켰으며, 대규모의 부대편성 및 관리가 가능토록 만들어 총력전을 수행을 뒷받침하였다. 또한 국민전쟁시대에는 기동성의 증가와 국민개병제에 의한 국민군의 전투의지 고양으로 대규모 병력에 의한 포위섬멸전이 전개되었다. 이 때의 전략개념은 장군의 용병술로서 대규모 작전을 통해서 적 주력을 섬멸하는 전역계획을 수립하고, 적의 전투규칙 또는 적을 패배시키고 굴복시키는 방법(1801년 프랑스 군사작전)이었다. 여기서 조미니는 전략이란 도상에서 전쟁을 하는 기술[18]이라 하였으며, 클라우제비츠는 전략을 전쟁목적을 달성하기 위한 전투의 사용에 관한 이론[19]이라고 강조했다. 이러한 전례로서 나폴레옹 전쟁과 보오전쟁, 보불전쟁을 들 수 있다.

다섯째, 제1~2차 세계대전에서의 전쟁양상은 퓰러의 기계화전 이론, 마한의 해양전략이론, 두헤의 항공전략이론 등 다양한 전략이론이 등장하여 현대적 대량소모전 개념의 총력전이 대두되었다. 또한 항공기 제조기술의 발달로 후방지역에 장거리 공중폭격으로 전투의지를 마비시킴으로써 전선과 후방, 전투원과 비전투원의 구분이 무의미해졌으며, 기계화군의 역할이 증대되어 공세위주 기동전이 전개되었다. 이 때의 전략개념은 전쟁에서 승리하기 위해 모든 군사적, 비군사적 수단을 동원, 운용하는 총력전 개념이었다.

---

18 앙루안 앙리 조미니, 『전쟁술』 (서울: 책세상, 2005). p.88.

19 칼 폰 클라우제비츠, 김만수 역, 『전쟁론』 (서울: 갈무리, 2007), p.173.

그러므로 군사 차원에서 국가 차원에 이르기까지 모든 가용요소를 지휘수준에서 활용하였다. 이 때부터 정치지도자와 야전군 총사령관의 역할 구분의 필요성을 갖게 되며, 군 직업주의(military professionalism)가 등장하게 되었다. 리델하트(B. H. Liddell Hart)는 전쟁의 경험과 관찰을 통해서 전쟁수행의 원칙으로 정치, 전략, 대전술, 전술, 군수로 구분하였다. (군사)전략은 정책목적을 달성하기 위해 군사적 수단을 분배, 적용하는 술로서 전쟁의 정치적 목적을 달성하기 위해 국가의 모든 자원을 조정해 나가는 것이라고 언급한다.

여섯째, 제2차 세계대전 이후의 전쟁양상은 핵전을 회피하는 범위 내에서 재래식 전쟁이었으며, 첨단과학기술과 정보력에 전쟁의 승패가 결정되는 정보 · 과학전 양상으로 변화되었다. 그러므로 대규모 전투력이 치열한 공방전을 치루는 전쟁이 아니라 정밀성과 치명성을 가진 무기를 활용한 소규모 국지분쟁으로 전개되었다. 이 때의 전략개념은 목적 면에서 전쟁의 승리는 물론 국가이익을 추구하는데 두었으며, 수단 면에서는 국가목표를 달성하기 위해 모든 군사적, 비군사적 수단을 사용하고, 전 · 평시 구분 없이 모든 상황에 적용하였다.

이에 대하여 앙드레 보프르(Andre Beaufre)는 전략이란 분쟁을 해결하기 위해 무력을 사용하는데 두 개의 상반된 의지의 변증법적 술이고, 군사전략이란 정책에 의해 설정된 목적을 달성하려는 방향으로 가장 효과적으로 공헌토록 하는 군사력의 술이라 갈파하였다.[20] NATO의 군사전략은 1950년대부터 오늘날 까지 기동방어-전방방어-대량보복-유연대응-적극방어-FOFA전략으로 변화하였다. NATO는 1950년대에 기동방어(공간을 양보하고 시간을 버는 전략)을 채택하다가 프랑스, 벨기에, 네덜란드의 불안심리를 자극하였고, 역으로 바르샤바 조약국들은 전력을 증강하기 시작하자 미국의 개입과 독일군의 전력증강(12개 사단)으로 전방방어(Foward Defense)전략으로 변경하고, 방어선을 베제르-레

20 국방대학원 역(1975), 전게서, p.25.

흐(Weser-Lech)강을 연결하는 선으로 추진하였다. 1952년에는 재래식 전력 100개 사단 건설에 합의하였으나 추진상의 어려움과 소련의 원폭 · 수폭실험에 성공하자 1954년에 미국은 대량보복전략(Massive Retaliation)으로 변경하였다. 그러나 대량보복전략의 실효성이 의문시되자 NATO는 1967년 유연대응(Flexible Response) 전략으로 변경하고, 적 공격의 성격에 따라 재래식 전력, 전술핵무기, 전략핵무기의 주요 3대 전력으로 대응한다는 전략으로 조정하였다.

그리고 1970년대에 들어서 NATO는 이전보다 더 전방(FEBA 전단)에서의 방어를 강조하고 종심상의 예비대를 보유하지 않거나 약하게 보유하는 적극방어전략(Active Defense)을 채택하였다. 1980년대에 들어와서는 독트린상으로 공지전투(Air-Land Battle) 개념이 채택되면서 적 지역에서 적 타격(FOFA; Follow-on Forces Attack)전략으로 변경하였다. 이 전략은 군사과학기술의 발전을 기반으로 바르샤바군이 공격을 위해 병력을 집결하고 작전지역으로 이동할 때 적 지역에서 적을 타격한다는 개념이다. 이 전략에 따라 JSTARS(Joint Surveillance and Target Attack Radar System)와 PGM(Precision-Guided Munition)과 같은 무기체계의 소요가 요구되었다.

이와 같이 전쟁의 역사를 통해 볼 때, 종합적인 정치체계와 사회문화의 현상들을 반영하면서 전쟁의 양상이 결정되었으며, 그곳에 각기 다른 방식의 전략의 개념이 존재했음을 알 수 있다. 이에 대하여 김정익은 군사전략이란 상황에 따라 국가목표를 달성하기 위해 군사력을 운용하는 것이며, 그러한 운용을 위해 군사력의 건설 방향까지 제시하는 것이라고 주장한다.[21]

그렇다면 만약에 한반도에서 남북한 간에 전쟁이 발발한다면 어떠한 국가전략과 군사전략을 수립하여 전쟁에서 승리해야 하는가? 이러한 문제는 오래전부터 학자나 군사전문가들 사이에 논의되어 왔으며, 현재도 정부와 합참에서는 이러한 국가전략과 군사전략이 나름대로 정립되어 계획문서로 존재하

21 김정익(2011), 전게서, pp.5-6.

고 있다고 할 수 있다.

안보환경이 계속 급변하는 가운데 우리의 국가전략과 군사전략의 이론적 기반은 지속적으로 진화해야만 하고, 이러한 기반에서 능력과 위협에 대비한 군사력 건설이 이루어져야 하는 것은 매우 중요하다.

또한 김정익은 한국은 국방개혁시대에 있어서 병력의 대규모 감축이 예견되어 있고, 제대별 작전지역이 4배 이상 확대되는 등의 변화가 있을 전망을 통해 이러한 상황변화 속의 군 운용에 대한 질문을 통해 아직도 여전히 NATO와 유사한 환경에 놓여 있는 현 한국의 군사전략은 -명시적으로 밝힌 바는 없으나- 전방에 최선의 방어진지라 할 수 있는 거점에 병력을 배치시켜 놓고 이를 방어하는 개념이므로, NATO의 적극방어(Active defense)와 유사한 것이지만, 미래에도 이러한 방어전략을 유지하려고 할 것인지, 아니면 작전상황의 변화에 따라 다른 방어전략을 채택할 것인지에 대하여 추가 논의를 필요로 한다는 입장을 취하였다.[22]

더욱이 전작권 전환에 대응하여 한국의 군사전략 개념이 체계적으로 정리되고, 다시 용병술이 재정립되어야 하며, 이를 기반으로 군사력의 건설과 운용의 고도화 체계를 재구축해야 할 것이 요청된다.

4) 군사전략 수립시 상황판단의 틀(아더라이케 2세[23], 합동군사대학교)

그렇다면 군사전략은 어떠한 사고과정을 통해 수립되는가? 라는 점에서 더 살펴볼 필요가 있다. 미(美) 아더라이케 2세와 합동군사대학교(합동군사대학부)의 군사전략을 수립하기 위한 전략가의 상황판단의 틀과 군사기획 수립절차를 비교해 보면 다음과 같다. 아더라이케 2세는 임무분석, 상황평가, 행동방책결

22 김정익(2011), 전게서, p.7.

23 이종학, "군사전략 수립의 방법론", 『군사전략론』(대전: 충남대학교출판부, 2009.), p.402.

정, 결심의 절차에 의하여 전략계획이 수립된다고 언급하였다.

반면에 합동군사대학교(육군대학부) 『군사전략』 교재에 의하면 군사전략기획절차[24]는 다음의 <표 1>과 같이 상위지침을 통하여 전체적인 통찰을 한 후, 전략환경 평가를 통하여 전략계획 수립을 위해서 가능성 있는 상황과 조건들을 가정하여야 한다고 언급하고 있다.

이러한 틀을 기초로 군사전략목표를 수립하고, 군사전략 개념(수단과 방법)을 정립하며 가용자원을 배분한다. 가까운 미래의 군사력 건설에 관한 것은 JSCP에 반영하고 현재가 아닌 미래의 군사전략인 경우에는 군사전략 개념에 따라 운용할 가용자원을 판단하여야 하며, 가용자원이 현존하는 것이 아닌 경우에는 중·장기 계획인 JMS, JSOP에 반영토록 하고 있다.

첫째는 상위지침 인식이다. 아더라이케 2세의 임무식별의 과정과 전체적인 상황을 통찰하는 과정과 개념이 유사하다. 아더라이케 2세는 건전한 군의 의사결정을 위해서 이 단계에서는 문제의 본질에 대한 이해의 중요성을 강조한다. 이유는 "'정치목적을 달성하려고 하는 것이 전쟁을 수행하는 근본 동기'라 하여 군사목표와 그것이 요구하는 노력의 정도를 결정한다."고 언급한 클라우제비츠의 언명과도 같이 정치적 목적을 고려하여 군사전략의 목표가 설정되기 때문이다.

24 합동군사대학, 『군사전략』(기본 및 보충교재)(대전: 국군인쇄창), 2010. 6. 1), p.48 ; 합동군사대학교 육군대학부, 『군사전략』기본 및 보충교재(대전: 국군인쇄창), 2012.

〈표 1〉 군사전략을 수립하기 위한 전략가의 상황판단의 틀

<table>
<tr><th colspan="3">아더라이게 2세의 전략수립 상황판단 틀</th><th colspan="2">합동군사대학교의 군사기획 수립절차</th></tr>
<tr><th>구분</th><th colspan="2">내용</th><th>내용</th><th>구분</th></tr>
<tr><td>1. 임무</td><td>국가정책(지침), 국가이익/목적</td><td>왜(why)</td><td rowspan="3">1. 상위지침인식
2. 전략환경평가
3. 가정설정
4. 군사전략목표설정
5. 군사전략개념수립
6. 군사력건설방향설정 (기존의 군사자원판단)
산출
중장기
JMS: 합동군사전략
JSOP: 합동전략목표기획
단 기
JSCP: 합동전략능력계획</td><td>1. 상황지침 인식</td></tr>
<tr><td>2. 상황
가. 작전지역
1) 군사지리
2) 기상
3) 수송
4) 통신
5) 기타
나. 전투력 비교
1) 적의 능력과 취약점
2) 아군의 능력과 취약점</td><td>지역

군사자원</td><td>장소(where)

사람(who)</td><td>2. 전략환경 평가

3. 가정 설정</td></tr>
<tr><td>3. 행동방책
가. 적군
나. 아군
다. 분석과 비교</td><td>군사목표
군사전략개념</td><td>대상(what)
방법(how)
시기(when)</td><td>4. 군사전략 수립 (목표, 개념)</td></tr>
<tr><td>4. 결심</td><td>군사전략 -지원계획이 첨가</td><td></td><td>군사자원판단 → 단기, 중장기계획 (JSCP, JMS, JSOP) 반영</td><td>5. 군사자원 판단/계획 수립</td></tr>
</table>

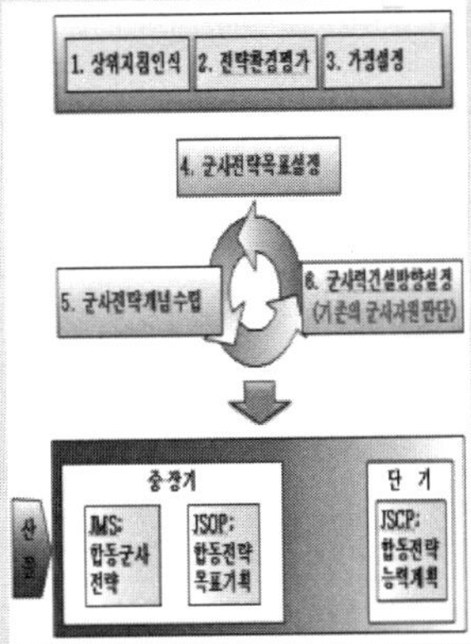

출처: 이종학, 『군사전략론』(서울: 박영사, 1987), p.352 ; 합동군사대학, 『군사전략』(대전: 국군인쇄창, 2010), p 48.

아더라이케 2세의 군사전략 수립을 위한 상황판단의 틀이나 합동군사대학교의 군사기획절차의 비교분석 결과는 내용과 절차에 있어서는 크게 다르지 않다. 아더라이케 2세의 임무분석과 상황평가 과정에서, 그리고 합동군사대학교는 상위지침인식과 국가안보 차원의 정치적 혹은 국가전략적인 전략환경 평가를 통하여 군사전략에 영향을 미치는 요소를 각각 식별토록 하고 있

다. 그리고 작전지역에 대한 분석과 평가를 실시하고 피아(彼我)의 능력과 취약점을 분석토록 하고 있다.

합동군사대학교는 '군사전략을 구사할 지역(장소)은 어디인가?', '군사자원(인적, 물적 요소)은 피아가 어떠한가?'를 확인하기 위하여 안보정세 평가와 위협분석, 위협전개 양상을 확인토록 하고 있으며, 가능성 있는 위협을 도출하기 위해서 가정을 설정토록 하고 있다. 이때 위협이 무엇인가, 위협의 전개양상이 무엇인가를 분석하는 과정에서 아더라이케 2세의 분석 틀과 같이 아군의 능력과 취약점 및 적의 능력과 취약점에 대한 분석이 이루어진다.

〈표 2〉 군사전략기획 순서

순서	구분	중 · 장기 군사전략기획	단기 군사전략기획
1	상위지침 인식	■군사력의 역할 ■전략적 요구사항	■전쟁목표
2	전략환경 평가	■미래의 안보위협과 군사적 위협 도출 *위협주체가 불확실	■현존 안보위협, 북한의 침공기도/양상 분석 *위협주체가 명확
3	가정 설정	■정세와 관련된 내용위주 개략적 판단 및 예측	■전쟁에 영향을 주는 요소위주 구체적 판단
4	군사전략 목표	■군사력 개발을 통해 달성하려는 군사적 태세 *국가목표/ 안보목표/ 국방목표에 부합	■군사력 운용으로서 조성하려는 상황조건(최종상태) *전쟁목표에 부합
5	군사전략 개념	■미래군사전략개념 수립 *시기별, 대상별, 상황별 대북/잠재적 위협대비 군사력 운용방안	■전시 군사전략개념 수립 *대북 군사력 운용방안
6	군사력 건설 방향	■군사력 건설방향 제시(군사지원판단) *건설해야할 군사력	
		■비고(산출문서)	■과업부여/ 자원할당 * 현존군사능력만 고려
7		■합동군사전략서(JMS)	■합동군사능력기획서(JSCP)

아더라이케 2세는 행동방책을 설정함에 있어서 피아의 방책을 선정하고 비교분석을 하도록 하고 있다. 반면에 합동군사대학교에서는 군사전략 목표설정과 군사전략 개념으로 기술하고 있다. 행동방책은 군사전략 구현의 수단이자 방법이며, 이것을 합동군사대학교에서는 개념으로 명시하고 있다. 그러므로 이 행동방책은 군사전략 개념정립에 내포된다. 합동군사대학교는 군사전략 목표를 우선 설정함으로써 분쟁의 수준을 결정하고 이에 부합된 행동방책을 결정해야 한다는 관점을 강조하고 있는 것이다. 아더라이케 2세의 결심단계는 최선의 방책에 대한 결정을 말한다. 이 방책에는 방책의 구현을 위해서 존콜린스의 주장과 같이 필히 군사자원 할당이 포함되어야 한다. 합동군사대학교에서는 군사자원에 대한 판단과 군사력 건설계획에 반영하는 것을 언급한다. 이것은 군사전략적 차원에서는 현존 군사전력만을 의미하는 것이 아니고 목표년도의 군사력 확보도 포함하고 있기 때문에 이를 구현하기 위해서 추가한 것으로 판단된다. 이러한 군사전략은 적합성, 달성가능성, 용납성을 구비해야 한다. 두 가지의 관점을 비교해볼 때 별 차이점이 없다.

3. 한국 군사전략의 변천과 발전

1) 대(對)북한 군사전략

한국의 군사전략 변천과정에 관해서는 다양한 관점이 있다. 예컨대 육군본부에서는 ①초기단계('45~'50): 전략적 공백기, ②전쟁단계('50~'53): 미국의 전쟁수행과 한국의 공조 개념, ③전후복구단계('53~'67): 대미 의존적 집단안전보장체제 강화, ④현대화 계획단계('68~'73): UN 중심 국방정책에서 자주국방 태세로 전환, ⑤자주국방초기단계('74~'81): 합동전략 개념 발전, ⑥전력발전단계('82~'92): 자주국방 기반 조성, ⑦전환기적 단계('93~현재): 한미 상호보완

적 군사관계 발전으로 구분하고 있다.[25]

이 외에도 군비경쟁을 중심으로 하여 3개 기로 구분하고 있는데,[26] 이를 상세히 살펴보면 다음과 같다.

(1) 제1기: 북한주도형 군비경쟁(휴전 후~1969년)

당초 미국은 한국이 강력한 군사력을 보유하게 되면 북침 가능성이 있다고 판단했으며, 이러한 미국의 영향으로 1950년대 한국군 전력증강에 대한 미국의 지원은 다분히 소극적이었다. 특히, 해 · 공군은 한국의 경제능력으로 감당하기 어렵다고 판단하고, 유사시 미국의 해 · 공군이 개입해야 되기 때문에, 한국에게는 해 · 공군 전력이 긴요하지 않은 것으로 간주했다.

그러나 북한은 휴전 직후의 전력증강이 소련의 원조 중심으로 이루어졌으며, 북한의 병력변화는 1953년 27만 5천명, 1955년 45만명, 1960년대 말 38만 3천명, 1959년 40만명의 노농적위대 창설, 1966년 이후 비정규전부대가 증설되었다.

특히, 중 · 소 대립과정에서 북한은 친중국적 태도를 취하였는데 이에 소련은 북한에 대한 군사와 경제원조의 중지 내지는 삭감하고 북한은 소련에 대한 의존에 한계를 인식하게 되었다. 1962년 말에서 1980년대 말까지 '자위정책'을 채택하고 '4대 군사노선'을 표명하면서, 중국과 소련 사이에서 능동적이고 적극적인 정책을 통하여 북한은 매우 활발하게 전력증강을 추진하면서, 이미 1960년대 말에는 남북한 간의 전력격차는 매우 현격하게 벌어졌다.

이승만 대통령은 북한의 군사력에 맞먹는 수준으로 한국 육 · 해 · 공군의 전력을 대폭 증강해야 한다고 주장했으나, 이에 대해 미국은 한국군의 전력증강 요구에 대해 매우 부정적인 대응을 보였고, 이로써 1950년대 한국군의

25 육군본부 기획관리참모부, 『한국의 군사전략』 (대전: 육군인쇄창, 2001), pp. 17~19, 87~88.

26 관점에 따라 여러 개 기로 구분하기도 한다.

전력증강은 유일하게 자체능력으로 추진가능한 병력증강 위주로 나아갈 수 밖에 없었다.

그러나 1958년 11월 말 감축된 한국군은 육군 56.5만명(18개 전투사단과 10개 예비사단), 해군 1.6만명(60척의 전투함정), 공군 2.2만여명(6개 전투기 폭격대대를 포함한 10개 전투비행대대), 해병대 2.6만명 규모를 한국의 병력감축을 조건으로 장비현대화를 요구하는 안으로 제안한 바 있다. 1960년대에 한국군은 북한군보다 전력상 열세를 면치 못하고 있었으나, 이를 극복하기 위해 전력증강에 박차를 가하기보다는 한・미 상호방위조약과 주한미군에 의존하려 하였다.

1950~1960년대에는 한국의 열악한 경제력이 한국군의 전력증강에 가장 결정적인 요인으로 작용했으며, 1960년대의 한국군 전력증강은 육군 위주로만 제한적으로 이루어졌다. 그러나 1960년대 후반기에 베트남전 파병을 통해 미국의 대규모 군사지원을 유치함으로써 한국군의 장비현대화를 이룩하였다.

한편, 북한은 1954~1956년의 3년간 소련은 약 2.5억＄, 중국은 약 3.2억＄를 북한에 지원하게 되면서, 이 기간 중 북한은 연평균 경제성장률이 27.8%에 달하는 고도성장을 이룩했으며, 1966년 이전까지만 하더라도 예산지출의 10% 이하를 유지하던 군사비를 1967년 이후부터는 30% 이상으로 대폭 확대하였다.

이로써 1960년대 말, 북한은 중국과 소련의 지원 없이도 2개월간 단독작전 수행이 가능하다고 판단하게 되었다.

(2) 제2기: 남북한주도형 군비경쟁(1970~1989년)

1969년 소련이 아프가니스탄을 침공하면서 시작된 신냉전이 조성되자, 미국은 태평양지역에서 군사동맹관계의 강화를 추진하면서 상대적으로 한국의 지위를 격상시키게 되었다. 즉 '중요한 이해관계지역'(a significant interest area)을 1984년 '사활적 이해관계지역'(vital interest area)'로 격상시키게 된 것이며, '방위의 제1선(the first line of defence)'으로 서유럽과 동등한 중요성을 부여한 것이다.

닉슨 독트린이 발표되고 아시아에 주둔하고 있던 미군이 철수하기 시작하자, 한국은 자주국방의 필요성을 더욱 절감하고, 장비현대화를 통해 스스로 방위를 할 수 있다고 주장하게 되었다.

북한은 1970년대 초반까지 미국과 소련을 중심으로 한 국제체제는 북한군의 전력증강에 도움이 된 측면이 있으나, 북한과 소련 간의 거리가 멀어짐으로써 1970년대 중반 이후로부터 1980년대 중반까지는 국제체제는 군비증강을 억제하는 요인으로 작용하였다.

1960~70년대 북한의 군사적 위협이 크게 증대하는데 대한 반작용으로 한국은 '자주국방' 슬로건을 내세우면서 1974~1981년까지 「율곡사업」으로 명명된 제1차 전력증강계획을 추진하였으며, 주로 재래식 무기를 중심으로 한 전력증강이 매우 활발하게 이루어져 각종 무기체계의 양적 증가와 함께 질적 개선도 달성했다고 할 수 있다. 그러나 이 기간 중 북한은 수많은 대남도발을 자행하여 남북한 간의 갈등을 심화시켰으며, 북한은 40여 회의 간첩침투, 20여 회의 총격도발, 10여 회의 어선납북을 감행하면서, 지속적인 대남도발은 북한에 대한 한국의 불신을 가중시켰다.

1970년대 초 국제관계와 남북관계 모두에 있어서 긴장완화의 경향이 강하게 작용하였던 시기였음에도 불구하고, 남북한 간에는 군비확장이 본격적으로 전개되었던 시기이다. 이는 주도권을 확보하려는 의도에 의해 첨예한 갈등상황에 있던 남북한 모두 군사부문의 강화가 이루어졌으며, 1980년대 한국의 강력한 경제력은 한국군 전력이 양적, 질적으로 크게 증강될 수 있는 기반이 되었다. 주요 전투장비 및 무기체계의 질적인 면에서 대북우위를 달성할 수 있도록 해외도입, 무기체계의 국내생산 확대가 방위력 개선사업의 중점이었다.

북한은 4대 군사노선 중 1966년에 채택한 전군의 현대화는 북한의 군비증강에 직접적으로 연결되면서, 1970~80년대 북한의 군비증강에 직접적인 영향을 미쳤던 것은 김일성이 추진하였던 '국방 · 경제 병진정책'이었으며, 이

기간 중 북한군의 전력은 획기적으로 향상되었다.

1970년도의 북한 총병력은 41.3만 명으로서 한국의 63.45만 명에 비해 약 65% 수준에 불과하였고, 6.25 전쟁 이후 실전경험이 없었던 북한은 한국에 대한 경계심과 적대감을 갖게 되면서, 북한은 한국과의 대화중단 이후 집중적으로 병력수를 증가시키면서 1970년대 말부터는 한국보다 많은 병력을 보유하기 시작하였다. 이 기간은 남북한 간의 군비경쟁이 가장 치열하게 전개되었고, 그 결과 1960년대에 남북한 간의 전력불균형은 1980년대 말에 이르러 한국군 스스로 대북한 전력의 균형을 달성했다고 자부하는 수준에 이르렀으나, 그렇지만 이 기간에는 주로 재래식 무기의 양적인 팽창에 국한되었다.

(3) 제3기: 비대칭적 군비경쟁(1990~2011년)

1989년 12월 냉전체제의 종식으로 미국만이 지구상의 유일한 초강대국으로 군림하는 단극체제가 형성되었으며, 1990년대 이후 동북아지역 내에 배치된 미군 전력은 제7함대에 1개 상륙준비단(ARG : Amphibious Ready Group)을 예속, 신형 함정(벨로우드 상륙함 등) 및 이지스함 1척을 추가 배치하고, 제7함대가 담당했던 중동지역에 제5함대를 창설하여 역할을 분담하며, 유사시 신속증원군을 위한 1개 여단 분의 장비와 물자를 한국에 전개하는 등 전력을 강화하였다.

1990~1991년에 주한미군은 총 병력 면에서 7천여 명을 감축시켜 3만 6천여 명 수준의 병력으로 1개 보병사단과 2개 비행단을 유지하였고, 2008년 4월 주한미군의 전력을 2만 8,500명 선을 유지하기로 합의하였다. 유사시에 한반도에 증원되도록 계획된 미군전력은 육 · 해 · 공군 및 해병대를 포함한 병력 약 69만여 명, 함정 160여 척, 항공기 2,000여 대의 규모였으며, 한국은 단극체제에서 미국과 긴밀한 협조를 이룸으로써 북한의 위협에 확고한 대비태세를 유지하면서 즉각 대응할 수 있는 능력을 갖추게 되었다.

북한은 1990년 소련은 태평양지역에서의 전략적 우위 구축을 위해 태평양함대의 질적 향상에 역점을 두고 2척의 키에프급 항공모함, 1척의 키로프급 초대형 핵추진 순양함을 비롯한 각종의 신형 수상 전투함정과 전략핵 탑재 Delta-IV(SSBN)형, 공격형 아쿨라급(SSN)을 비롯한 최신형의 잠수함 등 총 800여 척으로 구성되어 소련 해군의 4개 함대 중 최강의 전력을 보유하게 되었다.

극동전력의 정예화와 함께 전력운용체제의 개선책으로 육 · 해 · 공군을 통합 지휘하는 「극동통합사령부」를 신설하고 신속기동군의 창설을 추진하였다. 1990년대에도 북한의 최신 무기체계 도입은 주로 러시아에 의존하고 있었으나, 무기거래의 형태로서 대금을 지급하고 구입해야 하는 북한에게는 군비증강이 위축된 측면이 존재하였다.

한편, 1990년대 중국은 매년 국방비를 10% 이상 증액하면서 군현대화 사업을 추진하였고, 특히 해군은 러시아로부터 Kilo 잠수함과 7,000톤급 구축함을 구입, 1998년 말에는 6,000톤급 루하이급 미사일 구축함을 자체 건조하였고, 전략무기 분야에서 사정거리 8,000km의 ICBM 동풍-31을 시험발사함으로써 동북아의 새로운 군사강국으로 부상하게 되었다.

이러한 국제체제상으로 균형자가 없는 상황에서 고립되어 있는 북한은 새로운 생존방식의 채택 필요에 따라 핵무기, 장거리 미사일 등 비대칭 수단에 집중하게 되었다.

남북 간의 교류와 협력은 지속적으로 확대되어 갔으나, 2002년의 서해교전, 2008년 금강산 관광객 박왕자 씨 피살, 2010년 천안함 폭침, 연평도 포격 등의 도발로 교류협력을 통한 평화 추구에는 한계가 있음을 노정했으며, 남북분단체제는 한국의 군비증강에 직접적인 영향을 미칠 수밖에 없었다.

북한은 1980년대 후반기 이래 심각한 경제난에도 불구하고 매년 GNP의 27% 이상을 군사비에 지속적으로 투자해 왔으며, 그러나 1980년대 후반부터 경제난으로 양적 전력증강의 한계에 직면하면서 재래식 전력의 증강도 둔화되었다. 이후 북한은 자원절약형 전력증강에 주력하여 즉, 초전에 기습적인 공격을 통해 전세를 그들에게 유리하게 전개시킬 수 있도록 핵무기를 개발하고, 장거리 미사일 및 화포 등 전략무기를 개발 · 배치하며, 기습침투능력을 증강시키는 등 비대칭전력 증강에 주력하였다.

결국 1990년대 이후 북한은 남북한 간의 경제력 격차가 심화되고 한국군의 첨단 무기체계를 따라잡을 수 없다는 판단에서 비대칭전력 확보를 포함한 자원절약형 전력증강을 추구해 왔다. 그러면서도 북한은 1990년대 심각한 경제난을 겪는 상황에서도 국방비는 꾸준히 증가시켜 1990년 약 50억$에서 1996년에는 63억$을 유지해 왔으나, 이러한 규모는 한국에 비해서 $\frac{1}{2}$~$\frac{1}{3}$에 불과한 것일 뿐 아니라 해마다 격차가 심화됨으로써 한국의 전력증강에 대응할 수 있는 최신의 무기체계를 확보하는 데에는 커다란 제약이 있었을 뿐 아니라, 경제력 저하가 북한의 군비증강에 결정적인 저해요인으로 작용하였다. 그리고 북한의 천안함 폭침과 연평도 포격도발은 한국군으로 하여금 서북도서에 전력을 대폭적으로 증강하는 결과를 초래했다고 볼 수 있다.

2) 대(對)주변국 군사전략

1980년대에 들어서서 '율곡사업'에 의한 대(對)북한 군사력 증강이 순조롭게 진행되면서부터 한국은 대주변국 군사전략 수립으로 서서히 눈을 돌리기 시작하여 2000년대에 들어서서는 비군사적 위협의 발전으로까지 확대되었다.

대주변국에 대한 군사전략은 북한의 위협과 같이 당장의 위협이 아니기 때문에 주로 영토분쟁과 전면전 등 잠재적 위협에 초점을 맞추고 있는 것이 특징적이다. 이를 기초로 한국의 군사력 건설은 북한 및 잠재적 위협을 총체적으로 망라한 미래지향적 군사력 건설을 추진하고 있다.

4. 한국 군사전략의 신사고(新思考) 접근

이제까지의 군사전략에 대한 기본인식을 기초로 한국 군사전략 발전을 위한 신사고(新思考) 접근에 의한 군사전략을 논의해 보면 다음과 같다.

1) 국제정세 분석

우선 최근의 동북아 정세를 분석해 안보위협을 도출할 필요가 있다.

미국은 군사력의 유용성으로 지역에 대한 안보를 제공하면서 경제적·외교적 이익을 도모해 나가고 있고, 중국은 강력한 공산당 통치체제를 통해 경제발전에 우선을 두고 군사력을 적극 활용하고 있다. 일본은 높은 경제력·기술력을 바탕으로 높은 대체가능성을 보여주고 있으며 이를 기반으로 정치 및 군사대국화를 기도하고 있으며, 러시아의 경우도 정치적 기술과 보유자원으로 동북아지역에서 영향력을 행사하려는 것으로 분석된다.

군사력의 평시 유용성 측면에서 분석해 보면, 미국의 군사력은 평시에도 세계 각처에서 특히 동아시아 중시정책에 의해 전략적 유연성을 지향하는 군사력 재배치에 의해 유용성 측면에서 가장 높게 나타나고 있으며, 일본의 해상자위대는 본토 밖에서 외침을 방위해야 하는 군사운용전략과 해상교통로 확보 측면에서 그 유용성이 높으며, 중국도 경제력에 걸맞게 그리고 해상교통로 확보 차원에서 해군력의 유용성을 증가시키려는 의도로 추진하고 있으며, 러시아도 첨단화·현대화를 통하여 그 유용성을 증가시키려는 의도가 있음이 분석된다.

민·군간 능력의 전환성 측면에서는 미국은 이미 상용기술과 군용기술간 호환성이 가장 높으며, 해외 무기수출 등으로 얻는 이익이 또한 높은 것으로 분석된다. 중국의 경우도 방위과학기술산업을 민간용도로 전환을 시작으로 민군간 전환 능력을 지속적으로 제고시키고 있으며, 일본은 핵무기 없는 핵기술을 이미 보유함으로써 평시에는 핵능력을 활용하고 유사시 이를 군사적 용도로 전환 가능토록 하는 등 전환능력에서 2차 세계대전을 경험하면서 확충한 바 있다.

군사전략 측면에서는 미국의 지역안보를 위해서 전략적 유연성을 확보하고자 군사력 재배치와 군사변혁을 포괄적으로 추진하고 있고, 중국의 경우도 양적인 부대를 감축하면서 군사적 효과성을 높이고 있으며, 경제발전에 역점을 두고 이를 바탕으로 첨단정보 기반의 국지전 수행을 위해 군사력을 건설해 나가고 있다. 영토확장을 위한 공세적 전력건설 위주는 아니지만 부상하는 경제력을 바탕으로 항공모함 배치, 첨단전투기 생산, 우주과학기술 개발 등 주변국들에게 위협을 가할 수 있는 군사역량을 계속 확충해 나가고 있다.

한편, 일본은 경제력을 바탕으로 정치 · 대국화를 지향하며 군사력을 현대화하고 평시 · 전시 해양전력의 유용성을 확충하기 위한 방위력 확보를 추진 중인 것으로 분석된다. 이와 같이 지역내 군사적 안정성 면에서는 해상교통로 확보라는 명분이지만 그 충돌가능성에 대해서는 의구심을 버릴 수 없다. 따라서 이러한 잠재위협에 대한 억제력 차원에서 전략무기와 운용 개념에 대하여 발전시키고 평시에도 우발사태 및 분쟁에 대하여 대비를 철저히 준비해야 할 것이다.

동북아시아는 한국, 중국, 일본 3국이 고대로부터 한자, 유교, 불교 등의 문화적 상호교류, 동맹형성, 전쟁 등을 통하여 국제관계를 형성, 지속시켜 왔다. 7세기 동북아시아의 정세는 중국의 통일국가인 수 · 당과 고구려 사이에 동북아의 세력권 장악을 위한 전쟁이 있었고, 한편 한반도에서는 삼국간의 전쟁이 있었으며 660년 이후 나당전쟁으로 신라가 삼국을 통일하고 당 세력을 한반도에서 축출함으로써 종결되었다. 700년 이후 발해가 성립됨으로써 신라와 당나라 사이에 우호적인 관계가 지속되고 이후 동북아시아의 제 왕조는 친당적 자세를 유지함으로써 당이 동북아시아에 개입하여 소기의 성과를 달성했다고 봐야 할 것이다.[27]

이러한 맥락에서 전근대기 동아시아 지역은 정치, 경제, 문화 등의 교류와

27 임기환, "7세기 동북아시아 국제질서의 변동과 전쟁" 『전쟁과 동북아의 국제질서』(일조각, 2006), pp. 49-90.

상호 작용 영향이 상당한 수준에서 이루어졌으며,[28] 이와 같은 역사적 경험 속에서 공존공영의 상호협력관계를 긍정적으로 발전시켜나갈 수 있는 여지가 많아 보이고 있고, 경제적 · 문화적 교류로부터 다자간 안보체제로의 제도적 정착을 위해서도 실로 많은 노력이 요구되고 있다.

중국은 1959년 중 · 소분쟁, 1972년 미 · 중 국교회복, 1979년 이후 덩샤오핑의 개혁 · 개방정책으로 사회주의 시장경제정책으로 자본주의 세계질서에 참여하여 그동안 고도성장을 지속했으며, 세계적 경기불황 속에서도 8% 수준의 GDP 성장률을 유지하고 있다. 중국은 세계적인 거대규모의 중화경제권을 거느리며 지속 성장하고 있으며, 다른 국가로부터 초강대국으로 부상할 수 있는 잠재력이 있는 국가로 예상되고 있다. 한편 2차 대전 패전 후 미국의 안보 보호 속에서 세계 제2경제대국으로 성장한 일본이 1990년대 장기불황을 극복하고 자위대 해외파병, 유사법제 제정, 방위청을 방위성으로의 승격 등 평화헌법을 개정하여 '보통국가'로 변모하려는 지역적 강대국인 일본은 초강대국인 미국 주도의 국제질서 속에서 중국이 해석하는 다극체제적 다자주의를 기도(企圖)하고 있다고 보여진다.

세계는 현재 지구화현상이 진행되고 있지만 우리가 살고 있는 세계를 보면 지역통합의 시대 속에 살고 있다고 해도 과언이 아니다. 세계화 현상이 빠르게 진행되고 있으면서도 동시에 지역화 현상이 두드러지게 나타나고 있으며, 세계무역기구(WTO) 출범 이후 지역무역협정의 숫자는 가속적으로 증가하고 있다. 지역안보 연구를 위한 하나의 분석틀인 지역안보복합체(RSC : Regional Security Complex)이론은 이론적 접근을 위하여 자료를 제공할 수 있다. 이 이론에 의하면 동북아지역의 지역적 특성은 지역내 1개 이상의 지구적 수준의 강대국이 포함된 것으로 현재는 동아시아지역에서 중국과 일본이 양극의 축을 형성하고 초강대국인 미국이 선택적으로 개입할 수 있는 형태로서 지구적 수

28 조병한, "동북아 국제질서 속의 한국사"『전쟁과 동북아의 국제질서』(일조각, 2006), pp.30-34.

준에서 역내세력균형에 직접 영향을 주고 있으며, 지구적 차원의 강대국들이 포함되기 때문에 인접지역으로 강대국들의 영향이 미칠 수 있는 구조로 형성되어 있다.[29] 달리 말하면 통상적인 지역 형태의 경우보다도 더 높은 수준의 긴장으로 지역 간에 활발한 군사적 상호작용이 진행되고 있다고 분석된다.

결국 동북아시아의 경우 각국들은 지역적 및 세계적 수준에서 협력과 경쟁을 지속하고 있는 것으로 분석된다. 중국과 일본은 그들의 지역적이고 초지역적인 역할을 지구적 수준에서 벗어날 수 없다는 것이다. 이러한 관점에서 본다면 향후에도 동북아지역에서의 강대국 간의 복잡한 관계는 지속될 것으로 보여진다. 즉, 동북아지역의 안보상황은 협력관계이면서 군사적 갈등이 잠재되어 있고, 정치경제적으로 경쟁과 협력관계의 발전이 지속될 것으로 예상되는데, 지역내 국가들이 상호견제하면서도 경제적 실리를 추구하기 위해 다자적 또는 쌍무적 협력관계를 계속 모색할 것으로 본다.

미국과 중국은 패권을 위한 견제관계를 유지하면서도 경제적으로는 협력관계로의 발전이 불가피하고 일본과 중국은 지역적 내 영향력 경쟁을 벌이면서도 전략적 협력관계를 일정부분 발전시켜 나갈 수밖에 없을 것이다. 중국과 러시아는 미국의 견제를 위한 전략적 동반자관계를 유지할 것이며, 한국은 한편으로는 미국과의 전략적으로 포괄적 동맹관계로 발전하는 가운데 중국, 일본, 러시아와의 협력 관계를 유지, 강화할 것이다. 또한 미국의 입장에서 경제 · 군사적으로 급속히 부상하는 중국의 국력에 대하여 견제하는 구도를 형성하게 될 것이며, 한편 중국도 러시아 및 동남아 국가들과 함께 미국을 견제하기 위한 연대를 강화할 것이라는 예상을 일반적으로 전망할 수 있을 것이다.

---

29 Berry Buzan and Ole Waever, *Regions and Powers: The Structure of International Security*, (Cambridge University Press, 2003), pp.51-64.

2) 안보위협 평가

안보위협 평가시 고려사항으로는 전통적인 일반적 고려사항과 지식정보화 시대에 즈음하여 현시되고 있는 과학기술의 발달과 치명성 증가, 비대칭 위협분석 등을 추가적으로 고려할 필요가 있다.

군사적 대응이 필요한 위협으로 먼저, 북한의 위협은 국지도발, 전면전. 첨단무기 사용(핵, 미사일, 기타), 게릴라전/잠수함전 등(비대칭전), 사상전을 들 수 있다. 위협양상으로는 서해 5도를 비롯하여 동해(독도) 및 남해(이어도) 등 국지지역에서의 다양한 수단에 의한 무력도발, 전면전(핵, 미사일, 재래군에 의한 기습남침 공격), 비대칭전으로는 후방지역 특수전 부대 투입 교란, 후방 상륙 및 침투, 사이버전, 테러 등을 들 수 있으며, 제한적으로 화생 수류탄 등을 사용하여 화생무기 공격을 감행할 수 있고, 남한 내 고정간첩 및 동조세력을 선동하여 후방에서 반란을 유도할 수 있다. 이 때의 위협전개 양상으로는 국지도발 후 전면적 도발, 전력과 전략 개념에 의거 한반도를 2~4단계로 전역으로 구분하여 도발(6.25와 같이)할 것으로 예상되나, 전술핵, 미사일 사용에 있어서는 초기에 미군기지 등 타격은 자제할 것으로 판단된다. 또한 한반도에서의 안보위협은 미래에도 이변이 없는 한 북한과 그 동맹국에 의하여 지속될 것으로 보여진다.

〈표 3〉 안보위협 평가

구분		군사적 대응이 필요한 위협	위협양상	위협전개양상
군사적 위협 및 비군사적 위협	북한	▪국지도발, 전면전 ▪첨단무기 사용 (핵, 미사일, 기타) ▪게릴라전/잠수함전 등 (비대칭전) ▪사상전	▪국지도발 ▪전면전: 핵, 미사일, 재래군 공격 ▪비대칭전 - 후방지역 특수전부대 투입 - 후방 상륙 및 침투 - 사이버전, - 테러전 ▪화생무기 공격 ▪후방에서의 반란유도	▪국지도발후 전면적 도발 ▪전력과 전략 개념에 의거 한반도를 2~4 단계로 전역구분 도발(6.25와 같이) ▪전술핵, 미사일 등 사용-미군기지 등 타격 초기에 자제
	중국	▪전면전시 증원 (증원차단, 정치공세)	▪서해안 상륙작전 ▪지상군 증원 ▪연합지휘부 편성	▪초기 미개입 ▪서울 점령시 서해안 상륙작전 및 증원기도 ▪한 · 미 연합군 개성 진출시 증원 ▪필요시 동해, 서해에서 해상지원(화력지원, 해상전, 세력견제)
	러시아	▪전면전시 증원(증원차단, 정치공세)	▪항공기, 기계화부대 ▪동해일대에서 해상지원/미-일 해상세력 견제	

다음으로, 주변국 군사력 증강에 따른 영토분쟁과 같은 잠재적 위협이 예상될 수 있고, 비군사적 위협으로는 테러, 해적행위와 같은 위협이 증대되고 있다. 따라서 북한의 당면 위협뿐만 아니라 잠재적 및 비군사적 위협에 대한 대응전략 수립은 합참 주관으로 매년 진행되고 있고, 이를 기초로 전력증강이 이루어지고 있다. 이러한 군사전략은 비문으로 관리하고 있기 때문에 여기서의 기술은 생략하고, 최근 학술적으로 논의되고 있는 군사전략의 신사고(新思考) 개념 위주로 살펴보고자 한다.

3) 신사고(新思考) 전략

(1) 억제전략

최근 우리 군은 억제전략을 '응징적 억제', '능동적 억제', '능동적 및 선제적 억제', '맞춤형 억제'라는 용어를 사용하면서 과거에 비해 적극적이고도 공세적인 의미를 담으려 노력하고 있다. 그 개념을 세부적으로 살펴보면 다음과 같다.

먼저, 응징적 억제이다. 과거의 억제가 한미연합전력 또는 한국군의 대북한 우위를 통한 도발 방지에 주안을 두었다면, 이제는 적 도발에 대한 '보복'에 초점을 맞추어야 한다는 것이다.[30] 이러한 '응징' 개념은 과거 1975년도 이후 합동전략 개념으로 '응징보복전략'이라는 용어를 사용한 적은 있었지만,[31] 실제 사용한 적은 없었다. 그 이유는 전력우위의 충분성 부족과 미군이 전·평시 작전통제권 행사와 관련이 크게 있는 것으로 보여진다.

두 번째로, 능동적 억제이다. 2010년 9월 3일 대통령 직속의 국가안보총괄점검회의는 '국방정책기조'를 기존의 방어중심에서 능동적 억제전략으로 전환할 것을 당시 이명박 대통령에게 건의하였다.[32] 그 이유는 기존 수동적 억제는 억지력만 갖추면 북한이 전쟁이나 도발을 하지 못할 것이라는 판단을 근거로 하는 반면, 능동적 억제는 핵, 미사일 등의 발사 징후나 전쟁 징후가 확실할 때 먼저 핵 및 미사일 기지와 군 작전지휘소 등을 선제타격하여 이를 막는다는 것이다. 여기서 선제타격 개념은 즉각적인 군사행동을 포함하고 있음은 물론이다. 이러한 능동적 억제는 한층 강도가 강한 공세적 개념의 억제전략이라 할 수 있다.

---

30 박창희(2013), 전게서, p.628.

31 육군본부 기획관리참모부(2001), pp.87~88.

32 2009년 12월 국방선진화를 위해 국방부장관 직속으로 출범한 민군합동위원회 성격의 국가안보총괄점검회의는 천안함 사태로 인해 안보태세 강화 필요성이 크게 제기됨에 따라 2010년 7월 1일 대통령 직속 위원회로 변경되었다. http://world.kbs.co.kr/korean/news_newsplus_detail.htm(검색일: 2013. 2. 21).

세 번째로 능동적 및 선제적 억제이다. 지난 2012년 2월 한국전략문제연구소 주관 정책토론회에서는 '능동적 및 선제적 억제전략'을 통한 적극 방위능력 구현의 필요성을 제시한 바 있다. 이러한 개념은 앞의 '능동적 억제전략'의 연장선에서 '선제타격' 개념을 모두 포함함으로써 기존의 '적극적 억제'보다 더 공세적인 개념의 표현이다.[33] 이와 관련, 국방대학교 박창희 교수에 의하면 '선제적 억제'는 북한의 핵 위협 대비 차원에서 전략핵 사용 이전에 선제대응에 초점을 맞추고 있다.[34]

마지막으로, 북핵 대응 '맞춤형 억제전략'이다. 2013년 4월 김관진 국방부 장관은 대통령 업무보고시 북한 핵 · 미사일에 대응할 '맞춤형 억제전략'을 구체화할 것을 포함시켰다. 이 개념은 우리 군의 감시 · 정찰 능력을 획기적으로 향상시켜 북한 핵과 미사일을 조기에 무력화 시킨다는데 주안을 두고 있는데, 세부적으로 보면 핵위기 상황별로 위협 · 사용임박 · 사용 단계 등 3단계로 구분하여 단계별 한미 양국이 공동으로 대응하겠다는 것이다. 이 개념은 기존의 '적극적 억제전략'에서 한 차원 발전한 개념이다.[35] 이를 위해 한미 양국은 북한의 이동식 미사일 발사대를 발사 이전 지상에서 탐지 · 식별 · 결심 · 타격하는 '킬체인(Kill Chain)'을 가급적 조기에 구축하는데 합의한 바 있다. 그리고 2013년 2월 14일 국방부는 우리의 함대지 · 잠대지 순항미사일 사진과 영상을 처음으로 공개한 바 있는데, 이는 북한의 도발에 적극 대응하겠다는 강력한 경고 메시지 의미를 담고 있다.

이러한 개념은 용어상에서 다소 차이가 있더라도 추구하고자 하는 방향은 보다 공세적인 면에 접근하고 있다는 점과 이를 위해서는 뒷받침할 수 있는 수단과 역량이 필요하다는 점, 그리고 우리의 군사전략이 보다 적극적으로

33 한국전략문제연구소, "박근혜정부의 대선안보공약 평가와 추진," 『정책토론회 보고서』(서울: 국제전략문제연구소, 2012. 2. 21), p.3.

34 박창희, "한국의 '신군사전략' 개념: 전쟁수행중심의 '실전기반 억제,'" 『국가전략』, 2011년 제17권 3호, p.50.

35 『국방일보』(2012년 10월 26일, 2013년 2월 15, 25일, 2013년 4월 19일자).

변화하고 있다는 공통점을 가지고 있다. 이렇듯 억제전략도 군사력 규모와 병행하여 그 유형이 매우 다양하게 발전, 진화되고 있음을 알 수 있다.

(2) 방어전략

방어전략도 앞의 억제전략과 같이 다양한 개념이 제시되고 있다.

먼저, 공세적 방어전략이다. 한남대학교 김재협 교수는 전시에 군사력을 사용하여 적을 물리적으로 격퇴, 제압하는 작전전략(operational strategy)을 크게 공격전략(offense strategy)과 방어전략(defense strategy)으로 구분하고 있고, 방어전략은 다시 능동성, 주도권의 행사여부를 기준으로 수세방어전략과 공세방어전략으로 구분하고 있다. 이러한 수세방어 및 공세방어전략의 차이점은 다음의 〈표 4〉에서 보는 바와 같이 군사력 운용의 적극성에 기반을 두고 있다.

〈표 4〉 수세방어전략과 공세방어전략의 비교

구분	수세방어전략	공세방어전략
전쟁의 목적	· 적 군사력 격퇴	· 전후 안보에 유리한 정치 · 군사적인 최종상태의 달성
전쟁 수행의 공간	· 자국영토의 전장화 감수(내륙, 후방 지역 포함)	· 전방 및 국경 주변 · 적 영토로의 확대, 전환
공세이전을 위한 군사적인 노력	· 시간의 경과에 따른 적 군사력의 약화, 소모를 기다림 · 방어와 반격의 단계적 · 순차적인 수행	· 공세이전의 조기 구현을 위한 여건을 적극적으로 조성 · 방어와 반격을 전쟁 초기부터 동시에 수행
전쟁의 기간	· 장기전 수용	· 단기전 추구

출처 : 김재협, "한국형 공세방어전략의 모색," 『국방연구』, 제56권 제2호(2013년 6월), p.129.

그러면서, 한국의 군사전략은 헌법과 국방정책 및 목표를 기준으로 한다면 당연히 방어전략이어야 하고, 향후 북한과 주변국에 의한 기습 및 국지도발,

제한 · 전면전쟁, 해양영토 또는 해양관할권 분쟁에서 국민의 안전과 영토를 효과적으로 지키기 위해서는 전쟁 초기부터 방어와 반격을 동시 · 통합적으로 수행하여 적의 공격능력을 단시일 내에 약화, 소진시키고, 적의 침략을 전방 및 영토 주변 지역에서 결정적으로 분쇄, 좌절시키는 공세방어전략을 필요로 함을 주장하고 있다.[36] 이를 뒷받침하기 위해서는 군사력을 건설 및 확보하는데 주력해야 함은 당연하다.

다음으로, 방어적 공세전략이다. 전쟁을 수행하기 위한 전략은 크게 순수한 방어, 공세적 방어, 방어적 공격, 그리고 순수한 공격 등이 있다.[37] 박창희 교수는 공세적 방어와 방어적 공세를 다음과 같이 구분하고 있다. 공세적 방어는 전체적으로 방어전략을 취하지만 필요한 경우 부분적으로는 공세를 취하는 전략이다. 이 전략의 통상적인 모습은 적이 공격해 올 경우 방어를 취하다가 숱한 교전을 통해 적의 전투력을 약화시킨 후 반격에 나서기 때문에 군사적 능력이 적의 군사력보다 약하거나 비슷한 경우에 취할 수 있다는 것이다. 반면 방어적 공세전략은 궁극적으로 결정적인 성과를 달성하고 전쟁을 조기에 종결하는데 그 목적이 있다고 보고 있다. 이러한 방어적 공세전략은 적의 영토를 탈취하거나 적 부대를 격멸하는 '적극적', 그리고 기만, 돌파, 후속기동, 회피, 반격 등으로 적의 행동의 자유(재량)를 빼앗고, 지휘통제체제를 참수(무력화)함으로써 예하부대를 마비시키는 '기동적'이어야 함을 강조하고 있다. 이를 바탕으로 한국의 군사전략은 방어적 공세전략을 채택해야 함을 주장하고 있다.[38]

---

36 김재엽, "한국형 공세방어전략의 모색," 『국방연구』, 제56권 제2호(2013년 6월), pp.123~148.

37 John M. Collins, *Military Strategy: Principles, Pracitices, and Historical Perspectives* (Washington, D.C.: Brassey's Inc., 2002), pp.86~87.

38 박창희(2013), 전게서 pp. 57~60.

(3) 방어 및 반격전략, 기타

첫 번째로, 대북한 군사전략을 3단계로 구분한 군사력의 적극적 운용개념이다. 미군 주도의 한미연합군체제에서는 한반도를 1개 전역으로 보았지만 전시작전권이 전환되는 시점에서는 정보화 추세와 국방개혁에 부합되는 한국군 주도의 군사전략을 수립하고 이에 따른 작전술 · 전술 개념과 군사자원의 건설방향의 재조정이 필요하다. 따라서 이제까지의 군사전략에 대한 기본인식을 기초로 한국 군사전략 발전을 위한 신사고적(新思考的) 접근을 아더라이케 2세의 군사전략 수립 상황 판단의 틀을 원용하여 검토할 필요가 있다.

이러한 신사고적 전략접근의 핵심은 한반도에 대한 북한의 선제침공 이후 한미동맹의 반격작전을 시도할 쯤 북한은 핵무기 등으로 한국 반격의지를 와해하고 중국-러시아를 개입시키는 동시에 휴전을 제휴하려 할 수도 있다. 이러한 상황에서 한국 군사전략 목표는 정치적 목적수정에 따라 조정될 수도 있다. 때문에 한국군의 초기 군사전략은 한반도 통일을 전략목표로 명백히 해야 한다는데 초점을 두고 있다.

이를 위한 기본개념은 전쟁의 진행에 따라서 3단계, 즉, 방어시 공세적 전략, 평양 이북-원산이북을 연하는 선의 진출과 평양~압록강지역 진출, 그리고 국경선 경계시 공세적 전략을 적극적으로 운용하고, 이를 위해 충분한 전력을 사전에 확보하여야 한다는 것이다.

다음으로, 합동성에 기초한 '공세적 통합작전'이다. 최근 합동참모본부는 합동성에 기초한 공세적 통합작전, 미래지향적인 자주국방 역량의 확충, 전승보장을 위한 유리한 안보환경 구축 등을 강조하면서, 국방개혁의 강력한 추진과 함께 한국군 주도의 전쟁수행 능력을 갖추어 나가도록 하며, 특히 합동성 강화를 위해 지상 · 해상 · 공중작전의 모든 요소들이 유기적으로 통합, 발휘될 수 있도록 역량과 제도를 발전시키는 데 중점을 두고 있다.

향후 「합동작전기본개념서」에 반영할 '공세적 통합작전'은 지상 · 해상 · 공중 · 우주 · 사이버 등 모든 영역에서 능력 및 활동을 공세적으로 통합하여

적 중심을 마비시켜 전쟁에서 승리하는 개념구조로 제시되고 있다. 따라서 미래 합동작전기본개념서는 '미래에 어떻게 싸울 것인가'(How to fight)를 구체화하고, 전력운용과 전력발전 지침으로 활용하는 기준이 된다.

특히, 합동참모본부는 북한의 사이버전 위협이 강화된 것으로 평가하고 합참 내에 사이버전 전담부서를 편성할 계획을 토대로 북한의 사이버위협을 평가하여 북한의 사이버공격을 국지도발 유형에도 적극 반영하는 등 북한의 사이버전 위협에 대한 다각도의 대책을 추진 중에 있다.

합동참모본부는 한미안보협의회의(SCM)와 군사위원회회의(MCM) 중 단일 전구 내 단일 지휘체계 유지와 연합전투참모단 구성 등을 핵심내용으로 하는 미래지휘구조 개념을 승인했음을 국회에 설명하고, 북한 비대칭 위협에 대응하는 차원에서 다목적 실용위성 6A호 등 총 22개 전력의 신규소요를 결정했음을 보고했다.[39]

그리고 합참은 파괴시 시스템 마비 등 심대한 영향을 미치는 국가중요시설에 대해서는 선제적인 예방활동 강화로 적 도발이나 불순세력의 테러를 억제할 방침이며, 그 일환으로 유관기관의 합동순찰이나 편의대 운용 · 경계 증원 등의 대책을 추진하고, 해당 지역부대 등 초동조치 부대와 특전사 등 신속대응 부대의 출동태세도 강력히 유지할 계획으로 있다. 따지고 보면 이러한 추진 개념은 어떻게 싸울 것인가? 라는 전법, 또는 군사전략과 관련이 있음은 너무나 당연하다.

이제까지 살펴본 신사고적 군사전략 개념들은 우리의 국력, 또는 군사력이 크게 상승함과 크게 관련이 있다. 반면에 상대적으로 약화되고 있는 북한의 입장에서 보면 이를 만회하기 위한 새로운 전략적 접근을 기도할 것은 분명해 보인다. 즉 비대칭적 접근이 크게 주가 될 것이다.

39 또한 합참은 통합방위태세 강화의 일환으로 국가중요시설 방호태세 확립 차원에서 현 471개소의 국가중요시설 외에 56개를 중요시설로 추가 지정, 방호력 보강계획을 밝힌 바 있다.

5. 결언

최근 북한은 1980년대 이래 경제적 어려움을 겪고 있다. 이에 따라 남 · 한 군사비 투자가 상대적으로 크게 벌어지게 되었다. 국방비 투자비 관련 최근 자료를 비교해 보면 남한이 북한에 비해 10배 이상으로 높은 것으로 나타나고 있다.[40] 향후에도 이러한 격차는 계속 증가할 것이다. 그렇다면 북한이 추구하는 전쟁양상을 무엇일까? 당연히 대칭과 비대칭을 적절히 활용한 전쟁, 그리고 4세대 전쟁 특성을 최대한 활용할 것으로 전망된다. 이는 우리의 입장에서 보면 복합전에 해당될 것이다.

세부적으로 보면 상대적인 국력의 열세를 극복하기 위해 특히 방법과 수단 측면에서의 비대칭전을 수행할 것이다. 예컨대 우리가 전혀 생각하지 못한 취약점을 향해 시간적 · 공간적 공격을 감행할 것이고, 비정규전부대 및 전략무기 등(사이버, 핵 및 미사일 등)의 수단을 통해 우리의 첨단무기를 무력화시킬 것이다. 다음 제4세대 특성의 활용 측면에서는 국내의 체제전복 시도세력을 최대한 활용하여 국론을 분열시키고, 정치 및 군사지도지의 의지를 약화시키려 할 것이다. 만약 아군이 북측으로 진격시에는 장기전을 통해 아군의 공세의지를 차단하려 할 것이다.[41] 복합전 측면에서는 미국이 대비하고 있는 것처럼 높은 수준의 복합전은 적용되지 않을 것이다. 다만 낮은 수준의 복합전이 진행될 것이다. 예를 들면 우리의 첨단무기와 같은 기술 중심의 전쟁능력에 대항하기 위해 북한은 재래식 무기의 정규전에 사상적 무장을 통한 정신력(예: 비대칭적 접근, 비정규전부대 등)으로 전쟁에 임할 것이 예상된다. 결과적으로 북한의 위협은 높은 수준의 비대칭적 접근(복합전 의미 포함)으로 모두 설명이 가능하다.

---

40 국방부,『2010 국방백서』(서울: 국방부, 2010); 함택영,『국가안보의 정치경제학: 남북한의 경제력 · 국가역량 · 군사력』(서울: 법문사, 1998), pp.202~226.

41 신창섭, "미국이 패배한 유일한 전쟁 4세대 전쟁"『군사평론』, 제410호, 2011, pp.346~378; 주재우 · 김정용, "김정일 체제하 북한의 전략 · 전술변화"『군사평론』, 제407호, 2010, pp.157~193; 박용환, "북한 군사전략 변화 고찰: 1차 핵실험 이후를 중심으로"『군사평론』, 제409호, 2011, pp.326~373 각각 참조.

따라서 우리에게는 다음과 같은 군사전략적 대응방안이 요구된다.

첫째, 고기술적 군비증강 뿐만 아니라 낮은 수준의 재래식 전쟁도 대비해야 한다. 앞서 설명한 바와 같이 북한은 경제적 어려움으로 우리와 정면적인 군비증강이 어려운 실정이다. 따라서 대비정규전과 같은 분야에도 관심을 기울여 적정한 군사비 투자가 요구된다.

둘째, 방법의 비대칭성에 관한 관심도 증대이다. 최근 천안함 및 연평도 포격도발 사태를 통해 우리가 깨달아야 하는 것은 상대의 비대칭적 접근 양상이 우리의 상상을 초월할 수 있다는 것이다. 수단에만 의존하다 보면 방법의 비대칭을 간과할 수 있다. 월남전에서 미군이 군사력이 열악한 월맹군을 상대로 싸워 패한 것과, 최근 9.11 테러는 전혀 예측을 하지 못했던 대표적인 사례이다. 이러한 관점에서 보면 북한은 방법의 비대칭 접근을 다양하게 발전시키고 있을 것이므로 우리 군도 대응 차원에서 방법의 역비대칭에 대한 관심도 제고 및 연구노력이 더욱 활성화 되어야 할 것이다.

셋째, 교육기관에서의 비대칭 교육의 활성화이다. 현재 우리 군은 지나치게 정형화된 교리, 즉 대칭적인 측면에서의 교육에 치중하고 있지 않는가 생각할 수 있다. 기본적으로 표준적인 교리 교육은 필요하지만 실제 전장에서의 적용은 비대칭적 술(術)이 강조되는 현실을 감안하여, 교육기관에서부터 이러한 비대칭적 전략접근 사고의 연구와 교육이 활발히 진행되어야 할 것이다.

참고문헌

국가안전보장회의, 「한국국가안전보장논총」, 제23집, 서울: 한국국가안전보장회의, 1997.

국방과학연구소, 「일본의 군사과학기술 발전추세」, 대전: 국방과학연구소, 1998.

국방부, 「국방기획관리기본규정」, 서울: 국방부, 2002.

______, 「국방백서 1992~1993」, 서울: 국방부, 1992.

______, 「국방백서 1997~1998」, 서울: 국방부, 1997.

______, 「국방백서 2000」, 서울: 국방부, 2000.

______, 「한국적 군사혁신의 비전과 방책」, 서울: 국방부, 2002.

______, 「1998~2002 국방정책」, 서울: 국방부, 2002.

국방정보본부 역, 「2002년 일본 방위백서」, 서울: 국방정보본부, 2002.

____________, 「점혈전쟁」, 서울: 국방정보본부, 2002.

김동성 외, 「신국가안보전략의 모색」, 서울: 한국전략문제연구소, 1993.

김석용, "해방이후 역대정부의 안보정책의 변천과 전망," 「전환기의 국내안보」, 서울: 국방대학교 안보문제연구소, 2001.

김정익, "군사전략 3대 요소의 이론과 적용," 『주간국방논단』, 제1482호(13-39), 2013.

김재엽, "한국형 공세방어전략의 모색," 『국방연구』, 제56권 제2호, 2013년 6월.

노 훈, "통일한국의 필수 군사력 소요 및 건설방향," 한국전략문제연구소, 「정보 · 지식시대의 국방기획 및 육군전력시스템 구상」, 서울: KRIS, 2001.

대한민국 국방부, 『2010 국방백서』, 서울: 대한민국 국방부, 2010.

박경일 편저, 『동북아 안보의 도화선은 어디에 있는가?』, 서울: 한국해양전략연구소, 2003.

박용환, "북한 군사전략 변화 고찰: 1차 핵실험 이후를 중심으로," 『군사평론』, 제409호, 2011.

______, "통일한국의 군사전략 개념 및 발전방향," 한국전략문제연구소, 「정보 · 지식시대의 국방기획 및 육군전력시스템 구상」, 서울, 2001.

박창권, "통일한국을 대비한 대칭 및 비대칭전력 발전방향 구상," 한국전략문제연구소, 「21세기 통일대비 육군전투 발전의 과업과 추진전략」. 서울, 2002.

박창희, 『군사전략론: 국가대전략과 작전술의 원천』, 서울: 플래닛미디어, 2013.

______, "한국의 '신군사전략' 개념: 전쟁수행중심의 '실전기반 억제,'" 『국가전략』, 제17권 3호, 2011.

서정해, "군사력의 비대칭성에 대한 소고," 「주간국방논단」, 제771호(99-23).

세종연구소 편, 「21세기 한국의 국가전략」, 서울: 세종연구소, 2000.

신창섭, "미국이 패배한 유일한 전쟁 4세대 전쟁," 『군사평론』,제410호, 2011.

앙드레보프르 저, 국방대학원 역, 『전략론』, 서울: 국방대학원, 1975.

앙루안 앙리 조미니, 『전쟁술』, 서울: 책세상, 2005.

육군본부 기획관리참모부, 『한국의 군사전략』, 대전: 육군인쇄창, 2001.

이규열 외,「중장기 위협평가 및 국가안보전력」, 서울: 한국국방연구원, 2000.
이종학,『한반도의 억지전략 이론』, 서울: 형설출판사, 1979.
______,『현대전략론』, 서울: 박영사, 1972.
______,『군사전략론』, 대전: 충남대학교출판부, 2009.
______ · 길병옥 편저,『군사학 개론』, 대전: 충남대학교 출판문화원, 2009.
임기환, "7세기 동북아시아 국제질서의 변동과 전쟁,"『전쟁과 동북아의 국제질서』, 서울: 일조각, 2006.
조병한, "동북아 국제질서 속의 한국사,"『전쟁과 동북아의 국제질서』, 서울: 일조각, 2006.
주재우 · 김정용, "김정일 체제하 북한의 전략 · 전술 변화"『군사평론』, 제407호, 2010.
최병학, "해양주권 확보와 국가위기관리체제 구축: 이어도 해양관할권 및 남해 해양주권 확보와 국가위기관리체제 구축을 중심으로,"「비상대비연구논총」, 제37집, 행정안전부, 2012.
______, "동북아지역 해양영토 분쟁과 한국의 해양안보,"「해양전략」, 제154호, 합동군사대학교, 2012.
칼 폰 클라우제비츠, 김만수 역,『전쟁론』, 서울: 갈무리, 2007.
통일부,「2002 통일백서」, 서울: 통일부, 2002.
한국개발연구원,「2011 비전과 과제」, 2002.
한국전략문제연구소, "박근혜 정부의 대선안보공약 평가와 추진,"『정책토론회 보고서』, 서울: 국제전략문제연구소, 2012. 2. 21.
함택영,『국가안보의 정치경제학: 남북한의 경제력 · 국가역량 · 군사력』, 서울: 법문사, 1998.
합동참모본부,『합동 연합작전 군사용어사전』, 서울: 합참 작전본부, 2004.
___________,「아프간 전쟁 종합분석 : 항구적 자유작전」, 서울: 합참, 2002.

Builder, Carl H., *The Masks of War: American Military Styles in Strategy and Analysis*, Baltimore: The Johns Hopkins University Press, 1989.
Buzan, Berry and Ole Waever, *Regions and Powers: The Structure of International Security*, Cambridge University Press, 2003.
Collins, John M, *Military Strategy : Principles, Practices, and Historical Perspectives*, Washington D.C.: Brassey's INC, 2002.
Fedyszyn, Thomas R. and Others, *Resource Allocation: The Formal Process*, New Port, RI: Naval War College, 2002.
Gorge, Alexander, *The Limits of Coercive Diplomacy*, Boston: Little. Brown and Company, 1971.
Gray, Colin S., *Modern Strategy*, New York: Oxford University Press, 1999.
Lider, Julian, *Military Theory: Concept, Structure, Problems*, Aldershot: Gower, 1983.
Luttwak, Edward N., *The Logic of War and Peace*, Cambridge: Harvard University Press,

1987.

Pollack, Jonathan D. and Young Koo Cha, *A New Alliance for the Next Century*, RAND, 1995.

Rand Report, *Chinese Military Modernization and Its Implication for the United States Air Force*, 1999.

Scales, Jr. and Robert H., *Future Warfare Anthology*, Pennsylvania: U.S. Army War College, 1999.

U.S. Joint Chiefs of Staff, *Joint Doctrine Encyclopedia.*

U.S. Defense Department, *Annual Report on the Military Power of the People's Republic of China*.

Warden, John A., Air Theory for Twenty-first Century, Air Command and Staff College, Jan. 1994.